普通高等教育"十三五"规划教材

普 通 生 态 学

高凌岩　主编

中国环境出版集团·北京

图书在版编目（CIP）数据

普通生态学/高凌岩主编. —北京：中国环境出版集团，
2016.9（2022.1 重印）
普通高等教育"十三五"规划教材
ISBN 978-7-5111-2913-0

Ⅰ．①普…　Ⅱ．①高…　Ⅲ．①生态学—高等学校—教材
Ⅳ．①Q14

中国版本图书馆 CIP 数据核字（2016）第 229639 号

出 版 人　武德凯
责任编辑　宾银平
责任校对　任　丽
封面设计　彭　杉

出版发行　中国环境出版集团
　　　　　（100062　北京市东城区广渠门内大街 16 号）
　　　　　网　　　址：http://www.cesp.com.cn
　　　　　电子邮箱：bjgl@cesp.com.cn
　　　　　联系电话：010-67112765（编辑管理部）
　　　　　　　　　　010-67113412（第二分社）
　　　　　发行热线：010-67125803，010-67113405（传真）
印　　刷　北京市联华印刷厂
经　　销　各地新华书店
版　　次　2016 年 9 月第 1 版
印　　次　2022 年 1 月第 2 次印刷
开　　本　787×1092　1/16
印　　张　15.75
字　　数　390 千字
定　　价　45.00 元

前　言

　　人类曾一度自诩为万物之灵，无所不能。但是，随着人口膨胀、环境污染、粮食短缺、能源危机、资源枯竭、生态环境恶化等威胁人类生存发展问题的日益严重，人类不得不重新审视自身与自然之间的关系，检讨人类自身原有的思维方式、发展模式、生产及消费方式、意识形态、道德观、发展观等。从 20 世纪 60 年代以来，生态学已经从科学家的书斋走向了新闻工作者、政治家，走向了每一个普通百姓。到目前为止，还很少有自然或社会科学的分支学科像生态学一样，在如此广泛的时空尺度上与人类的生存发展和日常生活有如此密切的关系。生态学发展到今天，已不仅仅是揭示生物与环境相互关系的一门自然科学的分支学科，生态学已经成为指导人类行为准则的哲学。

　　生态学从 1895 年的学科建立到今天，经历了一百多年的历史变迁，从内涵到外延都发生了巨大的变化，而使现代生态学派生出很多的分支学科。本教材是经典生态学，宗旨是在 40～60 个学时内完成经典生态学的个体生态学、种群生态学、群落生态学、生态系统生态学的理论的教学内容，同时将应用生态学的内容融入每个章节以保证未来的政治家、科学家和普通的建设者在最短的时间内掌握生态学的基本知识和基本原理，从而指导其行为。景观生态学是生态学新的增长点，事实上景观生态学是研究生态学的宏观方法而并非原理，本书在绪论中介绍了其核心的研究方法：本底、斑块和廊道，并且应用于群落的水平结构的不同层次上。

　　由于作者知识水平所限，难免有许多不足之处，但是全书由单人完成，故此连贯性和统一性较好。敬请有关专家和广大读者把本书的优点告诉大家，把本书的缺点告诉作者。谢谢！

作者

2016 年 8 月于呼和浩特

目　录

第一章 绪 论

本章介绍了生态学的基本概念、现代生态学的外延和经典生态学的内涵,生态学的发展经历和发展趋势,生态学的分支学科和生态学的研究方法,生态学研究的区域特点和文化、历史及其他各个方面对生态学各个发展时期的影响。通过学习,重点掌握生态学研究的基本内容、生态学研究的主要思想体系、现代生态学的技术概况。

第一节 生态学的定义

生态学(Ecology)一词源于希腊文,由词根"oikos"和"logos"演化而来,"oikos"是希腊文"家"的词根,生态学意为生物与其周围住地环境的关系,"logos"是学说的词根,生态学意为研究生物与其周围住地环境的关系。1866 年,德国著名动物学家 Ernst Haeckel(郝克尔)在他的一部名为《普通生物形态学:基于达尔文进化论的器官形成科学的共同特征》(*Generelle Morphologie Der Organismen: Allgemeine Grundzüge Der Organischen Formen-Wissenschaft Begründet Mechanisch Durch Die Von Charles Darwin Reformirte Descendenz-Theorie*)的著作中首次使用了生态学这一名词,并认为生态学是生理学的一部分。1870 年,Haeckel 进一步对生态学进行了详细的定义。在他对生态学的定义中,突出强调了生态学是研究生物在生活过程中与其环境的关系,尤指动物与其他动、植物之间的互惠或敌对关系。即生态学是研究生物与其周围环境的关系以及生物与生物(生物有机体)之间的关系的学科,后来被人们简化为"生态学是研究生物及其与环境相互关系的科学"。

在 Haeckel 创立生态学这一名词之后的一个半世纪的时间里,随着生态学的发展壮大,生态学的研究范围和研究领域不断扩展,涌现出了大量的新概念、新名词、新术语。与此相应地,也出现了一些不同的生态学定义:

(1)1909 年,植物生态学的奠基人瓦尔明(E. Warming)提出,植物生态学是研究"影响植物生活的外在因子及其对植物结构、生命延续时间、分布和其他生物关系之影响"的科学。

(2)英国生态学家 Elton(1927)在最早的一本动物生态学著作中,将生态学定义为"科学的自然历史"。

(3)俄罗斯 Haymob(1955)的生态学定义是"研究动物的生活方式与生存条件的联

系，以及生存条件对动物的繁殖、生活、数量及分布的意义"。

（4）史密斯（Smith，1966）认为"eco"代表生活之地，生态学则是研究有机体与生活之地之间相互关系的科学，所以又可把生态学称为环境生物学（Environmental Biology）。

（5）美国生态学家奥杜姆（E. P. Odum）在其名著《生态学基础》（*Fundamentals of Ecology*，1956 年版）中提出的定义是：生态学是研究生态系统的结构和功能的科学。此后，在 1997 年版的《基础生态学》一书中又提出：生态学是综合研究有机体、物理环境与人类社会的科学，并以"科学与社会的桥梁"作为该书的副标题，强调人类在生态学中的作用。

（6）我国著名生态学家马世骏院士（1980）认为，生态学是研究生命系统和环境系统相互关系的科学。

上述有关生态学的不同定义实际上代表了生态学的不同发展阶段，强调了不同的生态学分支和领域。生态学发展至今，其内涵和外延都有了变化，特别是随着人类活动强度的激增和活动范围的日益扩大，人与自然的协调关系出现了问题。怎样使人与自然、人类在发展经济与保护自身生存环境之间得到协调和持续发展？这一问题使生态学的研究内容和任务扩展到人类社会、渗透到人类的经济活动中。因此，生态学的定义不再只是局限于当初的经典含义，对此学者们曾有过不少不同的表述。但是，归纳各方观点，结合生态学的发展动态，我们今天所使用的依然是 Haeckel 最初提出的定义，即生态学是研究生物生存条件、生物及其群体与环境相互作用的过程和规律的科学。正如 E. P. Odum 在其 1972年版的《生态学》中所说的：最好的定义可能是简明的和最不专业化的。

第二节　生态学的发展简史

在生态学这一名词出现之前，生物与环境间的生态关系早已存在。人类在漫长的社会生产实践中，逐渐地认识了生物及其与环境相互关系的规律性。随着相关知识的积累，最终形成了生态学的基本理论和方法。生态学成为一门独立的学科，从知识积累到学科建立，再到发展壮大，这一漫长的发展过程大致可以分为 4 个时期，即生态学的萌芽时期、生态学的建立时期、生态学的巩固时期、现代生态学时期。

1. 生态学的萌芽时期（公元17世纪以前）

公元 17 世纪以前，虽然还没有生态学这一名词术语，但生态学思想及生态知识的应用早已存在。

在人类文明的早期，人类的生活多依附于自然环境条件。为了生存，人类必须不断地观察与认识赖以饱腹的动、植物的习性以及与人类生存直接或间接相关的各种自然现象，并在此过程中对自己的观察对象有了更加深刻的认识，积累了丰富的狩猎、驯养动物和利用植物的经验。当人类制造了工具并开始经营农、牧业时，就更注意观察某些动、植物的生活习性及其与生存环境之间的关系，并在此基础上逐步改善了动物的驯养技术和植物的栽培驯化技术。

　　人类在与大自然长期的交往及生产实践过程中所积累的大量有关动植物驯化、植物栽培与动物饲养方面的经验，其中包括很多朴素的生态学知识。在一些古代的中外著作中，就常常可以见到一些朦胧的生态学思想。我国是一个具有 5 000 多年历史的文明古国，拥有浩如烟海的古籍，其中不乏朴素的生态学思想和知识。例如，成书于 3 200 多年前（公元前 1 200 年）的我国古籍《尔雅》中就列有草、木两章，共记载了 176 种木本植物和 50 多种草本植物，进行了形态与生态环境的描述。成书于战国时期的古籍《管子·地员篇》（约公元前 200 年）曾详细记载了江淮平原沼泽植物沿水分梯度的带状分布状况及其与水文土质环境的生态关系（图 1-1）。公元前 100 年前后的战国时期，我国农历已确立了二十四节气，它反映了作物、昆虫等物候现象与气候之间的关系，对农业生产具有巨大的指导意义。直到今天，二十四节气在调节农时、指导生产上仍然发挥着重要作用，二十四节气歌[①]仍在广泛流传。这一时期还出现了记述鸟类生态的《禽经》（传为春秋时代师旷撰），记述了数十种鸟类身体构造对环境因子适应的观察结果，具有一定的科学意义。1 400 多年前，后魏贾思勰所著的《齐民要术》（成书于公元 533—544 年）有树木阴、阳面的记载："凡栽一切树木，欲记其阴阳，时令转易，阴阳易位则难生"。南北朝陶弘景（公元 456—536 年）在《名医别录》中记载了细腰蜂在螟蛉幼虫体内的卵寄生现象。明代李时珍（公元 1518—1593 年）在历经 27 年著成的《本草纲目》中，描述了药用动、植物的生态习性及其与生态环境的关系。在欧洲，古希腊哲学家提奥弗拉斯特（Theophrastus，公元前 370—前 285 年）在其著作《植物群落》中，不但注意到了气候、土壤与植物生长和病害的关系，同时也注意到了不同地区植物群落的差异。古罗马的普林尼（Pliny，公元 23—79 年）在其成书于公元 77 年的《博物志》中，按照陆栖、水生和飞翔三大类群对动物进行了描述。人类在社会生产实践中不断累积起来的这些生态学知识为生态学的诞生奠定了坚实的基础。

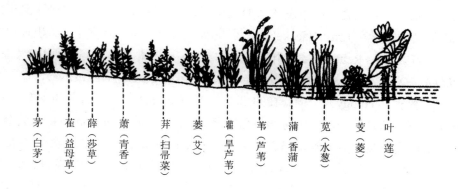

茅（白茅）　萑（益母草）　薛（莎草）　萧（青蒿）　荓（扫帚菜）　蒌（艾）　藋（旱芦苇）　苇（芦苇）　蒲（香蒲）　苋（水葱）　菱（菱）　叶（莲）

图 1-1　《管子·地员篇》中所描述的江淮平原沼泽植物沿水分梯度的带状分布

（夏纬英：《管子·地员篇校译》，1958 年版）

---

① 春雨惊春清谷天，夏满忙夏暑相连，秋处露秋寒霜降，冬雪雪冬小大寒。每月两节日期定，至多相差一两天，上半年逢六、廿一，下半年逢八、廿三。

2. 生态学的建立时期（公元17世纪至19世纪末）

进入 17 世纪之后，随着人类社会经济的发展，有关生态学的知识积累更加迅速。在这个阶段，许多动物、植物学家分别从个体和群体两个方面研究生物与环境之间的相互关系。例如，著名化学家 R. Boyle（1627—1691 年）在 1670 年发表了低气压对动物效应的试验结果，论述了低气压对小白鼠、猫、鸟、蛙和无脊椎动物等动物个体的影响。1735 年，法国昆虫学家雷米尔（Reaumur，1683—1757 年）发现，就一个物种而言，日平均气温的总和对任何一个物候期都是一个常数。这一发现被认为是研究积温与昆虫发育生理的先驱。1855 年，Al. de Cadolle 将积温的概念引入植物生态学，为现代积温理论打下了基础。德国植物学家 C. L. Willdenow 于 1792 年出版的《草学基础》一书，详细讨论了气候、水分与高山深谷对植物分布的影响。他的学生 A. Humbolt（1764—1859 年）发扬了他的思想，在 1807 年出版的《植物地理学知识》一书中，提出了"植物群落""外貌"等概念，揭示了植物分布与气候条件的相关关系，并指出"等温线"对植物分布的意义，分析了环境条件与植物形态的关系，创立了植物地理学（Plant Geography）。

进入 19 世纪后，生态学知识的积累越来越多。在生理生态方面，确定了植物发育的起点温度（Gasparin，1844），德国土壤化学家李比希（Justus Liebig）提出了"最小因子定律"（Liebig，1840）。在种群生态学方面，P. F. Verhulst 在 1838 年发表了著名的逻辑斯谛（Logistic）方程。马尔萨斯（T. R. Malthus，1766—1834 年）于 1803 年发表了《人口论》，其中不仅研究了生物繁殖与食物的关系，而且特别研究了人口增长与粮食生产间的关系。马尔萨斯的思想对达尔文产生了巨大影响，1859 年达尔文（Darwin，1809—1882 年）的《物种起源》问世，这本书不仅提出了"适者生存"的进化论思想，而且对生态学的发展也具有巨大的推动作用，极大地激发了人们开展环境诱导生物变异试验的热情，促进了人类对生物与环境之间的生态关系的认识。此时，生态学的诞生已经水到渠成。1866 年，德国著名动物学家 Ernst Haeckel 提出了生态学这一名词，但他并未给出任何实质性的内容。1885 年，Hans Reiter 发表《群落景象的整合：一种植物生态学的研究》（原名为 *Die Consolidation Der Physiognomik Als Versuch Einer Oekologie Der Gewachse*），第一次在书名中使用了生态学（ecology）一词。1893 年，L. H. Pammel 出版了《花的生态学》（*Flower Ecology*）一书，这是第一部以生态学为名的著作。同年，在 Madison 植物学大会上，根据生理学术语问题委员会的推荐，确立了生态学（ecology）一词。1895 年丹麦哥本哈根大学教授、植物学家瓦尔明（E. Warming）出版了具有划时代意义的巨著《植物分布学》。1909 年，经瓦尔明本人修订后，易名为《植物生态学》。该书影响极大，除丹麦文版（1895 年）外，还先后出版了德文版（1896 年）、波兰文版（1900 年）、俄文版（1901 年）、英文版（1903 年）。1898 年德国波恩大学的辛伯尔教授（A. F. W. Schimper）出版了《以生理为基础的植物地理学》。这是一部具有划时代意义的生态学著作，书中全面总结了 19 世纪末之前生态学的研究成就，标志着生态学作为一门生物学科的独立分支科学的诞生。

3. 生态学的巩固时期（20世纪初至50年代）

20 世纪上半叶是生态学继续发展巩固与分化的时代，也是植物生态学和动物生态学分别在自己的领域内并行发展的时期。在瓦尔明和辛伯尔的影响下，欧美都出现了一大批致力于生态学研究的植物学家和动物学家，提出了一些新的生态学理论和概念。例如，瑞士的施罗德（Schröter）教授将植物生态学分成了个体生态学（autoecology，主要研究植物个体与环境的相互关系）和群体生态学（synecology，主要研究植物群落与环境的相互关系）两部分，而在苏联则把这两部分合称为地植物学（geobotany）。继瓦尔明、辛伯尔之后，生态学著作大量涌现，如《随人意的植物发育的改变》（Klebs，1903）、《植被的结构与发展》（Clements，1904）、《无脊椎动物的行为》（Jennings，1906）、《生态学及生理学》（Chments，1907）、《英国的植被类型》（Tansley，1911）、《温带美洲的动物群落》（Shelford，1913）、《动物生态学的研究指南》（Adams，1913）等。

20 世纪 20 年代后，在动物生态学方面开始了种群研究，并引入了统计学方法，如 A. J. Lotka 的种群增长数学模型（1925 年）、C. Elton 在《动物生态学》中提出了动物数量金字塔、生态位等概念。1949 年，由 Alle、Emerson 等人合著的《动物生态学原理》的出版，被认为是动物生态学走向成熟的重要标志之一。

在植物生态学方面，由于研究方法和观点的不同，研究的对象地区性很强，各地区文化水平和经济发展情况各不相同，生产上有待解决的主要问题也各不相同，因而植物生态学的发展从开始起即以地区性特点为背景，形成了不同的学派。其中最主要的有四大学派（英美学派、法瑞学派、北欧学派和俄国学派）及若干小学派，下面对四大学派作简要介绍。

①英美学派（Arglo-ameirican School）：以美国的 F. E. Clements 与英国的 A. G. Tansley 为代表，以研究植物群落的演替和创建顶极学说而著名。代表性著作有《植物的演替》（Clements，1916）、《植物生态学》（Clements & Weaver，1929）、《实用植物生态学》（Tansley，1923）等。

②法瑞学派（Zurich-montpellier School）：以法国的 J. Braun-Blanquet 和瑞士的 E. Rübel 为代表。在群落分析上强调区系成分，以区别种、特征种作为群落分类的依据。代表性著作有《植物社会学》（Braun-Blanquet，1928）和《地植物学研究方法》（Rübel，1922）。

③北欧学派（Uppsala School）：以瑞典 Uppsala 大学的 Du Rietz 为代表，主要研究对象是森林，注重群落分析，方法细致。1935 年与法瑞学派合流后，称为大陆学派。代表性著作是《近代社会学方法论基础》（Du Rietz，1921）。

④俄国学派（Russian School）：以 B. H. 苏卡乔夫（Cykaцëв）为代表，主要研究欧亚大陆寒温带的草原、森林、土壤，着重于草原的开发、沼泽的利用和北极的资源评价等。在群落分类中特别注重建群种与优势种，建立了植被等级分类系统。代表性著作主要有《植物群落学》（Cykaцëв，1908）、《生物地理群落学与植物群落学》（Cykaцëв，1945）。

在动物生态学方面，由于对种群调节机制的认识和观点不同，动物生态学主要分为两大学派，即生物学派和气候学派。生物学派的代表人物是澳大利亚的 Nicholson 和英国的

Lack 等，他们认为生物因素是种群调节的主要因素；气候学派的代表人物是澳大利亚的 Andrewartha 和 Birch，他们则认为是气候因素在调节种群的数量。

到 20 世纪 50—60 年代，生态学的研究由概念的争论、资料的积累走向了应用。主要是全球性问题的出现对生态学提出了新的任务，生态学的发展进入现代生态学时期。

4. 现代生态学时期（20世纪60年代以后）

由于工业的高度发展和人口的增长，许多全球性的问题到 20 世纪 60 年代显得特别突出。这样，生态学的问题已不只限于生物学界，而是渗透到地学、经济学、农、林、牧、渔以及医药卫生、环境保护、建筑等各部门，成为举世瞩目的生物学分支学科。另外，由于数学、物理、化学和工程技术科学向生态学的渗透，特别是计算机芯片的快速发展，使生态学研究从定性走向了定量，从部门走向了综合与交叉。生态系统研究使生态学进入一个新时期，标志着现代生态学的诞生。与此同时，也出现了一批综合性强，并反映生态学普遍规律和基本原理的教科书，其中最杰出的代表应该是 E. P. Odum 的《生态学基础》（*Fundamental of Ecology*）。现代生态学的主要特点表现在：

（1）广泛应用系统理论

在现代生态学中，生态系统整体已成为重要的研究对象，由于生态系统结构与功能的复杂性，一般研究方法（如直观描述、调查分析、数理统计、单项实验等）已不能满足需要。计算机的广泛应用，使人们认识到系统理论是研究生态系统的有效工具，于是产生了系统生态学。

（2）生态学与社会科学尤其是经济学紧密结合

生态学在解决一些当代重大社会问题（全球问题）中具有重要作用，因此受到社会的普遍重视。研究大型项目可能出现的生态学问题，成为生态学与经济学的结合点（生态经济学）。

（3）应用生态学迅速发展

20 世纪 80 年代以来，相继出现了生态工程、生态技术、生态建设、生态管理等概念，并已部分实施。生态工程在我国的实施，实现了能量与物质的多级利用和优化方案，使工农业生产的经济效益与生态效益大幅度提高，并使环境得到进一步改善。

（4）派生学科大量出现

生态学与自然科学、社会科学的结合，出现了数不胜数的生态学分支学科。例如污染生态学、恢复生态学、生态毒理学、生物监察等，此外，还有农业生态学、城市生态学、渔业生态学、放射生态学、森林生态学等。

（5）生态学研究的定量化

如聚类分析、排序等技术在植被研究中的应用，种的分布格局和种的多样性研究，植物种群的研究以及信息生态学的兴起等，使生态学从传统的定性研究走向定量研究。

（6）向更加微观和宏观的方向发展

在微观方向上，生态学已沿着个体、器官、组织、细胞一直走到了分子水平，尤其是进入 21 世纪以来基因技术的普及使得人们对有机体和群落性质认识达到了高度一致，即基因的可导性（转基因技术的成熟）可以和群落中的物种可导性相媲美；而在宏观方向上，则从个体水平走向生物圈及全球生态学的研究。人们越来越认识到，自然界没有绝对隔离的生态系统，能量和物质的流动是超越国界的。

第三节　生态学的分支学科及其与其他学科的关系

生态学在其形成后的 120 年以来，随着社会的发展与科技水平的提高，其研究领域和研究范围都获得了极大的扩展，并与其他学科交叉产生了新的生态学分支学科。这些不同分支学科汇集而成为现代生态学。因此，要想查明到底有多少生态学的分支学科，是一个非常困难的任务。通常，生态学分支学科可按照下列 6 种不同的划分依据进行划分。

1. **以研究对象的层次水平划分**

如图 1-2 所示，生物学有机体及其住地环境之间的关系研究的层次是以个体为中心，微观上从器官、组织、细胞、细胞器、分子方面发展，其相应的生态学分支学科有生理生态学、进化生态学、分子生态学等；宏观上从个体、种群、群体（落）、生态系统、景观、区域、生物圈方面发展，从而有个体生态学、种群生态学、群落生态学、生态系统生态学、景观生态学、区域生态学、全球生态学等。

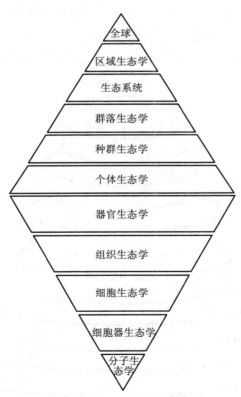

图 1-2　按生态学研究的层次划分

2. 以生物栖息场所划分

可分为陆地生态学（包括森林生态学、草原生态学、沙漠生态学等）、水域生态学（包括海洋生态学、淡水生态学等）。更具体的划分有：热带生态学、湿地生态学、山地生态学等。

3. 以应用领域划分

可分为农田生态学、农业生态学、家畜生态学、渔业生态学、森林生态学、草地生态学、污染生态学、自然资源生态学、城市生态学、生态经济学、恢复生态学、生态工程学、景观生态学、人类生态学、生态伦理学等。

4. 以研究方法划分

可分为野外生态学、实验生态学和理论生态学或自然生态学和人工生态系统生态学等。

5. 以生态学与其他科学的交叉划分

可分为生理生态学、进化生态学、分子生态学、数学生态学、化学生态学、能量生态学、地理生态学、生态遗传学、经济生态学等。

6. 以研究对象的分类学类群和基础学科交叉划分

如图 1-3 所示，生物学有机体及其住地环境之间的关系研究按照生物的分类学与各个学科的结合层次划分，纵向分为动物、植物、微生物；因此，生态学也相应地划分为动物生态学、植物生态学、微生物生态学。动物、植物等又可以划分为不同的类群，则相应地也可以把动物生态学、植物生态学进一步划分为不同动植物类群的生态学，如昆虫生态学、鱼类生态学等。横向的层次从最基础的社会学开始到基础数、理、化，向上才是理论生态学，再上一次是遗传生态学、生理生态学，最高端的表现为形态，它是所有动物、植物、微生物的最终生态表现。

图 1-3　按类群与学科交叉层次划分

目前较为成熟的学科从底层到顶层有：经济生态学、生态经济学、人类生态学、社会-经济-生态复合体、数量生态学、污染生态学、理论生态学、应用生态学、生态学应用、遗传生态学、生理生态学等。由此可以看出生态学是一门综合性很强的学科。

第四节　生态学的研究方法

1. 生态学的研究方法

生态学学科体系还包括其完整、系统的研究方法。由于生态学研究内容的范围非常广泛，近代生态学的发展主要是与其他学科相互渗透，走边缘学科发展的道路，使得生态学研究方法也变得十分复杂。其主要研究途径可归纳为以下几个方面：

（1）野外与现场调查

在调查中除了要应用生物学、化学、物理学、地学、气象学等方面的知识和手段外，常常还需要现代化的调查工具，如调查船、飞机甚至人造卫星等，采用先进技术和仪器，如示踪元素、无线电追踪、遥感、遥测和地理定位技术即 3S（RS、GPS、GIS）。

（2）实验室分析

除一般生物学、生理学、毒理学研究方法外，还要结合化学、物理学方法，尤其是分析化学、仪器分析、放射性同位素测定等方法。

（3）模拟实验

这是近代生态学研究的主要手段，包括实验室模拟和野外模拟自然系统。实验室模拟包括各种微型模拟生态系统，如各种水生生物的微型试验系统（微宇宙）、土壤试验的土壤系统、人工气候箱等。较大型的人工气候室、温室也可以包括在实验室模拟系统中。室外自然系统的模拟实验，虽然十分困难，但是近年来也有很大发展。例如，将庞大的塑料套（或桶）沉入海（湖）底，形成一个自海（湖）面到海（湖）底的隔水装置（柱），成为自然环境中的受控系统。还有人工模拟草地、森林系统，甚至模拟生物圈的巨型试验场。

（4）数学模型与计算机模拟

已广泛应用于生态学各个领域，它们对生态学理论教学、科研及生态预测、预报起着十分重要的作用。

（5）生态网络及综合分析

对于区域生态系统的研究，涉及多点实验数据的收集处理及管理系统，如地理信息系统（GIS）的应用、中国生态信息网（CERN）等。

2. 经典生态学

经典生态学的研究是从生物能够承载实体——个体、种群和群落 3 个层次开始的。虽然每一生命层次都有各自的结构和功能特征，但高级层次的结构和功能是由构成它的低级层次发展而来的。因此，研究高级层次的宏观现象须了解低级层次的结构功能及运动规律，从低级层次的结构功能动态中可以得到对高级层次宏观现象及其规律的深入理解。对低层次的运动来讲，其生物学意义也只有以较高的层次为背景，才能看得更清楚。

虽然经典生态学的研究是从生物的不同层次开始的，但是在研究过程中是从整体特性纵观，用一个系统方法探讨的。生态系统生态学的内容进入中国的生态学课本 30 多年了，是 20 世纪 70 年代生态学发展的方向，在生态系统研究中充分体现了该学科的综合性。

适者生存的理论贯穿了整个生态学研究过程，在经典的个体、种群和群落生态学中渗透了进化观。生物的个体、种群和群落在不同水平对其所处的生境有其适应的对策才能够存活下来，只有能够生存才能够发展，才能够被我们发现和研究，反之亦然。经典的生态系统在不同层次上都有其能量流动和物质循环的法则，只有符合生态法则的生态系统才能存留下来，否则会崩溃。

3. 中国生态学教科书与美国生态学教科书的特点

中国生态学教科书如同中国的其他教科书的特点一样，有着高度总结知识和规律的特点。作为教科书，虽然美国生态学教科书也有总结知识和规律的特征，但是因为课本一般都比中国的篇幅大，所以能够容纳较多的例证。

文人讲：世界上没有一片完全相同的叶子。能够被人脑记住的动物、植物和微生物的种类就是生物学家也是有限的。幸好有纸和笔，现代电脑可以记录人类所发现的所有生物。所以鉴于人脑的容量和授课时数的限制，聪明的中国人将生物与其住地环境的关系高度概括是应对现代信息爆炸的一个较高明的策略。而美国教科书例证多是因为美国的本科教育比中国有更大的灵活性，课本的大部分内容是要求学生浏览的。本书作者在对全校开公开课时，很多工科学院的学生选修，问及选修的原因时他们的回答很简单，生态学很简单，希望能够参与作者的科研课题，并且希望有发明创造。作者非常感谢选课的学生，但是如果想只通过 40 个学时的生态学知识的积累就能够在生态学界有发明创造是幼稚的，当然工科学院的学生在科学研究的工具或仪器上有所创新，对生态学理论的推动将是巨大的；而学过生态学的学生再次选生态学的公开课，其原因是为了应付更高层次的考试，这部分学生的选择应该是对的。本教材是对中国从 1977 年开始的所有经典的生态学（如曲仲湘、孙儒泳等十几个前辈的生态学）教科书的综合和精练，更准确地讲是作者 30 年生态学教学的讲稿。

第五节　现代生态学的延展

在现代科学与技术的推动下产生了各种各样的生态学，令人眼花缭乱，被写入课本的有景观生态学和全球生态学。全球生态学在经典生态学的生态系统生态学部分囊括了，而景观生态学的发展主要是遥感技术的发展，让人类的视点放到航空和航天的高度研究在视野范围内的有意义的生态系统。狭义的景观生态学就是研究几平方公里到数百平方公里范围的景观内的生态系统的规律。

景观生态学是一门与生态学、地理学和其他学科高度综合的交叉学科，其主要特征是研究格局、过程、尺度和等级相互之间的关系。景观生态学的应用很广，应用最成功的是生境的破碎化对生物多样性的影响，自然资源管理与生态保育，城市与区域规划。

1. 景观生态学研究的内容

景观的定义有多种表述，一般而言，是指内陆地形、地貌和景色的图像，如草原、森林、山脉和湖泊等；或是某一地区的地理综合特征；或是人们所看到的自然景色。景观生态学是研究景观单元的类型组成、空间格局及其之间与生态学过程相互关系的综合学科。包括：①景观结构，即景观组成单元的类型、多样性及其空间关系。②景观功能，即景观结构与生态学过程中的相互作用，或景观单元之间的相互作用。③景观动态，即景观在结构和功能方面随时间的发展而发生的变化。

2. 景观生态学中的一般理论和概念

（1）尺度及其概念

尺度一般是指某一研究对象在空间和时间上的度量，分空间尺度和时间尺度。此外，还有组织尺度，即在生态学的层次（个体、种群、群落、生态系统和景观）。

（2）斑块、廊道和基底（本底）模式

斑块是指与周围环境在外貌或性质不同，但是具有一定内部均一性的空间部分。廊道是指景观中与两个相邻环境不同的线性或带性结构。基底（本底）是指景观中分布最广、连续性也最大的背景结构。

（3）等级理论

等级理论是 20 世纪 60 年代以来发展的关于系统的结构、功能和动态的系统理论。根据等级理论，复杂系统具有离散型等级层次。一般而言，处于等级系统中高层次的行为或动态具有大尺度、低频率和慢速度的特征，而低层次的行为或过程或动态则具有小尺度、高频率和快速度的特征。不同等级层次之间具有相互作用的关系，高层次对低层次有制约的作用，而低层次则为高层次提供机制和功能。

（4）格局与过程

景观生态学中的格局是指空间格局，即斑块和其他组成单元的类型、数目以及空间分布与配置等。

（5）空间异质性、斑块性和生物地理岛屿理论

空间异质性是指生态学过程中和格局在空间分布上的不均匀性及复杂性，包括空间斑块和梯度的总和。斑块性是指斑块的种类组成特征及其空间分布与配置关系。空间格局、异质性和斑块性在概念和实际应用中是相互联系，但是又有区别的一组概念。

生物地理岛屿理论是指将斑块看成大小不同、距离远近的岛屿，但斑块中的保留种数与动态平衡。该基本理论由普通生态学引入景观生态学而成为其重要的规划应用的基础。

（6）景观连接度、渗透理论和中性模型

景观连接度是对景观空间结果单元之间连续性的度量。它包括结构连接度和功能连接度。前者是景观在空间上直接表现出的连续性，可以通过卫片、航片或视觉器官来确定。

后者是通过研究生态学对象或过程的特征尺度来确定景观的连接度。

渗透理论是研究景观结构（主要是连接度）和功能之间的关系，是景观连接度的生态学过程，具有临界阈值，即当媒介达到一临界值时，渗透物突然能够从媒介的一端达到另一端。举一个物理学渗透理论的例子，在一种不导电的材料中加多少金属材料（不同的金属加的量是不同的）才能导电？这一结果可以用来比拟能量、物质和生物在景观镶嵌结构中的运动，关键是只有通过临界点才起作用。

渗透理论在景观生态学应用中形成了景观中性模型，Garnder 等将中性模型定义为"不包括地形变化、空间聚集性、干扰历史和其他生态学过程及其影响的模型"。它是研究景观格局和生态过程相互作用的模型。

3. 景观生态学的研究方法

（1）遥感和地理信息系统在景观生态学中的应用

遥感是指通过不直接接触被观测的物体所获得的信息的过程，包括空中摄影、卫星影像、热红外图像、雷达图像等。使用这些图像或数据估计地面的生物量、植被动态、景观格局和景观动态。

地理信息系统（GIS）是一系列用来收集、储存、提取和展示空间数据的计算机工具。GIS 为研究景观空间结构和动态，尤其是物理、生物和各种人类活动过程相互之间的复杂关系提供了一个很有效的工具。

（2）景观结构分析的数量方法

将数量的方法应用到景观结构中，如景观指数用来描述景观镶嵌体的结构特征。用得最多的是景观的相对丰富度、多样性指数和优势度指数等。

（3）景观模型

景观模型是数学模型，特别是计算机的模拟模型，如景观格局变化的概率模型。模型通常用来模拟植被动态和土地利用格局的变化，一般采用栅格途径。

思考题

1. 生态学的内涵与外延是什么？简述生态学的发展历史与发展趋势。
2. 世界生态学有几大学派？简述各学派的研究特点和代表人物。
3. 简述生态学的分支与主要研究方法。

主要参考文献

[1] 曲仲湘，吴玉树，王焕校，等. 植物生态学[M]. 北京：高等教育出版社，1983.

[2]　祝廷成，钟章成，李建东. 植物生态学[M]. 北京：高等教育出版社，1988.

[3]　孙儒泳，李博，诸葛阳，等. 普通生态学[M]. 北京：高等教育出版社，1993.

[4]　李博. 普通生态学[M]. 呼和浩特：内蒙古大学出版社，1993.

[5]　梅安新. 遥感导论[M]. 北京：高等教育出版社，2001.

[6]　郭晋平，周志翔. 景观生态学[M]. 北京：中国林业出版社，2007.

[7]　张征，沈珍瑶，韩海荣，等. 环境评价学[M]. 北京：高等教育出版社，2004.

[8]　杨持，李博. 生态学[M]. 北京：高等教育出版社，2000.

[9]　Chapman J L，Reiss M J. Ecology princiles and application[M]. England：Cambridage University Press，1999.

第二章　个体生态学

本章介绍了生物在个体水平上对其所处生境的适应方式，即生物个体对其所处的生境中主要的生态因子从光、温度、水分、大气、土壤等单个因子的适应到对一整套生境因子配置的适应，在个体水平显示出的生态法则。通过学习，重点掌握生物个体对各个生态因子适应的生态类型、对一整套生态因子的趋同适应与趋异适应，生态学在个体水平的基本原理；了解各个生态因子的空间与时间特征。

个体生态学是研究生物在个体水平上的生态关系，即生物个体与环境各因子的相互关系；各环境因子对生物的作用和生物对环境因子的适应。首先，让我们了解生物个体的环境。

第一节　生物环境与生态因子

一、生物环境

环境是指某一特定生物体或生物群体以外的空间及直接、间接影响该生物体或生物群体生存的一切事物的总和。因此，构成环境的各要素是环境因子。

环境总是针对某一特定主体或中心而言的，离开了这个主体或中心也就无所谓环境，因此环境只具有相对的意义。在环境科学中，一般以人类为主体，环境是指围绕着人群的空间以及其中可以直接或间接影响人类生存和发展的各种因素的总体。在生物科学中，一般以生物为主体，环境是指围绕着生物体或者群体的一切事物的总和。因此，所指主体的不明确，往往是造成对环境分类及环境因素分类不同的一个重要原因。

在任何特定的时间内，环境在各种因子的绝对量和相对量上都是不同的。在整个环境中，某些因子的流动速度也是不同的，如热量和水分。应当清楚：环境是处于动态之中的，也就是说，它随着时间而变化，这种变化既有周期性的，也有累积性的；而且一些成分有进也有出，其结果是在每一自然环境中始终并到处都存在着明显或不明显的梯度。只测定特定地点、特定瞬间主要成分的数量显然是不全面的，还必须了解重要环境因子的空间、时间、梯度以及流动速度。

二、生物的环境基础和生物圈

1. 生物的环境基础

太阳和地球是生物最根本的环境基础。我们知道地球上的大气圈、水圈和岩石圈早在生物出现前便存在了，但只是在生物有机体出现后它们才具备环境的意义。

（1）大气圈

地球表面的大气圈，厚度达 1 000 km 以上，大致分为 4 层，10～20 km 是对流层，16～50 km 是平流层，50～85 km 是中间层，85～800 km 是热层和散逸层，但直接构成生物气体环境的部分，只是下部的对流层。大气中含有生物所必需的物质，如 CO_2、O_2 等。大气中对流层含有水汽、粉尘和化学物质等，由于气温的作用，可以形成风、雨、雪、霜、露、雾和冰雹等。一方面调节地球环境的水分平衡，有利于植物的生长发育；另一方面也会给植物带来损伤。O_3 在大气圈平流层的暖层中（距地面 25～50 km），对整个地面的生物形成了一个有利的屏障。

（2）水圈

从外星球看，地球是一个水的星球，地面 71% 的面积被海洋和陆地的江河湖泊覆盖，还有地下水、气体水、雪山冰盖的固体水。但是，大陆腹部是干旱或半干旱地区，缺水严重。另外，由于水的溶解性，给植物带来营养。各地水质不同构成了植物环境的生态差异，如酸、碱、盐等。

（3）岩石圈

岩石圈是指地球表层 30～40 km 厚度的地壳，是大气圈、水圈、土壤圈及生物圈存在的牢固基础，没有岩石圈就没有地球表面的生物。岩石圈中贮藏着丰富的化学物质，是生物生长所需要的矿质营养的宝库。由于各种岩石的厚度及组成成分不同，在风化中所形成的土壤性质就有很大差异，这又为植物的生存创造了各种不同的土壤环境，形成了植被分布的重要因素。

（4）土壤圈

岩石圈表面的风化壳是土壤的母质。土壤母质中含有丰富的矿质营养物质，但还不能算是真正的土壤，再加上水分、有机物及有生命的生物体，特别是微生物群在长时间的作用下，才形成了真正的土壤。它覆盖在陆地表面及海水和淡水的底层，形成地球表面一层很薄的土圈层。土壤本身有它自己的结构和化学性质，是介于无机物质和有机物质之间，含有微生物群的特殊物质，因此土圈层与其他各自然圈的性质完全不同。土壤圈是在生物圈进化过程中有了生物的作用后才形成的，但是反过来成为绿色植物必不可少的基地，绝不能因为它数量相对少，和其他自然圈不相称而把它列为岩石圈的附属部分。而应该根据它所具有的重要性质和特点，列为独立的圈层。

2. 生物圈

这是一个狭窄的带，根据生物分布的幅度，生物圈的上限可达海平面以上 10 km 的高度，下限可达海平面以下 12 km 的深度。生物的活动及其产物都集中在生物圈。

（1）区域环境

在地球表面的不同地区，由于 5 个自然圈互相配合的情况差异很大，因此，形成了很不同的地区环境特点。例如，江河湖海、陆地、平原、高原、高山和丘陵；热带、亚热带、温带、寒带等。从而形成了不同的植被类型，如森林、草原等。地区环境与植物群类型的相互生态关系是植物生态学的主要课题。群落类型是构成植被类型的基础，群落的一切特征都与地域环境发生着密切的关系。简单的和复杂的、低级的和高级的群落单位，都是由其所处的地域环境特点所决定的。同时，群落本身又对其所处的环境起着改造作用。

（2）生境

为更好地理解生境的概念，先理解地境的概念，然后加以区分。

地境是指无机环境，即某个地段植物群落出现以前非生物条件的综合。包括气候、地形、土壤的母质和天文条件及其他的历史自然因素。

生境是指生物群落（或生物个体）的环境，即某一地段所有生态因素的综合。包括生物因素和非生物因素的综合，即物理、化学因素，也含有生命活动的产物，即生物群落改变了的地境是生命活动的产物。

（3）小环境

小环境是指接近生物个体表面或个体表面不同部位的环境。例如，树冠的叶片在树冠的外层、中层和内层产生不同的局部变化；植物根系接触的土壤上层、中层和深层的不同环境。

（4）体内环境

生物体内，细胞外的环境即细胞间。例如，叶片内部，直接和叶肉细胞接触的气腔、气室、通气系统。

此外也有人依环境范围大小将生物的环境分为小环境和大环境。小环境是指对生物有着直接影响的邻接环境，如接近植物个体表面的大气环境、土壤环境和动物洞穴内的小气候等。大环境则是指地区环境（如具有不同气候和植被特点的地理区域）、地球环境（包括大气圈、岩石圈、水圈、土壤圈和生物圈的全球环境）和宇宙环境。大环境不仅直接影响着小环境，而且对生物体也有着直接或间接的影响。影响生物生存的非生物因子常常是在相当大的地理区域内起作用的，因此我们可以根据各种物理化学特性划分出不同的地理区域，如根据土壤类型、气候和地质形成过程等。从这种分类中可以得出生态学的一般结论，从而可以知道不同种类或生态型的生物可能定居的区域。继而根据生物种类的一定组合特征（即生物群落）可以区分各个不同的气候区，也就是通常意义上的热带森林群落带、温带森林群落带和冻原生物群落带等。生物群落带（biome）是指具有相似群落的一个区域生态系统类型，它把具有相似非生物环境和相似生态结构的区域连成一个大区。但是这种区分只具有最一般的共性，因为生物只受其邻接环境的影响。例如，森林植物在其下面可提供一个阴凉场所；植物茎和叶的结构和角度可以改变气流并使其下面的地面产生绝热效应。植物的呼吸活动和对气流的阻碍作用都能使温度和气体浓度发生局部变化。落叶及其所形成的枯枝落叶层在它们腐烂分解以前，会像地毯一样覆盖在土壤表面，起着绝热层的作用。在形成小环境特点方面，动物也起着一定的作用。例如，挖掘地道穴居的动物往往无意中为其他动物创造了可利用的新环境；草食动物的各种取食活动可改变和影响植被的结构，也可创造出小环境；甚至动物排出的粪便也能影响局部土壤条件，粪便本身也为食粪动物创造了一个新的小环境。1973 年，W. A. Calder 研究了小气候与蜂鸟巢的关系，他发现蜂鸟巢的位置总是选择在使卵和雏鸟不致受到不利温度伤害的地方。作为恒温动物的鸟类常因辐射作用而损失体热，蜂鸟巢几乎毫无例外地建筑在一个突出树枝的下方，这个树枝就成了鸟和天空之间的遮护物。此外，鸟巢本身又是一个绝热体，可使鸟卵的温度大大高于孵卵雌鸟身体表面的温度。据估计，如果没有突出树枝的遮护，鸟体辐射损失的热量将会增加大约 3 倍。如果鸟卵不是放在绝热的鸟巢内和受雌鸟孵卵的话，那么鸟卵的温度到晚上就会接近空气的温度（约 4℃），而事实上鸟巢内的卵在夜晚时的温度通常都在 30℃以上。总之，由于小环境的创造，鸟卵周围环境的温度要比气象记录的大气候温度高得多。

三、人工环境的概念

如果把人工环境定义为在人类影响和控制下的环境，那么这个概念范围很大。因为目前在地球生物圈的生态系统找不到一处没有人类活动影响的地方，如远离人类聚居区的南极与北极也同样受到人类活动的影响，最明显的例子是两极 O_3 层空洞和南极企鹅脂肪中的 DDT。但是，确实有人类影响强弱之差别，受人类活动影响较弱的环境我们可以看作是自然环境，受人类活动影响强的或人类有意控制的环境称为人工环境。再根据人类控制的强弱，分为两层定义的人工环境，即广义与狭义的人工环境。

广义的人工环境是指包括所有引种、驯化和栽培的植物，即包括所有农作物的环境，还有人工造的森林、草地等。

狭义的人工环境是指人工控制下的环境，包括温室、人工气候箱、薄膜生产等。

四、生态因子及其分类

环境因子是生物周围所有的因子。而生态因子是指环境因子中对生物生长、发育、生殖、行为和分布有直接或间接影响的环境要素。因此环境因子的范畴要比生态因子的范畴更广。所有的生态因子构成生物的生态环境。在生态因子中生物生存不可缺少的因子称为生物的生存因子（或生存条件）。在生态学研究中注重对生物生长、发育、生殖、行为和分布有直接或间接影响的因子探讨，所以我们提到的环境因子一般都是生态因子。

为了研究上的方便，人们常将生态因子进行各种分类。生态因子的分类方法有很多，以下是 3 种常用的分类方法。

1. 道奔麦若分类方法

美国生态学家道奔麦若（R. F. Daubenmire，1972）根据因子的性质分为：

①气候因子：光照、温度、空气、湿度、雨量、雷电等。

②土壤因子：包括土壤有机质和无机质及土壤生物等的理化特性。

③地形因子：包括地球表面的起伏、山脉、高原、平原、低地和坡向等。这类因子对植物的作用常常是间接的，但有时影响却很大。

④生物因子：动物、植物及微生物的影响。

⑤人为因子：人类对自然资源的利用、改造和破坏带来的影响。

2. 蒙恰德斯基分类方法

蒙恰德斯基（Dajoz，1972）按生物的适应性分为：

①初始周期性因子：光、热、潮水等，由于地球运动而产生日、季、年变化的因子。这些在生命出现前就已存在，所以生物对此有较好的适应。在生物长期分布和生活的地区，这些因子不起决定性作用，但是当生物离开原来地区来到新的气候区时将会受到这些因子的强烈影响。

②派生因子：由初始周期性因子变化所引起的水分条件变化，水中氧气与可溶性盐的数量变化，生物种内关系的年周期变化等。生物对此类因子的适应不及对初始周期性因子的适应，而且适应的特征较为多样，适应的因子变化幅度常较窄。

③非周期性因子：偶然发生的事物，如风暴、雹、火、某些生物影响和人为影响等。生物常来不及适应而使个体生活蒙受较大影响。

3. 盖尔分类方法

盖尔（Gill，1975）将生态因子分为以下三类：

①植物生长所必需的环境因子（温、光、水等）。

②不以植被是否存在而发生的对植物有影响的环境因子（风暴、火山、洪涝等）。

③存在与发生受植被影响，反过来又影响植被的环境因子（放牧、火烧等）。

此外，也有人把生态因子分为直接因子和间接因子，对生物起直接作用的因子是直接因子，包括温度、水分、光照、各种营养元素、O_2、CO_2、空气流动、水的流动等；对生物起间接作用的因子是间接因子，如地形因子和海拔高度是通过地形和海拔高度影响温度、水分、光照、土壤的理化条件、空气流动、水的流动以及各种因子的配置的。

五、生态因子的生态学分析（生态因子的一般作用）

生态因子在对生物起作用的过程中，具有以下 5 个特性：

1. 生态因子的综合性

生物环境是由许多生态因子组合起来的综合体，对生物起着综合的生态作用。通常所谓环境对植物的作用，也是指环境生态因子的综合性和相关性。

2. 主导因子的作用

事实上，环境中的所有因子都是生物直接或间接所必需的，但在一般或一定条件下，其中必有一个或两个是起主导作用的，这种起主导作用的因子就是主导因子。例如，水生、中生、旱生植物的主导因子是水分因子。

主导因子包括两方面的含义：①从因子本身来说，当所有的因子在质和量相等时，其中某一个因子的变化能引起植物全部生态关系的变化，这个能对环境起主导作用的因子，就是主导因子，如空气因子由静风转变为暴风时所起的作用。②对植物而言，由于某一因子的存在与否和数量的变化，而使植物生长发育的情况发生明显的变化，这类因子也称为主导因子，如植物春化阶段的低温因子，光周期现象中的日照长度，低温对南方喜温植物的危害作用等。

3. 生态因子作用的阶段性或不等价性

生物对生态因子的需要是分阶段的，生物的一生并不需要固定不变的生态因子，它是随着生物的生长发育阶段变化的。例如，植物春化时所需要的低温必须在特定的时期，如果过了这个时期，低温将不会春化植物，反而对植物造成伤害，即必须在植物萌动期，过此期再给植物低温，植物会受害而死亡，所以生态因子的作用时期是不等价的。

4. 生态因子不可代替性和可以调剂性

植物在生长发育过程中所需要的生存条件：光、热、水分、空气、无机盐类等因子对植物的作用虽然不是等价的，但是这些因子都是同等重要而不可缺少的。随便缺少其中哪一个因子都会引起植物的正常生活失调，生长受阻，甚至发病至死，而且任何一个因子，都不能由另一个因子来代替。另外，在一定情况下，某一因子在量上不足时，可以由其他因子的增加或加强而得到调剂，并且仍然可获相似或相等的生态效益。例如，增加 CO_2 的浓度可以补偿由于光照不足所引起的光合强度降低的效应，反之亦然。但是生态因子之间的补偿作用，也并非是经常的和普遍的。

5. 生态因子多变性（也是生态因子直接性和间接性）

在对植物的生长发育状况及其分布原因的分析研究中，必须区别生态环境中因子的直接作用和间接作用。很多地形因子，如地形起伏、坡向、坡度、海拔、经纬度等因子可以通过影响光照、温度、雨量、风速、土壤质地等因子来影响植物，从而引起植物和环境的生态关系发生变化。例如，我国四川省二郎山的东坡面上，分布着湿润的常绿阔叶林等，山脊的西坡上则分布着干燥的草坡，同是一个山体，由于坡面不同，植被类型迥然不同，其原因是坡向的不同导致水分条件不同而引起的，东坡是迎风坡，在焚风的影响下水分充足而当风越过山脊一路向下时就缺乏水分，这样同一山体水分因子在地形的影响下就存在多变性。

以上对生态因子的生态分析是生态学的一项基本原则，具体情况具体分析，变化多端，只能略举几个方面加以说明，在学习中必须分析掌握，提高生态学认识水平。

第二节　生物与光因子的生态关系

光是地球上生态系统中的能量因素，此外光的热能效应所产生的生态环境为生物创造了必要的条件。光因子除对植物有光合作用外，也对生物的形态建成有明显的作用。

一、光是电磁波

光是由波长范围很广的电磁波(波长在0～∞)组成的,其主能量集中在150～4 000 nm,其中人眼可见光的波长在380～760 nm。可见光谱中根据波长的不同又可分为红、橙、黄、绿、青、蓝、紫7种颜色的光。波长小于380 nm的是紫外光,波长大于760 nm的是红外光,紫外光和红外光都是不可见光。在全部的太阳辐射中,红外光占50%～60%,紫外光约占1%,其余的是可见光部分。由于波长越长,增热效应越大,所以红外光可以产生大量的热,地表热量基本上就是由红外光能产生的。紫外光对生物和人有杀伤和致癌作用,但它在穿过大气层时,波长短于290 nm的部分将被O_3层中的O_3吸收,只有波长在290～380 nm的紫外光才能到达地球表面。在高山和高原地区,紫外光的作用比较强烈。可见光具有最大的生态学意义,因为只有可见光才能在光合作用中被植物所利用并转化为化学能。植物的叶绿素是绿色的,它主要吸收红光和蓝光,所以在可见光谱中,波长为760～620 nm的红光和波长为490～435 nm的蓝光对光合作用最为重要。从生理上讲,红黄光促进碳水化合物合成,红黄光是生理活跃光;绿光是生理无效光;蓝、紫光促进植物的蛋白质合成。

二、光质变化及其对生物的影响

光质(光谱成分)随空间发生变化的一般规律是短波光随纬度增加而减少,随海拔升高而增加。在时间变化上,冬季长波光增多,夏季短波光增多;一天之内中午短波光较多,早晚长波光较多。不同波长的光对生物有不同的作用,植物叶片对日光的吸收、反射和透射的程度与波长有关。当日光穿透森林生态系统时,大部分能量被树冠层截留,到达林下的日光不仅强度大大减弱,而且红光和蓝光也所剩不多,所以生活在那里的植物必须对低辐射能环境有较好的适应。

光以同样的强度照射到水体表面和陆地表面。在陆地上,大部分光都能被植物的叶子吸收或反射。在水体中,水对光也有很强的吸收、反射和散射作用,这种情况极大地限制了水体透光带深度。对于反射光来说,太阳高度角大时,平静的水面反射6%的光,波动的水面反射10%的光;太阳高度角小时,平静的水面反射20%～25%的光,波动的水面反射50%～75%的光,其结果是水体中的"白天"比陆地要短得多。光的吸收,尤其是对长波光的吸收,水体比大气多得多,长波光在水面就被吸收,短波光则能透入水体几米到10～20 m处,光合作用有效辐射也可达较大的深度。太阳辐射除被水体本身吸收外,还被水中的溶解物质、悬浮的土壤和碎屑颗粒以及浮游生物所吸收和散射,所以水体中光的减弱程度,也和水体的混浊度有关。光谱成分在水体中和大气中不一样,而且光照强度也大为减弱,一般辐射强度随水深的增加呈对数下降。例如,混浊的流水中,在稍深于50 cm处,光可降至7%。由于以上原因,维管束植物的深度及红藻的深度在不同的水体中而不同。当天气晴朗、水体清澈时,光可射入淡水水体中几米到10 m左右,因此,沉水的维管束植物可以在5～10 m处生存。10 m以下就很少有高等维管束植物生长了。但有些藻类植物还可以生活在 20～30 m 较深的海水中。例如，红藻能生长在水面下 25 m 深处，这是因为红藻的藻红素对深水的短波光有补色效应。在那里它们接收了短波蓝绿色光的照射，这些光可通过藻类辅助色素来吸收，红藻就是靠藻红素和类胡萝卜素来吸收蓝绿色光的。这是植物在其演化过程中，对深水中光谱成分发生变化的一种生理适应。正是由于水体中光强和光谱组成与大气不同，所以水生植物与陆生植物对光的适应方式也不同。

能够穿过大气层到达地球表面的紫外光虽然很少，但在高山地带紫外光的生态作用还是很明显。由于紫外光的作用抑制了植物茎的伸长，所以好多高山植物都具有特殊的莲座状叶丛。高山强烈的紫外线辐射不利于植物克服高山障碍进行散布，因此紫外光是决定很多植物分布的一种因素。光质对于动物的分布和器官功能的影响目前还不十分清楚，但色觉在不同动物类群中的分布却很有趣。例如，在节肢动物、鱼类、鸟类和哺乳动物中，有些种类色觉很发达，另一些种类则完全没有色觉；在哺乳动物中，只有灵长类动物才具有发达的色觉。

三、光照强度及其对生物的影响

（一）光照强度的变化

光照强度在赤道地区最大，随纬度的增加而逐渐减弱。例如，在低纬度的热带荒漠地区，年光照强度为 $8.37×10^5$ J/cm^2 以上，而在高纬度的北极地区，年光照强度不会超过 $2.93×10^5$ J/cm^2，位于中纬度地区的我国华南地区，年光照强度大约是 $5.02×10^5$ J/cm^2。光照强度还随海拔高度的增加而增强，例如，在海拔 1 000 m 处可获得全部入射日光能的 70%，而在海平面却只能获得 50%。此外，山的坡向和坡度对光照强度也有很大影响。在北半球的温带地区，山的南坡所接收的光照比平地多，而平地所接收的光照又比北坡多。随着纬度的增加，在南坡上获得最大年光照量的坡度也随之增大，但在北坡上无论什么纬度都是坡度越小光照强度越大。较高纬度的南坡可比较低纬度的北坡得到更多的日光能，因此南方的喜热作物可以移栽到北方的南坡上生长。在一年中，夏季光照强度最大，冬季最小。在一天中，中午的光照强度最大，早晚的光照强度最小。分布在不同地区的生物长期生活在具有一定光照条件的环境中，久而久之就会形成各自独特的生态学特性和发育特点，并对光照条件产生特定的要求。

光照强度在一个生态系统内部也有变化。一般来说，光照强度在生态系统内将会自上而下逐渐减弱，由于冠层吸收了大量日光能，使下层植物对日光能的利用受到了限制，所以一个生态系统的垂直分层现象既取决于群落本身，也取决于所接收的日光能总量。在水生生态系统中，光照强度将随水深的增加而迅速递减。水对光的吸收和反射是很有效的，在清澈静止的水体中，照射到水体表面的光大约只有 50%能够到达 15 m 深处，如果水是流动和混浊的，能够到达这一深度的光还要少得多，这对水中植物的光合作用是一种很大的限制。

（二）光照强度与水生植物

光的穿透性限制着植物在海洋中的分布，只有在海洋表层的透光带（euphotic zone）内，植物的光合作用量才能大于呼吸量。在透光带的下部，植物的光合作用量刚好与植物的呼吸消耗相平衡之处，就是所谓的光补偿点。如果海洋中的浮游藻类沉降到光补偿点以下或者被洋流携带到光补偿点以下而又不能很快回升到表层时，这些藻类便会死亡。在一些特别清澈的海水和湖水中（特别是在热带海洋），光补偿点可以深达几百米，但这是很少见的。在浮游植物密度很大的水体或含有大量泥沙颗粒的水体中，透光带可能只限于水面下 1 m 处，而在一些受到污染的河流中，水面下 3～10 cm 处就很难有光线透入了。动物靠海洋表层生物死亡后沉降下来的残体为生。

（三）光照强度与陆生植物

1. 光在群落中的照射情况

（1）叶子对辐射的吸收、反射和透射

一般来说，射到叶面上的光约有 70%为叶子吸收，20%反射，透射下来的光为 10%。但吸收、反射和透射光的能力因叶的厚薄构造、绿色程度及叶表面的形状不同而异。此外，还因辐射波长不同而异，叶子对红外光反射大（大约有 70%）；对红光波段的反射则很少（有 3%～10%）；对绿光反射有 10%～20%；紫外光反射不超过 3%，大部分被叶表截留，只有少量的紫外光（占紫外光的 2%～5%）进入叶深层。叶片对光的吸收也具选择性，可见光大部分被吸收，其中红、橙光为 80%～95%；而对绿光的吸收很少。叶片的透射光，以叶片的结构和厚薄不同而异；中生植物透射 10%；非常薄的叶片透射 40%；厚且坚硬的叶片可能一点也不透光。透射最大的光也是反射最大的光，如红外光和绿光。

（2）树冠中辐射的分布

在树冠中叶子相互重叠且彼此遮阴，从充满阳光的树冠表面到树冠内部，光强度逐渐递减。因此，在一棵树冠内，各个叶片接收的辐射总量是不同的，这取决于它们与入射光的方向以及在大量叶子中的位置。而树冠形状和叶子密度，又是决定辐射剖面特征的主要因素。

（3）植物群落中的光照情况

植物群落是许多不同种的植物相互作用而形成的植物系统（集合体）。由于群落的组成与结构不同，对于光的反射、透射和吸收也有差别。例如，北方针阔叶混交林，上层林冠的吸收太阳辐射占 70%，反射 10%，透射 11%。松林上层林冠吸收占 58%，反射 12%，透射 30%。林内光具有以下性质：

①群落内部光照强度从上到下、从外到内依次减弱，光质也发生改变。

②群落内某一点，直射光的照射时间不连续或者十分短，故以散射光占相对优势。

③季节的变化，林内的（群落内）透射光冬季最多。

④群落内的绿光相对群落外多。

⑤由于对光强的不同适应，不同种植物各自生长在群落不同的部位或是不同的季节。例如，森林上层树种多为喜阳植物或耐阴程度较弱的种类，越到下层植物的耐阴性也越强，在群落底层，光照最弱的地方则生长着阴性植物。

⑥群落对光波的吸收有选择性。例如，阔叶林吸收蓝光多，反射黄、绿、橙、红光多，而针叶林对各种波段的光无选择性。阔叶林的这种选择性在夏秋季比春季更强。正是由于这种特性，遥感技术能很好地应用于植物调查。

（4）光强度的测定与计算

光强度可以用仪器直接测得，但是在不方便测的地方或时间，光强度可以用公式计算。计算公式如下：

$$I = I_0 \cdot e^{-k \cdot \text{LAI}} \tag{2-1}$$

式中：I——从植冠到某点的光强；

I_0——阳光在植物上层的强度；

LAI——叶面积指数（叶面/地面积）；

k——消光系数（与叶片的排列与植物体的角度有关，与太阳高度角有关）。

例如，单子叶植物，叶片直立，对光的消减强度小于 0.5；双子叶豆科，叶片平展，对光的消减强度大于 0.5。消光系数在一天中的变化为早晨消光系数大，中午消光系数小，晚上消光系数大。总之，太阳高度角大，消光系数小；太阳高度角小，消光系数大。

2. 光强对植物的生态作用

光强对植物的生态作用集中表现在以下 4 个方面：①光强对植物的生态作用主要表现在光合作用中；在光补偿点与光饱和点上最显著。②对于植物个体而言，光有过饱和的时候，即当光的强度超过一定值时，植物光合作用的速率下降，这个光强度值就是植物个体的光抑制点，光强还有一个生态点——光分解点，光分解点的高低与作用的时间成反比。③光强对植物的生长及形态结构有重要的建成作用。例如，黄化现象、矮壮苗和花芽形成以及花芽到果实成活率都是光强直接作用的结果。④光强对植物果实品质的影响表现在含糖量、耐贮性与花青素的形成上；光强高上述含量都高，反之亦然。

3. 以光强为主导因子来划分的植物生态类型

①阳性植物：在阳光较强下生长健壮，在荫蔽的条件下发育不良。它要求全光照，如在水温等生态条件适应或充足的情况下，不存在着光照过强的问题。如果光强不够，此类植物则不能更新。

②阴性植物：在较弱的光照下（但是光强必须达到光补偿点以上）生长良好。在强光下则不能更新，在荫蔽条件下能够更新。

③耐阴植物：介于以上二者之间。在全日照下生长最好，但也能忍耐适度的荫蔽；或是在生育期间需要轻度的遮阴。它既能在阳地生长也能在阴地生长，只是不同种植物其耐

阴程度不同而已。

从生理上讲，阳性植物的光补偿点大于阴性植物；光饱和点也是阳性植物的大于阴性植物的；叶绿素 a 与叶绿素 b 的比值（chla/chlb）也是阳性植物的大于阴性植物的；但是色素则是阳性植物的小于阴性植物的。

从形态上讲，阳性植物强烈旱生化、外观小、被毛等；叶片内部结构细胞小且细胞排列紧密，气孔小而密；叶肉细胞强烈分化。从整体上看，阳性植物自然整枝好、树皮厚、节间短、个体矮。阴性植物的特征则正好与阳性植物相反。

因此接收一定量的光照是植物获得净生产量的必要条件，植物必须生产足够的糖类以弥补呼吸消耗。当影响植物光合作用和呼吸作用的其他生态因子都保持恒定时，生产和呼吸这两个过程之间的平衡就主要取决于光照强度。从图 2-1 中可以看出，光合作用将随着光照强度的增加而增加，直至达到最大值。图中的光合作用率（实线）和呼吸作用率（虚线）两条线的交叉点就是所谓的光补偿点，在此处的光照强度是植物开始生长和进行净生产所需要的最小光照强度。适应于强光照地区生活的阳性植物光补偿点的位置较高，光合速率和代谢速率都比较高，常见种类有蒲公英、蓟、杨、柳、桦、槐、松、杉和栓皮栎等。适应于弱光照地区生活的阴性植物光补偿点位置较低，其光合速率和呼吸速率都比较低。阴性植物多生长在潮湿背阴的地方或密林内，常见种类有山醉浆草、连钱草、观音坐莲、铁杉、紫果云杉和红豆杉等。很多药用植物如人参、三七、半夏和细辛等也属于阴地植物。

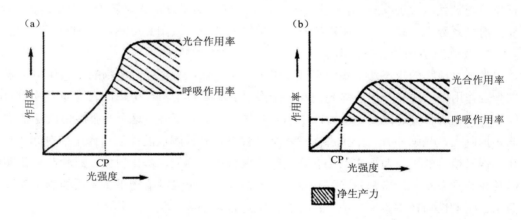

图 2-1 阳地植物（a）和阴地植物（b）的光补偿点与光饱和点位置示意图（CP 为光补偿点）

光照强度在光补偿点以下，植物的呼吸消耗大于光合作用的生产，因此不能积累干物质；在光补偿点处，光合作用固定的有机物质刚好与呼吸消耗相等；在光补偿点以上，随着光照强度的增加，光合作用强度逐渐提高并超过呼吸强度，于是在植物体内开始积累干物质，但当光照强度达到一定水平后，光合速率也就不再增加或增加得很少，该处的光照强度就是光饱和点。各种植物的光饱和点也不相同，阴性植物比阳性植物能更好地利用弱光，它们在极低的光照强度下便能达到光饱和点，而阳性植物的光饱和点则要高得多。在植物生长发育的不同阶段，光饱和点也不相同，一般在苗期和生育后期光饱和点低，而在生长盛期光饱和点高。几乎所有的农作物都具有很高的光饱和点，即只有在强光下才能进行正常的生长发育。

一般来说，植物个体对光能的利用效率远不如群体高，例如，单个的钝顶螺旋藻（*Spirulina platensis*），光补偿点约为 0.58 μmol/（m²·s），光饱和点约为 82.1 μmol/（m²·s），光抑制点约为 129.6 μmol/（m²·s），光分解点为 230 μmol/（m²·s）；129.6 μmol/（m²·s）的连续光能够使很多藻丝体完全压紧，超过 230 μmol/（m²·s）的连续光则使各类族群以多个藻丝体纠结成团的方式避免高光强，无论是液相还是固相螺旋藻都能够被光分解。但是，当夏季阳光最强时[可超过 1 800 μmol/（m²·s）]，单株植物很难充分利用这些光能，但在植物群体中对反射、散射和透射光的利用要充分得多，这是因为在群体中当上部的叶片已达到光饱和点时，群体内部和下部的叶片还远没有达到光饱和状态，有的甚至还处在光补偿点以下，所以植物群体的光合作用是随着光照的不断增强而提高的，尽管有些叶片可能已超过了光饱和点。例如，水稻单叶的光饱和点要比晴天时的最强光照低得多，但水稻群体的光合作用却随着光照强度的增强而增加。对植物群体的总光能利用率产生影响的主要因素是光合面积、光合时间和光合能力。光合面积主要指叶面积，通常用叶面积指数来表示，即植物叶面积总和与植株所覆盖的土地面积的比值。要提高植物群体的光能利用率，首先要保证有足够的叶面积以截留更多的日光能。在一定范围内，叶面积指数与光能利用率和植物生产量呈正相关。但这并不是说叶面积指数越大越好，双子叶植物的叶面积指数比单子叶植物小，因为，双子叶植物的消光系数比单子叶的大，当叶子多时，下层的叶子达不到光补偿点。一般来说，农作物的最适叶面积指数一般为 4，其中小麦为 6～8.8，水稻为 4～7，玉米为 5，大豆为 3.2。光合时间是指植物全年进行光合作用的时间，光合时间越长，植物体内就能积累更多的有机物质并增加产量。延长光合时间主要是靠延长叶片的寿命和适当延长植物的生长期。光合能力是指大气中 CO_2 含量正常和其他生态因子处于最适状态时的植物最大净光合作用速率。光合能力以每天每平方米叶面积所生产的有机物质干重[g/（m²·d）]来计算。一般来说，个体的光合能力与群体的产量呈正相关，而群体的光合能力则取决于叶层结构和光的分布情况。

对于低等植物而言，个体的光分解显著，即当光强超过一定值时个体就开始分解。实验证明：当光强超过 230 μmol/（m²·s）时，钝顶螺旋藻（*Spirulina platensis*）丝状的螺旋藻个体分解，事实上，当光强超过 129.6 μmol/（m²·s）时，钝顶螺旋藻就不生长了，即此点是螺旋藻个体的光抑制点。螺旋藻带在地球上已经存在 35 亿年，对于强光有多种适应的方式，个体少的就抱成团躲避强光，或放出气泡中的 O_2 之后沉到湖底避光。

对于高等植物的乔木而言，一株树上的不同枝条上的叶子也有阳性与耐阴性之分，在上部、外部的叶子呈阳性，具有旱生化的特征，在下部或内的叶子呈中生的特征。这就是第一节所讲的小环境的差别。

四、日照长度的生态作用

日照长度对生物的生长和发育有着明显的作用，然而日照长度对生物的影响则表现在光周期现象上。生物对于白天和黑夜的相对长度的反应叫作光周期现象。在植物中表现为开花、落叶、地下茎的形成等；在动物中表现为迁移、生殖和换毛等。由于光周期属于初始周期因子，因此生物对光周期的适应很强。

1. 日照长度对植物的影响

日照长度对植物的影响首先表现在开花上，通常根据植物开花过程对日照长度的不同，将其分为四类：

①长日照植物：这类植物是只有在日照长度超过其临界日长时才开花，日照长度短于一定长度时便不能开花或推迟开花的植物。这种植物一般需要 14 h 以上的光照才能开花，实质上是短的"暗期"促进其开花，如夏至草、紫菀、凤仙花、除虫菊等，作物中如小麦、大麦、蚕豆、萝卜、菠菜、甜菜、油菜、甘蓝、莴苣、胡萝卜等。

②短日照植物：短日照植物是指只有在日照长度短于其临界日长时才开花，日照长度长于一定长度时便不能开花或推迟开花的植物。这种植物在 24 h 的周期中有一定时间的连续黑暗才能开花，实质上是长夜条件下促进开花的植物。在一定范围内，暗期越长，开花越早，如烟草、水稻、大豆、玉米、大麻、芝麻、牵牛、菊、紫苏（*frutescens*）等。

③中日照植物：花芽的形成需要中等日照长度的植物，当长于或短于中等日照长度都不能开花的植物。例如，甘蔗要求 12.5 h 的日照条件才开花，甜根子草（*Saccharum spontaneum*）也属此类。

④中间型植物：这类植物对日照长度的反应不敏感。只要其他条件合适，在不同的日照长度下都能开花，如蒲公英、番茄、黄瓜、四季豆、番薯、早熟的荞麦等。

此外，也有人再分出长短日植物和短长日植物。前者在夏季日照之后的秋天（短日照下）开花，如夜香树；后者在早春短日照之后的初夏（长日照下）开花，如三叶苜蓿等。

温带植物的秋季落叶、冬季休眠与日照长度紧密相关。短日照可以促进植物进入休眠，如杨树做短日照处理后，即使是温度合适（15℃、20℃或30℃），但再生长 10～11 片叶后就形成顶芽，叶子不再生长。相反，做长日照处理后其他条件（主要是温度）不合适，植物则迟迟不进入休眠。

许多植物地下贮藏器官的形成和发育也明显受到日照长度的影响。例如，短日照植物菊芋（*Helianthus tuberosus*），在长日照条件下只形成地下茎，并不加粗。但在短日照条件下则形成肥大的块茎。白花草木樨、大理菊、马铃薯和薯蓣科植物等的地下块根和块茎的形成，也都明显受短日照的促进。

2. 日照长度对动物的影响

在脊椎动物中，鸟类的光周期现象最为明显，很多鸟类的迁移都是由日照长短的变化所引起的。由于日照长短的变化是地球上最严格和最稳定的周期变化，所以它是生物节律最可靠的信号系统。鸟类在不同年份迁离某地和到达某地的时间都不会相差几日，如此严格的迁飞节律是任何其他因素（如温度的变化、食物的缺乏等）都不能解释的，因为这些因素各年相差很大。同样，各种鸟类每年开始繁殖的时间也是由日照长度的变化决定的。温带鸟类的生殖腺一般在冬季时最小，处于非生殖状态，随着春季的到来，生殖腺开始发育，随着日照长度的增加，生殖腺的发育越来越快，直到产卵时生殖腺才达到最大。生殖期过后，生殖腺便开始萎缩，直到来年春季才再次发育。鸟类生殖腺的这种年周期发育是与日照长度的周期变化完全吻合的。

日照长度的变化对哺乳动物的生殖和换毛也具有十分明显的影响。很多野生哺乳动物，特别是生活在高纬度地区的种类，都是随着春天日照长度的逐渐增加而开始生殖的，如雪貂、野兔和刺猬等，这些种类可称为长日照兽类。还有一些哺乳动物总是随着秋天短日照的到来而进入生殖期，如绵羊、山羊和鹿，这些种类属于短日照兽类，它们在秋季交配刚好能使它们的幼子在春天条件最有利时出生，随着日照长度的逐渐增加，它们的生殖活动也渐趋终止。雪兔换白色毛也完全是对秋季日照长度逐渐缩短的一种生理反应。

鱼类的生殖和迁移活动也与光有着密切的关系，而且常表现出光周期现象，特别是那些生活在光照充足的表层水的鱼类。实验证实，光可以影响鱼类的生殖器官，人为延长光照时间可以提高鲑鱼的生殖能力，这一点已在养鲑实践中得到了应用。日照长度的变化通过影响内分泌系统而影响鱼类的洄游。例如，光周期决定着三刺鱼体内激素的变化，激素的变化又影响着三刺鱼对水体含盐量的选择，后者则是促使三刺鱼春季从海洋迁入淡水和秋季从淡水迁回海洋的直接原因。归根结底三刺鱼的迁移活动还是由日照长度的变化引起的。

昆虫的冬眠和滞育主要与光周期的变化有关，但温度、湿度和食物也有一定影响。例如，秋季的短日照是诱发马铃薯甲虫在土壤中冬眠的主要因素，而玉米螟（老熟幼虫）和梨剑纹夜蛾（蛹）的滞育率则取决于每日的日照时数，同时也与温度有一定关系。

五、人工光源的应用

近些年来，设施农业的发展使得温室的智能技术化越来越高，人工光源的应用也越来越广泛，如对植物花期的光控制，长日照植物开花需要补光，短日照植物开花需要避光。北方冬季光强与日照时数都不够时，补光就是提高大棚植物产量和质量的关键因子。

鸟类生殖期间人为改变光周期可以控制鸟类的产卵量，人类采取在夜晚给予人工光照提高母鸡产蛋量的历史已有 200～300 年。很多昆虫的代谢也受日照长度的影响，一些昆虫依据光周期信号总是在白天羽化，另一些昆虫则在夜晚羽化。

第三节　生物与温度因子的生态关系

一、温度的生态意义

温度是一种无时无处不在起作用的重要生态因子，任何生物都是生活在具有一定温度的外界环境中并受到温度变化的影响。地球表面的温度条件总是在不断变化的，在空间上它随纬度、海拔高度、生态系统的垂直高度和各种小生境而变化；在时间上它有一年的四季变化和一天的昼夜变化。温度的这些变化都能给生物带来多方面和深刻的影响。

（1）温度的直接作用

生物体内的生物化学过程必须在一定的温度范围内才能正常进行。一般来说，生物体内的生理生化反应会随着温度的升高而加快，从而加快生长发育速度；生化反应也会随着温度的下降而变缓，从而减慢生长发育的速度。当环境温度高于或低于生物所能忍受的温度范围时，生物的生长发育就会受阻，甚至造成死亡。虽然生物只能生活在一定的温度范围内，但不同的生物和同一生物的不同发育阶段所能忍受的温度范围却有很大不同。生物对温度的适应范围是它们长期在一定温度下生活所形成的生理适应；除了鸟类和哺乳动物是恒温动物，其体温相当稳定而受环境温度变化的影响很小以外，其他所有生物都是变温的，其体温总是随着外界温度的变化而变化，所以如无其他特殊适应，在一般情况下它们都不能忍受冰点以下的低温，这是因为细胞中冰晶会使蛋白质的结构受到致命的损伤。

（2）温度的间接作用

温度对生物的生态意义还在于温度的变化能引起环境中其他生态因子的改变，如引起湿度、降水、风、O_2 在水中的溶解度以及食物和其他生物活动和行为的改变等。这些影响通常也很重要，不可忽视。不过有时很难孤立地去分析温度对生物的作用，如当光能被物体吸收的时候常常被转化为热能使温度升高。此外，温度还经常与光、湿度联合起来起作用，共同影响生物的各种功能。

二、极端温度对生物的影响

（一）低温对生物的影响

温度低于一定的数值，生物便会因低温而受害，这个数值便称为临界温度或"生物学零度"。在临界温度以下，温度越低生物受害越重，对生物作用的时间越长生物受害越重。

1. 低温对植物伤害的类型与程度

（1）寒害（冷害）

温度在 0℃以上仍能使喜温植物（如热带植物）受害甚至死亡。这种在 0℃以上的低温对植物的伤害称为寒害，我们把易受寒害的植物称为冷敏感植物。

植物受寒害的机理：①寒害使植物体内 ATP 减少，酶系统紊乱，从而造成光合、呼吸、蒸腾、物质运输和转移等生理活动的活性降低，彼此间的协调关系被破坏。例如，低温使分解酶活性比合成酶活性强，使蛋白质不断地分解而减少，氨基酸和氨量增加。②寒害使根系吸收土壤水分的能力降低，造成植物的生理干旱。

（2）霜害

霜害是指气温或地表温度下降到 0℃使植物受害。空气中过饱和的水汽凝结成白色的冰晶，为"白霜"。由于"霜"而受害的植物称为霜敏感植物，这类植物比冷敏感植物较能忍受低温，但组织内部一旦结冰，就开始受害。温度降到 0℃以下时，如果空气干燥，在降温过程中水汽仍达不到饱和，就不会形成霜，但这时的温度仍能使植物受害，这种无霜仍能使植物受害的天气称为"黑霜"。所以"黑霜"实际上就是冻害天气。"黑霜"对植物的伤害比"白霜"更大。因为形成"白霜"时夜晚空气中水汽含量大，水汽有大气逆辐射效应，能阻挡地面的有效辐射，减少地面散热；同时水汽凝结时要放出凝结热，缓和气温继续下降，而"黑霜"则无这些特性。所以霜害实际上不是霜本身对植物的伤害，而是伴随霜而来的低温冻害。

（3）冻害

植物被冷却到冰点以下，使细胞间隙结冰所引起的伤害。植物受冻害的机理：①植物细胞间形成冰晶，造成负压，使水转移，原生质膜发生破裂；②原生质失水收缩，而可溶性物质（盐类、氢离子等）的浓度相应升高，引起原生质中的蛋白质沉淀。

（4）其他类型的低温伤害

除以上 3 种主要的低温伤害类型外，还有以下非典型的类型。

①旱害：土温低、气温高时，叶蒸腾失水而使根难吸水所造成的生理干旱。②冻拔：土壤温度低，土壤表层结冰，下层水分上运，在上层又结冰，土体膨胀，而使植物根系被抬出。③亏损：植物受冻害后，温度急剧回升，使细胞的内水迅速蒸发，加上由于温度继续上升，原生质干燥性加剧水分亏损。④窒息：下雪后，植物表面被雪覆盖，后又冻冰，其气孔被阻塞，造成窒息。

2. 伤害的程度

低温对植物的伤害与低温来的温度有关，低温越低植物受害就越重；与低温持续的时间有关，低温持续的时间越长植物受害越重；同时也与低温变化的速度有关，低温变化的速度越快植物受害越重。另外，植物的受害程度与植物本身对低温的抵抗能力有关，在形态上被毛、鳞片、蜡质层和株型小等特征的植物其抵抗力强，受害就轻些；也与植物体内的生理条件有关，可溶性碳水化合物、自由氨基酸以及属于细胞重要成分的 P、硝酸盐、脱氢酶、蔗糖酶、抗坏血酸酶、质体、色素、可溶性腺嘌呤生物、高能磷化合物和核酸的含量和植物的抗性低温呈正相关，不同有机质的溶质降低冰点的能力也不同，如脯氨酸抗细胞凝结力十分明显。

低温对动物同样有伤害，但是动物行为能够最大限度地避免受寒害、霜害。

（二）高温对生物的影响

温度超过生物适宜的温度区的上限后就会对生物产生有害影响，温度越高对生物的伤害作用越大。

1. 高温对植物的伤害

①高温使植物的酶系统受害：呼吸作用酶的活性大于光合作用酶的活性，植物呼吸作用大于光合作用，持续一段时间后植物饥饿而死。

②高温使植物分解酶的活性大于合成酶从而造成蛋白质不断地分解成多肽链，多肽链进一步分解成氨基酸，氨基酸中 NH_3 脱掉，植物会因为积累 NH_3 而中毒，所有的代谢紊乱。

③高温使植物的蒸腾作用加强，破坏水分平衡，使植物萎蔫干枯，水分代谢紊乱。

④高温缩短植物的整个生育期，促进叶子衰老，减少有效光合面积而造成减产。

⑤土壤表面温度高造成植物的热伤害从而使病虫害入侵植物体内。

⑥日灼病：温度在植物体的变化剧烈，既热胀冷缩造成树皮裂缝，也使病虫害入侵植物体内。

此外，植物在其生育期易受高温的伤害。以水稻为例，其开花期间如遇高温就会使受精过程受到严重伤害，日平均温度 30℃持续 5 d 就会使空粒率增加 20%以上。在 38℃的恒温条件下，水稻的结实率下降为零，几乎是颗粒无收。所以，生育期是所有生物的最敏感期。

2. 高温对动物的伤害

高温对动物的有害影响主要是破坏酶的活性，使蛋白质凝固变性，造成缺氧、排泄功能失调和神经系统麻痹等。

动物对高温的忍受能力依种类而异。哺乳动物一般都不能忍受 42℃以上的高温；鸟类体温比哺乳动物高，但也不能忍受 48℃以上的高温。多数昆虫、蜘蛛和爬行动物能忍受 45℃以下的高温，温度再高就有可能引起死亡。例如，家蝇（*Musca domestica*）在 6℃时开始活动，28℃以前活动一直增加，到大约 45℃时活动中止，当温度到达 46.5℃左右时便会死亡。虽然生活在温泉中的 *Cyprinndon macularius* 能忍受 52℃或更高的水温，但目前除海涂火山口群落的动物以外，还没有发现一种动物能在 50℃以上的环境中完成其整个的生活史。

三、生物对极端温度的适应

1. 生物对低温环境的适应

长期生活在低温环境中的生物通过自然选择，在形态、生理和行为方面表现出很多明显的适应。在形态方面，北极和高山植物的芽和叶片常受到油脂类物质的保护，芽具鳞片，植物体表面生有蜡粉和密毛，植物矮小并常呈匍匐状、垫状或莲座状等，这种形态有利于保持较高的温度，减轻严寒的影响。在生理方面，生活在低温环境中的植物常通过减少细胞中的水分和增加细胞中的糖类、脂肪和色素等有机物质来降低植物细胞的冰点，增加抗寒能力。例如，鹿蹄草（*Pyrola calliantha*）就是通过在叶细胞中大量贮存五碳糖、黏液等物质来降低冰点的，这可使其结冰温度下降到-31℃。此外，极地和高山植物在可见光谱中的吸收带较宽，并能吸收更多的红外线，虎耳草（*Saxifraga stolonifera*）和十大功劳（*Mahonia fortunei*）等植物的叶片在冬季时由于叶绿素破坏和其他色素增加而变为红色，有利于吸收更多的热量。

生活在高纬度地区的恒温动物，其身体往往比生活在低纬度地区的同类个体大，因为个体大的动物，其单位体重散热量相对较少，这就是 Bergman 规律。另外，恒温动物身体的突出部分如四肢、尾巴和外耳等在低温环境中有变小变短的趋势，这也是减少散热的一种形态适应，这一适应常被称为 Allen 规律。例如，北极狐的外耳明显短于温带的赤狐，赤狐的外耳又明显短于热带的大耳狐。恒温动物的另一形态适应是在寒冷地区和寒冷季节增加毛和羽毛的数量和质量或增加皮下脂肪的厚度，从而提高身体的隔热性能。在生理方面，动物则靠增加体内产热量来增强御寒能力和保持恒定的体温，但寒带动物由于有隔热性能良好的毛皮，往往能使其在少增加，甚至不增加（北极狐）代谢产热的情况下就能保持恒定的体温。

行为上的适应主要表现在休眠和迁移两个方面，前者有利于增加抗寒能力，后者可躲过低温环境。

2. 生物对高温环境的适应

生物对高温环境的适应也表现在形态、生理和行为 3 个方面。①植物在形态上躲避高温（由高光强所带来的高温），有很多种类的植物生有密绒毛和鳞片，能过滤一部分阳光；有些植物体呈白色、银白色，叶片草质发亮，能反射一大部分阳光，使植物体免受热伤害；有些植物叶片垂直排列使叶缘向光或在高温条件下叶片折叠或平行叶脉卷曲减少光的吸收面积；还有些植物的树干和根茎生有很厚的木栓层，具有绝热和保护作用。②植物对高温的生理适应主要表现在增加糖等有机质和盐等的浓度，增加细胞原生质的抗凝结力，不至于在高温胁迫下水分全部丢失，在高溶质的原生质中减缓植物的代谢速率，换言之，在细胞水分损失的条件下，细胞还有活力。另外靠旺盛的蒸腾作用避免使植物体因过热受害。③一些植物具有反射红外线的能力，而且夏季反射的红外线比冬季多，这也是避免使植物体受到高温伤害的一种适应。

动物与植物相比较，动物能够主动躲避高温。例如，沙漠中的啮齿动物对高温环境常常采取的行为上的适应对策是穴居和白天躲入洞内夜晚出来活动。昼伏夜出是躲避高温的有效行为适应，因为夜晚湿度大、温度低，可大大减少蒸发散热失水，特别是在地下巢穴中。如果动物行为的躲避还是逃不掉高温的伤害，在生理上进入夏眠提高对高温的抗性。夏眠从高等的哺乳动物到无脊椎动物都有。事实上，动物对高温环境的一个重要适应就是适当放松恒温性，使体温有较大的变幅，这样在高温炎热的时刻身体就能暂时吸收和贮存大量的热并使体温升高，而后在环境条件改善时或躲到阴凉处时再把体内的热量释放出去，体温也会随之下降。

四、节律性变温对生物的影响

由于大多数植物都固定在一个地点不能移动，不能主动选择适宜的温度环境，所以植物所处的环境温度变幅很大，因此，植物必须很好地适应节律性变温才能生存。植物对节律性变温的适应性主要表现为温周期现象和物候。

1. 温周期现象

一天内温度的昼夜变化是温周期，温周期是初始周期性因子，生物对初始周期性因子的适应性很强。温周期对植物的生长、发育和产品质量有很大的影响，植物适应温度昼夜变化的现象称为温周期现象。该现象集中表现在以下几个方面：

（1）昼夜变温与种子萌芽

某些发芽比较困难的种子，如每天给予昼夜有较大温差处理后，则萌芽良好。有些需要光萌芽的种子受到变温处理后，在暗处也能很好发芽。其原理在于：①降温后可增加氧在细胞中的溶解度，从而改善了萌发中的通气条件；②温度交替变化能提高细胞通透性，有利于物质运输。

（2）昼夜变温与植物生长

昼夜变温使植物生长增加。其原因在于：白天温度高有利于植物的光合作用，夜间温度低有利于降低植物的呼吸作用，从而使植物的生长增加。有很多实验证明有昼夜变温条件的植物生长量大于恒温条件的植物生长量。

（3）昼夜变温与植物孕蕾和开花数

昼夜变温使植物孕蕾和开花数增加，其原理同（2）。

（4）昼夜变温与植物产品品质

有很多实验证明有昼夜变温条件的植物果实品质高于恒温条件的，而且在植物能够耐受的一定幅度内昼夜温差越大果实的含糖或蛋白质量就越大。例如，小麦蛋白质的含量：

$$B=12.9A+2.1 \qquad (2\text{-}2)$$

式中：B —— 小麦蛋白质的含量；

A —— 平均昼夜温度变幅，其原理在于夜间降低呼吸作用。

总之，温周期是初始周期性因子，生物对之的适应性很强，甚至成为植物的必需因子。

2. 物候

植物长期适应于某地一年中温度、水分、光照等节律性变化，从而形成与此相适应的植物发育节律称为物候。例如，植物与气候相吻合的发芽、展叶、开花、结果和果实成熟与落叶休眠等生长、发育阶段，称为物候阶段，即物候期。

（1）物候研究方法

在进行物候观测时，注意以下问题。

①选择观测地点：地点的环境条件能反映整个区域的环境条件，而且适于多年观测，

几年的物候数据意义不大，上百年甚至更长时间的物候数据才具有重大意义。例如，英国王室家族 200～300 年在不可变动庄园领地上的植物的物候记载意义重大。

②目标的选定：选测的观测植物物种要与当地气候一致，即选定来源本地的物种。如果选择观测的植物物种与其原产地的气候不一致，物候研究就失去了意义。

③观测项目：一般有树液流动期、展叶期（叶芽开始膨大、初期、盛期、末期）、开花期（花芽开始膨大、初期、盛期、末期）、坐果期（初期、盛期、末期）、果熟期、休眠期等。

（2）物候研究的结论

霍普金斯物候定律：在其他因素相同的条件下，北美洲温带地区每向北纬移动 1°，向东经移动 5°，或上升 121.92 m，植物的阶段发育在春天和初夏将各延迟 4 d；在秋天则恰好相反，即向北移动 1°，向东移动 5°，向上推进 121.92 m，都要提早 4 d。

霍普金斯定律是根据美国的具体情况制定的，应用于其他地区必须修正。我国地处世界最大的陆地亚洲的东部，大陆性气候极为显著，冬冷夏热，冬季南北温差大，但夏季则又相差无几，因此物候变化有自己的特点。例如，我国春初桃始花的等物候线（把同一日子有同一物候期的地点连成的一条线，称为等物候线）。在我国东南部等物候线几乎与纬度平行（图 2-2），从广东沿海直至北纬 26°的福州、赣州一带，南北相距 5 个纬度，物候相差 50 多天，即每一个纬度相差竟达 10 d。在该区以北，情形复杂，北京、南京纬度约差 7 个纬度，在三四月桃花始花先后相差 19 d，每纬度约差 2.7 d；但到四五月柳絮飞，洋槐盛花时，南北物候相差只有 9 d，平均每纬度差 1.3 d 左右。这种差别主要原因是我国冬季南北温度相差很大，而夏季相差很小。

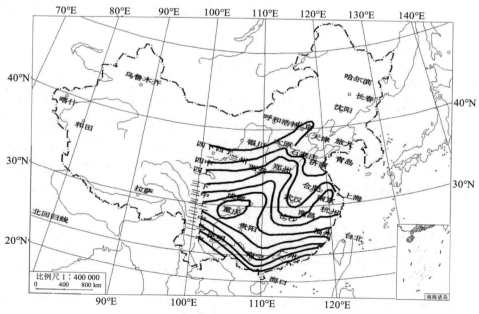

图 2-2　桃花始花线（1935—1936 年）简图

（竺可桢、宛敏渭：《物候学》（修订本），1973 年版）

我国物候纬度方向上的差异原因之一是受冬季和早春的寒流影响。在我国东南部，北纬 26°以南的等物候线几乎与纬度平行，在北纬 26°以北，等物候线则弯曲成马蹄形，这是由于该地区冬春寒潮入侵时对等物候线的影响。物候的经向（东西）差异是受该地大陆性气候强弱的影响。当然海拔也影响物候。同时，物候也受气候变化的影响。此外物候还受气候变迁的影响。

（3）物候研究的意义

①认识物候变化的规律，掌握植物与气候的相互关系。为推测未来气候的变迁提供物候学方面的依据。

②利用物候预报农时比平均温度、积温和节令要准确，因为物候是当年所有温度、水分、光照和变化等一切因子的综合，是生物活体的反映，而平均温度、积温和节令则是死的计算公式得来的，因此常用物候编制自然历、划分四季和预测农时。

③应用物候预测病虫害比平均温度、积温和节令要准确。因为节令的日期是固定的，温度度数则包括生物学最低、最适、最高温度等所有温度的总和。只有物候期是各年气候条件，特别是温度条件如实、准确地反映，才能记录气候的综合变化。因此，应用物候预测病虫害与预报农时、编制自然历、划分四季的原理一样，只要找出指示植物，即可应用。例如，河南省方城县老百姓有"迎春花开，杨柳吐絮，小地老虎成虫出现；桃花一片红，发蛾到高峰；榆钱落，幼虫多；花椒发芽，棉蚜孵化"等经验。应用物候防病虫简单易行。

④应用物候研究药用植物有效成分积累的最适物候期，根据不同物候期与产品质量的关系适时采收。例如，穿心莲的药用内脂的含量以花期最高，蕾期次之，果期第三，营养期最少。

五、有效积温法则

1. 有效积温

温度与生物发育的关系比较集中地反映在温度对植物和变温动物（特别是昆虫）发育速率的影响上，即反映在积温上。积温法则最初是在研究昆虫发育时总结出来的，之后引入植物。其主要意义在于生物生长发育过程中必须从环境摄取一定的热量才能完成某一阶段的发育或整个发育过程，而生物各个发育阶段所需要的总热量是一个常数，这也称为有效积温法则。因此可用公式表示为：

$$K = N \cdot T \tag{2-3}$$

式中：N——发育期即生长发育所需时间；

T——发育期间的平均温度；

K——活动积温。

无论是植物还是变温动物，其发育都是从某一温度开始的，而不是从 0℃开始的，生物开始发育的温度称为发育起点温度（或最低有效温度），由于只有在发育起点温度以上的温度对发育才是有效的，所以上述活动积温的公式必须改写为有效积温的公式：

$$K = N \cdot (T - C) \tag{2-4}$$

式中：K——有效积温；

N——生长发育所需时间（天数）；

T——发育期间的平均温度；

C——发育起点温度。

从图 2-3 可以看出或算出果蝇从卵再到卵所需要的温度和所经历的时间，图中的曲线表达的是温度越高经历的时间越短，反之亦然。图中的直线为斜率是 1 的参考线。

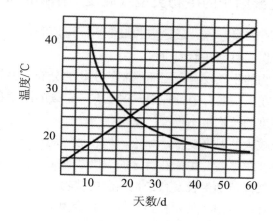

图 2-3　果蝇的有效积温

2. 积温的应用

（1）预测生物地理分布的北界

根据有效积温法则，一种生物分布所到之处的全年有效积温必须满足该种生物完成一个世代所需要的 K 值，否则该种生物就不会分布在那里。

（2）预测生物的世代数和预测害虫来年发生程度

例如，东亚飞蝗只能以卵越冬，如果某年因气温偏高使东亚飞蝗在秋季又多发生了一代（第三代），但该代在冬天到来之前难发育到成熟，于是越冬卵的基数就会减少，来年的虫害就会大大减少，即飞蝗发生程度必然偏轻。

（3）可根据有效积温制定农业气候区划，合理安排作物

不同作物所要求的有效积温是不同的，如小麦、马铃薯需要的有效积温为 1 000～1 600 d·℃；春播禾谷类、番茄和向日葵为 1 500～2 100 d·℃；棉花、玉米为 2 000～4 000 d·℃；柑橘类为 4 000～4 500 d·℃；椰子为 5 000 d·℃ 以上。

（4）应用积温预报农时

依据作物的总积温和当地节令、苗情以及气温资料就可以估计出作物的成熟收割期，以便制定整个栽培措施。用有效积温预报农时远比其他温度指标和植物生育期天数更准确可靠。

　　有效积温法则的应用也有一定的局限性，如发育起点温度通常是在恒温条件下测得的，与昆虫在自然变温条件下的发育有所出入（变温下的昆虫发育较快）；有效积温法则是以温度与发育速率呈直线关系为前提，但事实上两者间呈 S 形关系，即在最适温的两侧发育速率均减慢。除温度外，生物发育的同时还受其他生态因子的影响。就小麦来说，长日照可加快发育，短日照抑制发育，如果采用积温和光照时数的乘积即光温积来表示小麦的发育速度，就比单一的积温值稳定、可靠。积温法则不能用于有休眠和滞育生物的世代数计算。

六、以温度为主导因子的生物类型（温度与生物的分布）

　　生物对温度的要求有：最高点、最适点和最低点。温度若低于最低点或高于最高点，生物将会发生永久性损伤，机理在前面讲过。

　　由于温度能影响生物的生长发育，因而能制约生物的分布。另外，由于生物长期生活在一定的温度范围内，在生长发育的过程中，需要有一定量的温度和适应于一定的温度变幅，所以形成了以下温度的植物生态类型：

　　广温生物：能适应较大的温度变幅，如松、桦和栎等能在 $-5\sim55℃$ 温度范围内生活。

　　窄温生物：对温度要求严格，生活在特定的温度条件下，分布范围窄。

　　低温窄温生物：在低温范围生长发育最怕高温的植物。

　　高温窄温生物：在高温范围生长发育最怕低温的植物。

　　例如，雪球藻、雪衣藻只能在冰点温度范围内发育繁殖。而高温温泉中生活的菊科植物和某些蓝绿藻只能生活在 70℃ 以上的温泉中。另外一些高温植物如椰子（*Cocos nucifera* L.）、可可（*Theobroma cacao*）等只分布在热带高温区。

　　生物不仅适应于一定的温度幅度，并且还需要有一定的温度量。原因有：①年平均温度和最冷、最热月平均温度值是影响生物分布的重要指标之一。②日平均温度累计值的高低是限制生物分布的另一重要因素。例如，日平均温度高于 18℃ 的日数长短是决定热带植物能否栽种的重要条件。③极端温度（最高、最低）是限制生物分布的重要条件。白桦（*Betula platyphylla*）、云杉（*Picea asperata*）在自然情况下不能在华北平原上生长，梨、苹果、桃不能在热带地区栽培，而橡胶、椰子不适于在亚热带地区栽种。

　　高温限制生物分布还因为在高温地区生长发育过程中缺少必要的低温刺激（低温春化阶段），因而使植物不能通过发育阶段。这就是油橄榄、梨、苹果、桃等在热带地区栽培不能开花结果的主要原因。

　　温度是限制生物分布的重要因素，但不是唯一因素；其他如光照、土壤、水分等都能限制生物的分布。因此，在分析生物具体的分布时，必须全面考虑生态因子的综合影响。

第四节　生物与水因子的生态关系

一、水的生态学意义

水是直接生态因子，没有水就没有生命。文人总用上善若水来形容一个善人，让他讲出水的作用，恐怕他也只能讲出一二。但是，从生态学的角度概括起来，水对生物的生态和生理作用有以下 6 点：①水是任何生物体最重要的组成成分，生物体的含水量一般为60%～80%，有些生物可达 90%以上（如水母等）。所以，原生质水分含量平均为 70%。②水是生物各种代谢的原料。例如，光合作用等合成与分解的代谢均需要水的参与。③水是各种物质的载体，如溶解盐、气体、有机质等。生物的一切代谢活动都必须以水为介质，生物体内营养的运输、废物的排除、激素的传递以及生命赖以存在的各种生物化学过程，都必须在水溶液中才能进行，而所有物质也都必须以溶解状态才能出入细胞，所以在生物体和它们的环境之间时时刻刻都在进行着水交换。④水具有支持作用，能够保持细胞和组织的紧张度，使生物器官保持一定状态，以利于各种代谢的正常进行。生物在水分多与少时都生存不利，水短缺时植物萎蔫，吸收过多时吐水。⑤水以高的热容量缓和温度的变化以保护原生质免受温度剧变的伤害。⑥水是地球上养分分布的动因，水是从高的地方在势能的驱动下流向低处，在流动的过程中溶解盐分等物质，并将其所带的物质重新分布。而推动水循环的能量是太阳的辐射。

各种生物之所以能够生存至今，都有赖于水在 3.98℃时密度最大的特性。水的这一特殊性质使任何水体都不会同时全部冻结，当水温降到 3.98℃以下时，冷水总是在水体的表层而暖水在底层，因此结冰过程总是从上到下进行，这对历史上的冰河时期和现今寒冷地区生物的生存和延续来说是至关重要的。另外水的热容量很大，而且吸热和放热是一个缓慢的过程，因此水体温度不像大气温度那样变化剧烈，也较少受气温波动的影响，这样，水就为生物创造了一个非常稳定的温度环境。

生物起源于水环境，生物进化 90%的时间都是在海洋中进行的。生物登陆后所面临的主要问题是如何减少水分蒸发和保持体内的水分平衡。至今，完全适应在干燥陆地生活的只有像高等植物、昆虫、爬行动物、鸟类和哺乳动物这样一些生物，因为它们的表皮和皮肤基本是干燥和不透水的，而且在获取更多的水、减少水的消耗和贮存水 3 个方面都具有特殊的适应。水对陆生生物的热量调节和热能代谢也具有重要意义，因为蒸发散热是所有的陆生生物降低体温的重要手段。

二、植物与水的关系

对于陆生植物来说，失水是一个严重的问题。虽然植物不需要利用水来排泄盐分和含氮代谢产物，但植物在正常的气体交换过程中所损失的水要比动物多得多。动物在呼吸中

所吸进的 O_2 约占大气成分的 20%，而植物所需要的 CO_2 却只占大气成分的 0.03%。因此，与动物吸入 1 mL O_2 相比，植物要获得 1 mL 的 CO_2 就必须多交换 700 倍的大气。在气体交换过程中势必有水分的交换，气体交换的越多，水分交换的也越多，也就是说植物失水的可能性要比动物大 700 倍！一株玉米一天约需要 2 kg 水，一生需要 200 多 kg 水。夏天一棵树木一天的需水量约等于其全部鲜叶重的 5 倍。植物从环境中吸收的水约有 99% 用于蒸腾作用，只有 1% 保存在体内。小麦每生产 1 kg 干物质就需耗水 300～400 kg，因此只有充分的水分供应才能保证植物的正常生活。

在根吸收水和叶蒸腾水之间保持适当的平衡是保证植物正常生活所必需的。要维持水分平衡必须增加根的吸水能力和减少叶片的水分蒸腾，植物在这方面具有一系列的适应性。例如，气孔能够自动开关，当水分充足时气孔便张开以保证气体交换，但当干旱缺水时气孔便关闭以减少水分的散失。当植物吸收阳光时，植物体就会升温，但植物表面浓密的细毛和棘刺则可增加散热面积，防止植物表面受到阳光的直射和避免植物体过热。植物体表生有一层厚厚的蜡质表皮也可减少水分的蒸发，因为这层表皮是不透水的。有些植物的气孔深陷在植物叶片内，有助于减少失水。有很多植物是靠光合作用的生化途径来快速摄取 CO_2（这样可使交换一定量气体所需的时间减少）或把 CO_2 改变了的化学形式贮存起来，晚上进行气体交换，此时温度较低，蒸发失水的压力较小。

一般来说，在低温地区和低温季节，植物的吸水量和蒸腾量小，生长缓慢；在高温地区和高温季节，植物的吸水量和蒸腾量大，生产量也大，在这种情况下必须供应更多的水才能满足植物对水的需求和获得较高的产量。

水与植物的生产量有着十分密切的关系。所谓需水量就是指生产 1 g 干物质所需的水量。一般来说，植物每生产 1 g 干物质需 300～600 g 水。不同种类的植物需水量是不同的，如各类植物生产 1 g 干物质所需水为：狗尾草 285 g、苏丹草 304 g、玉米 349 g、小麦 557 g、油菜 714 g、紫苜蓿 844 g 等；凡光合作用效率高的植物需水量都较低。当然，植物需水量还与其他生态因子有直接关系，如光照强度、温度、大气湿度、风速和土壤含水量等。植物的不同发育阶段吸水量也不相同。

依据植物对水分的依赖程度可把植物分为以下几种生态类型：

（一）水生植物

O_2 在水中的溶解性受温度和含盐量的影响。即使是在最大溶解度的情况下（0℃时在淡水中的溶解度），每升水中也只含有 10 mL 的 O_2（即水体积的 1/100），这只相当于空气含 O_2 量的 1/20。但在自然状态下，水体一般不会达到这样高的含氧量。因此，溶解氧是水生生物最重要的限制因素之一。

空气中的 O_2 是均匀分布的，而溶解在水中的 O_2 其分布是极不均匀的。通常位于大气和水界面处附近的 O_2 最丰富，随着水深度的增加，O_2 的含量也逐渐减少。静水中的含 O_2 量一般比流水中的含 O_2 量要少。水生植物的光合作用是水中溶解 O_2 的一个重要来源，但是在不太流动的水体中，动物和微生物耗氧过程往往对水体含 O_2 量有更大的影响，因为植物的光合作用只能在水的表层有阳光的区域进行，而动物和微生物的呼吸作用则发生在水体的所有深度，特别是在水底的沉积层中呼吸作用最为强烈。在一个层次十分清楚的湖泊中，位于温跃层（thermocline）以下的下湖层（hypolimnion）中，生物的呼吸作用常常会把 O_2 耗尽，造成缺 O_2 环境，减缓或中止生命过程。在污浊的沼泽地和深海盆地也常常会出现这样的缺 O_2 环境，以致有机沉积物难以被微生物分解而形成石油和泥炭层。

水体中水分丰富，温度相对恒定，光照弱，O_2 少。CO_2 多代偿了些弱光反应（水中的 CO_2 比大气中多 700 倍）。水生植物的适应特点是体内有发达的通气系统，如荷花，从叶片气孔进入的空气能通过叶柄、茎的通气组织，而进入地下茎和根部的气腔，形成一个完整的开放型通气系统。还有一类，如金鱼藻，属封闭式的通气组织，这种系统不与体外的大气直接相通，但可贮存由呼吸作用释放出来的 CO_2 供光合用，并贮存由光合作用放出的 O_2 供呼吸用，由于植物体内大量的通气组织，增加了体积，减少了重力，故有漂浮力。发达的通气组织保证了植物体各部对氧气的需要。叶片常呈带状、丝状或极薄，有利于增加采光面积和对 CO_2 与无机盐的吸收；植物体具有较强的弹性和抗扭曲能力以适应水的流动；淡水植物具有自动调节渗透压的能力，而海水植物则是等渗的。

依据植物所处的水深度，水生植物可划分为以下类型：

1. 漂浮植物

浮水植物是植物的全体都漂浮在水面的生态类型，如浮萍，叶片漂浮水面，气孔通常分布在叶的上面，维管束和机械组织不发达，全体悬浮的植物其根也悬浮在水中，无性繁殖速度快，常常因为几乎没有一般植物的限制因子（水、光强和 N、P、K 等营养因子）而生产力高，在很短时间内浮萍能够将水面郁闭造成水体缺 O_2 而给养鱼带来危害。

2. 沉水植物

整株植物沉没在水下，为典型的水生植物。根退化或消失，表皮细胞可直接吸收水中气体、营养物和水分；叶深裂呈带状，叶绿体大而多，适应水中的弱光环境，无性繁殖比有性繁殖发达，如狸藻、金鱼藻和黑藻等。

3. 浮叶固定植物

睡莲属的睡莲等，二型叶，叶在水体中时具有典型的水生植物的特征即呈带状，叶升出水体时具有陆生植物的特征。

4. 挺水植物

植物体的大部分挺出水面，如芦苇、香蒲、大米草等。这种生态类型的植物在根部水的生境和非水的生境生存都很好，也称"两栖植物"，挺水植物也是沼生植物。

（二）陆生植物

陆生植物的根部在非水的生境是生存较好的，根据植物对水分的需求状况，陆生植物可划分为下列生态类型：

1. 湿生植物

在潮湿环境中生长，抗旱能力小，不能长时间忍受缺水。生长在光照弱、湿度大的森林下层，或生长在日光充足、土壤水分经常饱和的环境中。前者如热带雨林中的各种附生植物（藻类、兰科植物）和秋海棠（阴性湿生植物）等；后者如水稻、毛茛、灯芯草和半边莲（阳性湿生植物）等。

2. 中生植物

生活于水湿条件适中的环境，此类植物种类最多，分布也最广，数量最大。其细胞渗透压介于湿生植物与旱生植物之间，为 $5\sim20$ bar[①]，叶具保水能力，根较发达，机械组织也发展起来，故具有轻度抗旱能力。中生植物还可以细划分为：

①典型中生植物：适于生长在水湿条件适中的环境中，其形态结构及适应性均介于湿生植物和旱生植物之间，是种类最多、分布最广和数量最大的陆生植物，如阔叶树类。

②湿中生植物：在中生植物中该类型对水分的要求多一些，如地榆。

③旱中生植物：在中生植物中该类型对水分的要求少一些，如斜茎黄蓍。

3. 旱生植物

在干旱环境中生长，能忍受较长时间干旱而仍能维持水分平衡和正常生长发育的一类植物。根据其抗旱能力的强弱可以细划分为：

①旱生植物：生在旱偏中性生境中，如线叶菊、木岩黄芪、羊茅。

②典型旱生植物：生在典型旱生境中，如大针茅、小叶锦鸡儿（*Caragana microphylla*）等。

③强旱生植物：生在较干旱生境中，如蓍状亚菊、柠条锦鸡儿（*Caragana korshinskii*）、冬青叶兔唇花等。

④超旱生植物：生在最干旱生境中，该类型在旱生植物中的抗旱能力最强，如霸王、红砂、四合木、短叶假木贼等。

此外，根据旱生植物的形态可以划分为：

①肉质植物（多浆液植物）：植物体贮水，如仙人掌。面积与体积比例小，可减少蒸腾表面积，以茎光合，茎角质层厚，气孔器内凹，为景天酸代谢 CAM 光合，白天气孔关闭，减少水分的散失，但是 CO_2 的光代谢在白天进行，体内的 CO_2 是夜里气孔打开时进入的，CO_2 进入植物体内后先固定在 C_3 的磷酸烯醇式丙酮酸上生成 C_4 的有机物，白天有光时 C_4 脱掉 CO_2 使之进入卡尔文的 CO_2 循环的代谢，CAM 植物的 CO_2 固定和代谢在时间（昼夜）上的分开是为了逃避白天高的蒸腾作用水分的丧失；CAM 植物由 C_3 植物进化而成。

②真旱生植物（少浆液植物）：该类型植物在形态上，缩小叶面积，减少蒸腾水分的丧失，如麻黄叶片退化成不明显的小鳞片状。叶片表皮细胞角质层发达，被白色绒毛反光，蜡质光泽，气孔下陷；有些禾本科类的真旱生植物，叶片有多条棱和凹槽，气孔深深陷在

[①] 1 bar＝10^5 Pa。

沟内，干旱时叶缘反卷由中脉向下叠合起来以减少蒸腾。此外，该类型植物叶片的栅栏组织发达且排列紧密，细胞空隙很少，海绵组织不发达，机械组织发达，根系特别发达。例如，在极干旱区的骆驼刺（*Alhagi sparisifolia*），其地上部分只有 5～25 cm（一般超不过 40 cm），而地下部分可深达 15～20 m，扩展的范围达 623 m²。该类型植物在生理上，原生质抗脱水力强，细胞渗透压大于 20 bar 时，酶依然具有活性。有一些种类细胞渗透压高达 40～60 bar，甚至更高，达 100 bar。植物在丢失 50%的水分时仍不死，抗旱能力极强。

三、干旱和洪涝对植物危害及植物的抗旱性

（一）旱害和植物的抗旱性

大气干旱，大气温度高，相对湿度小，植物的蒸腾大于吸水，造成植物的萎蔫，当土壤中有可吸收的水分时，植物出现暂时萎蔫即萎蔫后补水植物还能够恢复生命力，而当土壤干旱时造成植物的萎蔫容易造成植物的永久萎蔫，即萎蔫后补水植物不能恢复生命力。植物的抗旱性表现为复合性状，即抗旱性是植物躲避对策和忍耐能力的综合体现。

1. 植物躲避干旱的对策表现在形态上

植物扩大根系，增加吸水面积，提高吸水能力。植物体肉质化，贮藏水分，躲避缺水。植物体减少水分丢失，表现为减少蒸腾面积，气孔调节，减少角质蒸腾等一系列形态上（在生理上，当缺水时，脱落酸含量增大，引起气孔关闭减少水分的丢失）。而拟短生植物在生理与形态方面属中旱生植物，是以其种子的形式进行休眠来躲避干旱的逆境。

2. 植物忍耐干旱的对策表现在生理上

缺水时植物要保证还能够正常进行生理代谢，必须是在其原生质中有一定的水分，原生质中的水分是其含有高的溶质所致，少浆汁的旱生植物的原生质渗透势很高，即原生质抗旱性高。

3. 植物的抗旱性指标

通常根据植物的生境状况评价植物的抗旱性。也有以单一的水分生理评价植物的抗旱性，如水势、脯氨酸或特殊亲水物质（如仙人掌科中的五碳糖）的含量、细胞特性（细胞小等）和气孔开闭系统等。而最好是综合评价，该方法工作量大。

一般植物的抗旱性指标有：①根茎比（根/茎），是植物的根与茎的比值。②比叶面积，是植物的叶表面积（cm²）与叶鲜重（g）的比值。③肉质化程度，是植物的饱和含水量（g）与其表面积（cm²）的比值。④比存活时间：植物体内可利用水与其角质层蒸腾速率的比值。⑤相对干旱指数，是植物的实际水分饱和数与其临界水分饱和数的比值。

（二）植物如何应付洪涝

水太多比水太少对植物的压力更大。不同种类的植物应付洪涝的能力是不一样的。水淹对植物的危害与干旱所造成的危害相似，主要症状包括气孔紧闭、黄化、早熟、落叶、

萎蔫和光合作用迅速减弱，然而引起这些症状的原因是各不相同的。

正在生长的植物既需要有充足的水分供应，又需要不断与环境进行气体交换。气体交换常发生在根与土壤中的空气之间。当水把土壤中的孔隙填满后，这种气体交换就无法再进行了，此时植物就会因缺 O_2 而发生窒息，以致可能被淹死，根必须在有 O_2 的条件下才能进行有氧呼吸，如果因水淹而缺 O_2，根就不得不转而进行无氧代谢。土壤中无 O_2 或缺 O_2 会导致其有机质化学反应产生一些对植物有毒的物质。

有些植物以在根内积累乙烯（Ethylene）作为对无 O_2 条件的反应。乙烯作为一种生长激素很难溶于水，在正常情况下，根只能产生少量的乙烯。在土壤被水淹的情况下，乙烯便难以从根扩散出来，O_2 也无法向根的内部扩散，于是，根内乙烯的浓度便会增高。乙烯可刺激根外皮中的相邻细胞，使其自毁和分离，形成许多相互连接的气室，这就是通气组织（Aerenchyma）。通常这些气室是水生植物所特有的，有助于浸水的根进行气体交换，主要是 O_2 与 CO_2。

还有一些植物，特别是木本植物，原生根（original root）在缺 O_2 时会死亡，但在茎的地下部分会长出不定根（adventitious root），以便取代原生根，所谓不定根就是在本不该长根的地方长出的根。不定根在功能上替代了原生根，它们在有 O_2 的表层土壤内呈水平散布。在排水不良的土壤中生长的红花槭（*Acer rubrum*）和白松（*Pinus strobus*）为了应付洪涝而发展了呈水平分布的浅根根系，这些根系不耐干旱，生有浅根根系的树木容易被大风刮倒。

长时间水淹会引起顶梢枯死或死亡，特别是木本植物。树木对洪涝所做出的反应与季节、水淹持续时间、水流和树种有关。生长在平原上的树木和生长在低地的硬木树种对季节性短时间的洪水泛滥有着极强的耐受性。静止不流动的水比富含氧气的流水对这些树木所造成的损害更大。根被水淹的时间如果超过生长季节的一半，通常大多数树木就会死亡。

经常遭受洪涝的植物往往会通过进化产生一些适应，这些植物大都生有气室和通气组织，氧气可借助于通气组织从地上枝和茎干输送到根部。像水百合一类的植物，其通气组织遍布整株植物，老叶中的空气能很快地输送到嫩叶中去。叶内和根内各处都有彼此互相连通的气室，这种发达的通气组织几乎可占整个植物组织的一半。在寒冷和潮湿的高山苔原，有些植物在叶内、茎内和根内也有很多类似气室的充气空间，可保证把 O_2 输送到根内。

只有少数木本植物能够永久性地生长在被水淹没的地区，其典型代表是落羽杉（*Taxodium distichum*）、红树（*Rhizophora apiculata*）、柳树（*Salix*）和水紫树（*Nyssa aquatica*）。落羽杉生长在积水的平坦地区，发展了特殊的根系，即出水通气根。红树也有出水通气根，它有助于气体交换并能在涨潮期间为根供应 O_2。

四、动物与水的关系

动物和植物一样必须保持体内的水分平衡。对水生动物来说，保持体内水分得失平衡主要是依赖水的渗透作用。陆生动物体内的含水量一般比环境要高，因此常常因蒸发而失水，另外在排泄过程中也会损失一些水。失去的这些水必须从食物、饮水和代谢水那里得到补足，以便保持体内水分的平衡。

水分的平衡调节总是同各种溶质的平衡调节密切联系在一起的，动物与环境之间的水交换经常伴随着溶质的交换。生活在淡水中的鱼不仅要解决水大量渗透到体内的问题，而且还必须不断补充溶质的损失。排泄过程不仅会丢失水分，同时也会丢失溶解在水里的许多溶质。影响动物与环境之间进行水分和溶质交换的环境因素很多，不同的动物也具有不同的调节机制，但各种调节机制都必须使动物能在各种情况下保持体内水分和溶质交换的平衡，否则动物就无法生存。

（一）水生动物的渗透压调节

1. 海洋动物

海洋是一种高渗环境，生活在海洋中的动物大致有两种渗透压调节类型。一种类型是动物的血液或体液的渗透浓度与海水的总渗透浓度相等或接近；另一种类型是动物的血液或体液大大低于海水的渗透浓度。前者主要通过食物或食物同化过程中的代谢水补充水分的丧失，另外也可以饮用海水并排出海水中的溶质来补充水分，这样的动物有海胆（*Echiuns*）、贻贝（*Mytilus*）、蟹（*Maja*）等。由于等渗动物所需要的水量很少，所以一般不需要饮用海水，代谢水的多余部分还要靠渗透作用排出体外。当动物的血液或体液的渗透浓度比海水略高一些时，这些动物不仅不需要饮水和从食物和代谢过程中摄取水，而且还需借助于排泄器官把体内过剩的水排出体外，如海月水母（*Aurelia aurita*）、枪乌贼（*Loligo chinensis*）、海蛆（*Ligia oceanica*）、龙虾（*Nephrops*）、盲鳗（*Myxine*）和矛尾鱼（*Latimeria*）等。对这些动物来说，体外的水会渗透到体内来，渗透速率取决于体内外的渗透压差。

在低渗动物中，排泄钠的组织是多种多样的。硬骨鱼类和甲壳动物体内的盐通过鳃排泄出去，而软骨鱼类则通过直肠腺排出。这些排盐组织的细胞膜上有K^+泵和Na^+泵，可以主动地把钾和钠通过细胞膜排出体外。美洲鳗鲡（*Anguilla rostrata*）在生活过程中要从淡水迁入海水，尽管外部环境的渗透浓度变化极大，但它的血液渗透浓度却仍能保持稳定，它对低渗调节的控制是独具特色的。当美洲鳗鲡接触海水时，由于吞食海水并从海水中摄取钠而使血液的渗透浓度增加。接着便出现一些细胞脱水现象，肾上腺皮质增加皮质甾醇（一种激素）的分泌量。这种激素有两个重要作用，一是能使分泌氯化物的细胞从鳃内迁移到鳃的表面，二是在这些细胞膜内形成大量的Na^+泵和K^+泵。几天之内钠泵排盐机制便可形成，并能把从海水中摄取的钠排出体外。这样就实现了美洲鳗鲡血液浓度的低渗调节。

2. 低盐环境和淡水环境中的动物

生活在低盐环境和淡水环境中的动物，其渗透压调节是相似的，两种环境只是在含盐量和稳定性方面有所不同。低盐环境（如河海交汇处）的渗透浓度波动性较大，当生活在海洋中的等渗动物游到海岸潮汐区的河流入海口附近时，环境的渗透浓度下降，由于动物与环境之间的渗透浓度差进一步加大，所以动物必须对它们体内的渗透浓度进行调整。

淡水动物所面临的渗透压调节问题是最严重的，因为淡水的渗透浓度极低。由于动物血液或体液渗透浓度比较高，所以水不断地渗入动物体内，这些过剩的水必须不断地被排出体外才能保持体内的水分平衡。此外，淡水动物还面临着丢失溶质的问题。有些溶质是随尿排出体外的，另一些则由于扩散作用而丢失。丢失的溶质必须从两个方面得到弥补：一方面从食物中获得某些溶质，另一方面动物的鳃或上皮组织的表面也能主动地把钠吸收到动物体内。钠在数量上是细胞内最重要的一种溶质，其他溶质只依靠从食物中摄取就足够了。

（二）陆生动物的渗透压调节

陆生动物和水生动物一样，细胞内需要保持最适的含水量和溶质浓度。渗透压调节的重要性就在于能保持各种动物细胞内都有相似的含水量，否则细胞的功能就会受影响。

动物失水的主要途径是皮肤蒸发、呼吸失水和排泄失水。丢失的水分主要是从食物、代谢水和直接饮水 3 个方面得到弥补。但在有些环境中，水是很难得到的，所以单靠饮水远远不能满足动物对水分的需要。因此，陆生动物在进化过程中形成了各种减少或限制失水的适应。陆生动物皮肤的含水量总是比其他组织少，因此可以减缓水穿过皮肤。有很多蜥蜴和蛇，其皮肤中的脂类对限制水的移动发挥着重要作用，如果把这些脂类从皮肤中除去，皮肤的透水性就会急剧增加。

由于水是从动物身体表面蒸发的，所以随着动物身体的减小，其蒸发失水的表面积的比例就会相应增加，这对生活在干燥环境中的小动物，如陆生昆虫，非常不利。很多陆生昆虫和节肢动物都有特殊适应，尽量减少呼吸失水和体表蒸发失水。例如，昆虫利用气管系统来进行呼吸，而气门是由气门瓣来控制的，只有当气门瓣打开的时候，才能与环境进行最大限度的气体和水分交换。如果几个月不喂给幼虫食物并把它们置于干燥的空气中，它们的气门瓣常常连续很多个星期都紧闭着，气体交换只发生在气门瓣短暂开放的一瞬间，这样就可以把蒸发失水量降低到最低限度。节肢动物的体表有一层几丁质的外骨骼，有些种类在外骨骼的表面还有很薄的蜡质层，可以有效地防止水分的蒸发。

鸟类、哺乳类中减少呼吸失水的途径是将由肺内呼出的水蒸气，在扩大的鼻道内通过冷凝而回收。鼻道温度低于肺表面，来自肺的湿热气遇冷后就会凝结在鼻道内表面并被回收。这种回收冷凝水的工作机制与许多荒漠鼠类不断吸入干燥的冷空气有关。当干燥的冷空气通过鼻道时，鼻道表面就会因水分蒸发而变冷，而变冷的鼻道内表面能使来自肺部的饱含水分的热空气凝结为水，这样就可以最大限度地减少呼吸失水。值得注意的是，居住在干燥荒漠的更格芦鼠的鼻道迂回曲折，大大增加了鼻道内的表面积，这是对这一功能的一种形态适应。

减少排泄失水，如许多荒漠鸟兽具有良好重吸收水分的肾脏。人尿中的盐离子浓度比血浆浓度高 3 倍，但更格芦鼠尿中的盐浓度却可以比血浆中的高 17 倍。一般来说，兽类浓缩尿的能力越强，其肾脏髓质部的相对厚度指数越大，重吸收水的主要部位是位于髓质部中部。许多研究证明，越是栖息于干旱环境的兽类，其肾脏髓质部的相对厚度越大，相应的尿中盐离子浓度比血浆中高出的倍数也越大。改变含氮废物的排出形式也是减少排泄失水的一种途径。大多数水生生物排出的氮代谢产物是铵（NH_4^+）。虽然铵也有一定的毒性，但水生生物可以在它达到有害浓度之前就迅速排出体外（主要由鳃排出）。陆生动物则无需为排氮而承受如此大量的水分丧失，因此在蛋白质代谢中常常产出一种毒性较小的代谢产物。哺乳动物所产出的这种氮代谢产物是尿素[$CO(NH_2)_2$]，由于尿素溶于水，所以排泄过程也会损失一些水分，失水的多少则视肾脏的浓缩能力而定。爬行动物和鸟类则以尿酸（$C_5H_4N_4O_3$）的形式排泄含氮废物，这是对陆地生活的进一步适应。在炎热干燥的沙漠生境中，尿酸甚至可以结晶状态排出体外，这种节水适应可使鸟类和爬行动物在沙漠的烈日下也能积极地活动。

减少呼吸和体表蒸发失水增加了在高温下体温调节的困难，因此，必须靠其他方法加以解决。最普通的一种生理机制是使体温有更大的波动范围（与正常的内稳态动物相比，体温波动幅大得多）。例如，黄鼠（*Citellus dauricus*）体内的酶系统与大多数动物相比，其发挥作用的温度范围要宽得多，因此允许体温有较大幅度的变化。实际上，黄鼠就是靠体温达到极高的水平来解决散热问题的，体温常常比周围环境温度还要高，这样就可维持散热。当体温达到最高点时（42℃），它会躲避到地下洞穴中去降温。生活在沙漠中的羚羊也有同样的适应，长角羚和瞪羚的体温也常有很大变化。例如，长角羚的直肠温度可达45℃，而瞪羚则可达46.5℃。把身体作为一个热储存器加以利用，可使动物在高温条件下能继续有效地执行各种功能。羚羊的身体比黄鼠更大，因而可以吸收更多的热量，可以长时间地保持活动状态，而不必像黄鼠那样需定期退回洞穴中降温。对羚羊来说，白天所吸收的热量到了较凉爽的夜晚自然就会消散。动物在白天让自己的体温持续不断地升高还有另一种好处，就是缩小动物体和环境之间的温度差，从而进一步减少动物体的吸热量。对大多数哺乳动物来说，体温超过43℃就会对脑造成损伤。但据观察，瞪羚直肠温度保持46.5℃长达6 h，大脑功能仍完全正常。这是因为血液在到达大脑之前就通过热对流交换使血液降了温，因此羚羊脑的温度比体温要低。

五、水的物理性质对水生生物的影响

水作为水生生物生活的环境介质，其物理性质，如密度、黏滞性、浮力和 O_2 浓度以及水体中光的性质对水生生物都有重要影响。

水的密度比空气大约大800倍，所以陆生生物必须发展躯干或四肢等支持结构，而对水生生物来说，稠密的水就能起支撑作用。但是蛋白质、溶盐和其他物质的密度都比水大，因此生物体在水中通常还是要下沉的。为了克服下沉的趋势，水生植物和动物发展了多种多样的适应，以便降低身体的密度，减缓身体下沉的速度。这些适应对于微小的浮游植物和浮游动物来说是非常重要的，因为这些生物没有主动运动的能力。例如，螺旋藻的上浮性是由其细胞中的气泡大小来调节的，即当螺旋藻开始生产时其副产品 O_2 被储存在气泡中供螺旋藻的呼吸使用，随着螺旋藻光合速率的增加，气泡中的 O_2 增多时，螺旋藻个体的上浮性增加，螺旋藻从水底向上浮起直到水面，当螺旋藻被强光照射时，饱和的气泡装

不下 O_2 时，O_2 被释放到水中。螺旋藻的浮力下降开始下沉，直到水底。所以，35 亿年以来蓝藻能够适应水体中的生境在生态上是成功的。另外的很多单细胞浮游植物能够大量漂浮在湖泊和海洋近表面水层，因为在它们体内含有比水密度更小的油滴，抵消了细胞下沉的倾向。生活在浅水中的大型海藻也有类似的充气器官，这些海藻用固着器附着在海底，而充满气体的球形物则可使叶子浮在阳光充足的水面。从上述我们也可以看出，水体上部 O_2 的浓度比下部高，在水底特别是无光的水底 O_2 的浓度最低。

在水体中的脊椎动物，例如，很多鱼类的体内都有鳔，鳔内充满了气体，使鱼体可以有上浮性。而另外其他鱼类和大型的海洋生物也常利用脂肪增加身体的浮力。大多数脂肪的密度为 0.90～0.93 g/mL（即相当于水密度的 90%～93%），因此倾向于上浮。减少骨骼、肌肉系统和体液中的盐浓度也能使水生动物减轻体重增加浮力。许多水生脊椎动物低渗透浓度的血浆（是海水渗透浓度的 1/3～1/2）也是对减少身体密度的一种适应。水的高度黏滞性也有助于水生生物减缓下沉的速度，但同时也对动物在水中的各种运动形成较大的阻力。在水中能够快速移动的动物，其身体往往呈流线型，这样可以减少运动的阻力。微小的海洋动物往往靠细长的附属物延缓身体的下沉。

由于水的浮力比空气大，因此重力因素对水生生物大小的发展限制较小。蓝鲸是世界上最大的动物，其身长可达 33 m，体重可达 100 t，而最大的陆生动物大象的体重只有 7 t。水为动物提供了极好的支持以便克服自身的重力，所以当鲸在海滩搁浅时也会很快窒息而死。尽管鲸也呼吸空气，但一旦失去了水的支持它巨大的体重就会把它的肺压瘪。坚硬的结构在水生动物中主要起保护作用，如软体动物的外壳或者是为肌肉提供坚实的附着点（如螃蟹的壳和鱼类的骨骼），而不是为了支撑身体的重量。

现代水生生态系统依然没有摆脱生物圈变暖的破坏。水在 3.98℃密度最大，黏滞性也最大，当水温上升时，水的黏滞性下降。鼋蝇等动物在水温低的水面留下其踪迹所保留的时间长于水温高的水面，捕食动物寻着其踪迹捕食之，当高的气温导致高的水温成为现实时，鼋蝇等被捕食的动物在水面上留下的踪迹很快消失，其捕食动物越来越难捕食到食物而可能造成食物链的上层营养级减少。

第五节　生物与大气因子的生态关系

大气是指地球表面到高空 1 100～1 400 km 范围内的空气层。在大气层中，空气的分布是不均匀的，越往高空，空气越稀薄。在地面以上约 12 km 范围内的空气层，其重量约占大气层总重量的 95%，这一层温度上冷下热，可产生活跃的空气对流，形成风、云、雨、雪、雾等各种天气现象。这个空气层称为对流层。大气污染主要发生在对流层范围内。

空气的成分非常复杂，在标准状态下（0℃，760 mm Hg[①]，干燥），按体积计算，N_2

---

① 760 mmHg=101.325 kPa。

约占 78%，O_2 约占 21%，氖、氦、氪、氢、氙、氡、NH_3、CH_4、O_3、氮氧化物等气体约占 0.94%，CO_2 约占 0.032%。

在这些气体成分中，以 CO_2 和 O_2 与生物的关系最密切，它们是光合作用和呼吸作用的主要原料。其他气体与生物也有重要的关系，如有些光合细菌、蓝绿藻和固氮根瘤菌，能直接利用空气中的 N_2，使之转变成氨态氮。

目前大气污染已成为世界的一个重要问题，利用植物吸收净化大气中的污染物以及监测大气污染，是净化空气、保护环境的一项有效措施。此外，空气流动所形成的风，对生物也有重要的生态意义。

一、CO_2 和 O_2 的生态作用

（一）CO_2 的生态作用

生物界是由含有碳化合物的复杂有机物组成，这些有机物直接或间接都是由绿色植物在光合作用中制造出来的。因此 CO_2 的生态作用对植物更为重要。在高产作物中，生物产量的 90%～95%取自空气中的 CO_2，只有 5%～10%来自土壤矿物质。据分析，在植物干重中 C 占总干重的 45%，O 占 42%，H 占 6.5%，N 占 1.5%，其他成分占 5%，其中 C 和 O 都来自 CO_2。因此，CO_2 对植物的生长发育有着极重要的意义。

1. 大气中CO_2的平衡

大气圈是 CO_2 的主要蓄库和调节器，大气中 CO_2 的含量平均为 0.032%，但是它并不是固定不变的，在时间上它有日变化和年变化周期。在有植被覆盖的地段上，当太阳升起时，植物光合作用开始，空气中 CO_2 浓度迅速降低。中午前后，在植被顶层，CO_2 浓度达到最低值，比日平均值低 0.001%～0.015%。午后，随着温度上升，空气湿度下降，光合作用逐渐减弱，呼吸作用相应加强，使 CO_2 消耗减少，累积量相应增加。到日落时，光合作用停止而呼吸作用仍继续进行，使近地面层的 CO_2 的浓度逐步积累，在日出前，CO_2 浓度可超过 0.04%。CO_2 的年变化也非常清楚，春天来临，植物对 CO_2 的消耗量大大超过土壤中释放出来的 CO_2 量，致使大气中 CO_2 浓度显著降低。例如，在北纬 30°以北地区，在 4—9 月的植物生长季节，大气中 CO_2 含量要减少 3%，大约相当于 40 亿 t 的净 C。

地球上，陆生植物每年能固定 200 亿～300 亿 t 的 C，其中主要是森林。据计算，地球上森林所含的 C 为 4 000 亿～5 000 亿 t，假如树木的平均年龄为 30 年，每年大约有 150 亿 t 碳是以 CO_2 的形式转化为木材。海洋浮游植物每年大约消耗 CO_2 400 亿 t，略超过陆地净 C 固定率。全球（陆地、海洋）每年消耗大气层 CO_2 600 亿～700 亿 t。CO_2 固定速率或净生产率因气候、植被类型不同而有很大差异，热带雨林固定 C 为 1～2 kg/（m^2·a），中纬度森林为 0.2～0.4 kg/（m^2·a），而北极冻土地带和荒漠只能固定 0.01～0.02 kg/（m^2·a）。

植物消耗大量 CO_2，但大气圈（CO_2 的主要蓄库）中的 CO_2 浓度不仅没有减少，反而逐步上升，这是因为煤、石油等燃料燃烧、生物呼吸及微生物分解等源源不断地放出 CO_2。

单是石油和煤每年就释放出 CO_2 50 亿～60 亿 t，如果这 50 亿～60 亿 t CO_2 不被植物吸收和转入水体，而均匀地分布在大气层中，就能够使大气中的 CO_2 量每年增加 0.002‰～0.003‰。据研究，100 多年来由于工业的迅速发展，大气中的 CO_2 量已从原来的 0.029%上升到 0.032%，并且继续上升，已经引起全球性的温度上升。因为大气中的 CO_2 有似玻璃的温室效应，它能透过太阳辐射，但不能透过地面反射的红外辐射，所以热就保存在温室中，由 CO_2 包被的大气层起的作用类似温室的玻璃，引起下垫面的气温升高，这样引起冰川融化即极地和高山的冰块融化，将导致海平面上升和全球性的大气环流发生变化。

2. 植物对 CO_2 的吸收

空气中虽含有 0.032%的 CO_2，但仍是高产作物的限制因素，这是因为 CO_2 从大气进入叶绿体内的速度慢、效率低。从大气到叶绿体内需要经过三段路程：第一段路程最长，CO_2 从高层大气输送到叶片附近，CO_2 与叶片的距离以 m 或 cm 计算。第二段路程是 CO_2 从叶片周围通过气孔进入叶肉细胞表面，距离不到 1 cm。第二段路程是气相扩散，阻力相对较小。第三段路径是从叶肉细胞表面进入叶绿体内，距离最短，在 1 mm 以下。CO_2 经过这三段路程要克服的阻力大小与距离远近无关。第三段路程最短，但阻力最大。CO_2 分子从叶肉细胞表面进入叶绿体的过程中，首先要克服叶肉的阻力（为 2～10 s/cm），其后 CO_2 分子要穿过液相原生质，才能到达叶绿体。CO_2 在液相内扩散速度为气相扩散速度的万分之一，阻力极大。当 CO_2 分子到达叶绿体后，再自叶绿体进入其内层的光化学反应中心，参加光合作用中的光化学反应。

3. 关于 CO_2 施肥问题

绿色植物在光合作用中需要大量 CO_2。据计算，如果 1 cm^2 叶面积每天生产 20 mg 干物质，就约需 29 mg CO_2；如果在高产栽培条件下光能利用率达到 5%时，植物最大净干物质产量可达 70 mg 左右，这时约需 CO_2 100 mg 以上。但目前农田土壤每日只能供应少量 CO_2（在 1～10 mg），其余部分只能取自高空大气。在标准状态下，每升大气只含有 0.6 mg CO_2，如作物消耗的 CO_2 为 29 mg/（cm^2·d），则需消耗约 50 L 空气中所含有的 CO_2 量。又如光合作用强度为 $2×10^{-5}$ mg/（cm^2·d），则 1 min 光合作用就会将叶层周围空气中的 CO_2 吸尽。为了继续进行光合作用，每隔 60 s 就必须更换一次空气，以补充 CO_2 的不足，否则当 CO_2 浓度降至 0.01%时，C_3 植物的光合作用减弱，植物将很快死亡。而田间空气交换，CO_2 的输送是通过湍流扩散（即空气呈不规则的小尺度旋涡运动）进行的，在作物层内，湍流扩散效率很低。因此，在强光下，作物生长盛期，CO_2 的不足是限制光合生产率的主要因素，增加 CO_2 浓度就能直接增加作物产量。在温室中诸多的水果和蔬菜实验证明了使用 CO_2 的气态形式比对照的产量提高很多倍，增产效果非常明显。这种增产效应在不同的植物类型中效果是不同的，其中 C_3 植物要比 C_4 植物效果好，这可能是由于增加 CO_2 的浓度弥补了 C_3 植物对 CO_2 的浪费。因为施用 CO_2 气肥浪费太大，目前一般只限于在温室中施用。植物增加产量所需的 CO_2 量远比 N、P、K 肥大得多，一般来讲植物形成 100 kg 有机物质约需要 300 kg 的 CO_2。在水体中，CO_2 主要是 HCO_3^-、CO_2^{2-} 和 CO_2 的形式。溶解

CO_2 可以与大气中的 CO_2 进行交换，这个过程起着调节 CO_2 浓度的作用。水体中的植物光合作用可以降低 CO_2 的同时也释放出 O_2，尽管水体中的 CO_2 浓度远远高于大气中的浓度，但是，在螺旋藻的养殖池中 CO_2 的浓度依然是其生长的作用限制因子。因此，现代化的螺旋藻养殖大棚中有 CO_2 的管道通入池中，池中培养螺旋藻的液体是碱性的，可将 CO_2 转化为 HCO_3^- 的形式供螺旋藻的光合作用使用。

（二）O_2 的生态作用

生物界所需的能量，主要是靠氧化代谢产物，才能满足需要。例如，葡萄糖有氧化产生 2 870 kJ/mol 热量，如果没有 O_2，同样的葡萄糖酵解仅产生 21 kJ/mol 热量。

O_2 不仅维持生命，也是由生命产生的。现在大气中的 O_2 如果不是全部，也是几乎全部来源于光合作用；只有少部分来源于大气层的光解作用，即紫外线分解大气外层的水汽而分离出 O_2。在大气高空层，在紫外线作用下，O_2 和高度活性的原子氧结合生成非常活泼的 O_3。这种 O_3 能过滤紫外线辐射中最有破坏性的波段，防护地面生物免遭短波光的伤害。

O_2 除了一部分转化为 O_3，它主要是满足生物呼吸作用的需要，也可以与地壳中很多其他元素化合。

二、大气污染与植物

随着现代工业的发展，厂矿向大气排放的有毒物质的种类越来越多，数量越来越大。目前已引起注意的大气污染物有 100 多种，其中影响范围广、威胁大的有粉尘、SO_2、F_2、CO、NO_2 以及 Hg、Cd、Cr、As、Mn、Se 等。世界范围每年排入大气中的污染物估计高达 6.10 亿 t。大气污染就是指这些有毒气体进入大气后，其数量超过了大气及其生态系统的自净能力，因而打破了生态平衡，毒害环境，伤害生物，影响人的健康。

大气中有毒物质有很大的流动性，可以随气流带到极远的地方，并能污染水体，毒化土壤。例如，在终年冰雪覆盖的南极大陆定居的企鹅体内，发现有 DDT 农药，这种农药就是从很远的地方随大气环流搬运去的。因此，减少大气中有毒物质的含量，不仅能净化大气，而且还能保护水源，避免土壤污染。

大气污染物的种类很多，按其属性可以归纳为氧化型（O_3、过氧乙酰硝酸酯类、NO_2、Cl_2 等）、还原型（SO_2、H_2S、CO 等）、酸性型（HF、SO_2、硫酸雾等）、碱性型（氨等）以及粉尘。粉尘包括落尘和飘尘两类，前者粒径在 10 μm 以上，后者在 10 μm 以下。

光化学烟雾是一种次生污染物，它是由石油燃烧和汽车尾气等排出的氮氧化物和碳化氢，经太阳光紫外线照射而生成的浅蓝色烟雾，主要成分有 O_3、醛类、过氧乙酰硝酸酯（PAN）、烷基硝酸盐等，其中 O_3 占 90%。

（一）大气污染对植物的危害和植物的抗污染性

1. 植物受害的机制及症状

大气污染物是从气孔进入叶片，扩散到叶肉，然后组织通过筛管运输到植物体的其他部位。大气污染物进入叶片后，首先对光合作用产生影响。据研究，SO_2 进入叶片后，能使细胞汁液 pH 值发生改变，能使叶绿素失去镁而抑制光合作用的进行。同时，SO_2 从气孔进入叶肉细胞后，和由植物同化作用过程中有机酸分解所产生的 α-醛结合，形成羟基磺酸，这种化合物能破坏细胞功能，抑制植物整个代谢活动，使叶片失绿，严重影响植物的生长、发育，使产量降低，质量变劣，严重时细胞发生质壁分离，叶片逐渐枯焦，慢慢死亡。

O_3 的氧化能力很强，在与细胞膜接触后，能将质膜上的氨基酸、蛋白质（胱氨酸、蛋氨酸、色氨酸、酪氨酸）的活性基因和不饱和脂肪酸的双键氧化，增加细胞膜的透性。例如，柠檬叶暴露在 O_3 中，几天后透性可提高 $2 \sim 6$ 倍。由于细胞膜透性增加，不但大大提高了植物的呼吸速率，而且使细胞内含物外渗。

有毒气体对植物的危害，在不同的发育阶段差别很大，以临界期受害最重。例如，禾谷类在抽穗扬花期（临界期）受害最重，拔节期和灌浆期次之，分蘖期受害后容易恢复，受害较轻，黄熟期抗性最强，对产量影响不大。

2. 植物的抗污染性

植物的抗污染性是指植物在污染物影响下，能尽量减少受害，或者受害后能很快恢复生长，继续保持旺盛活力的特性。

植物的抗污染性，首先与叶片结构有关。据研究，叶片的角质层和表皮层的厚度，和抗性没有明显的正相关，但是栅栏组织和海绵组织的比值，似乎和植物的抗性有一定的正相关。植物的气孔与抗性有直接关系，抗性强的物种气孔数量多，但气孔面积小，这可能和抗性物种有较强的调节气孔开关能力有关。

植物的抗性还和植物的生理特点有关。与不抗性物种比较抗性物种气体代谢能力弱，因此，光合作用也较弱，但在污染的条件下，能保持较高的光合作用的能力。此外，在污染条件下，抗性物种的细胞膜透性变化不大，能增强过氧化物酶和聚酚氧化酶的活性，保持较高的代谢水平。

不同植物种对各种有毒气体的抗性是不同的。一般是常绿阔叶植物的抗性比落叶阔叶植物强，落叶阔叶植物的抗性比针叶植物强。针叶植物抗性最弱的原因，可能与针叶上有多而密的气孔带有关。

3. 植物监测

许多植物对大气污染的反应要比人敏感得多。例如，在大气 SO_2 浓度达到 $0.001‰ \sim 0.005‰$ 时，人才能闻到气味，$0.01‰ \sim 0.02‰$ 时，才会受到刺激引起咳嗽、流泪；而某些敏感植物处在 $0.0003‰$ 浓度下几小时，就会出现受害症状。有些有毒气体虽然毒性很大（如有机氟），但无色无臭，人们不易发现，而某些植物却能及时做出反应。因此，利用某些对有毒气体特别敏感的植物（称为指示植物或监测植物）来监测有毒气体的浓度或指示污染程度，是一种既可靠又经济的方法。例如，利用紫花苜蓿、菠菜、胡萝卜、地衣等监测 SO_2，利用唐菖蒲、郁金香、杏、葡萄、大蒜等监测 HF，早熟禾、矮牵牛、烟草、美洲五针松等监测光化学烟雾，棉花监测乙烯，向日葵监测氨，烟草、牡丹、番茄监测 O_3，复叶槭、落叶松、油松监测 Cl_2 和 HCl，女贞监测汞，这些都是行之有效的好方法。

植物叶片对有毒气体反应特别敏感，因此，可以利用叶片伤斑的面积，来指示大气中有毒物质的浓度。大气中有毒物质的浓度愈大，受害叶面积也愈大，两者呈正相关。例如，唐菖蒲叶片对氟化物特别灵敏，可以指示大气中氟化物的浓度。

植物叶片的有毒物质含量和大气中毒物浓度呈正相关，因此，可以根据植物叶片的含毒量来估测大气中毒物浓度。根据大叶黄杨叶片含 F 量的分析，证明大叶黄杨叶片含 F 量与大气中氟化物的浓度呈正相关，与污染源的距离呈负相关。此外，还可以利用地衣来监测大气污染的程度。

监测植物有很多优点，但也有不足之处。例如，同种植物的不同个体，对同一种污染物的抗性和适应能力不可能是完全相同的；不同污染物所引起的症状，虽然大多是可以区别的，但也有不少共同之处；不少污染物引起的伤害症状，常和其他因素如低温、干旱、营养元素缺乏、病毒感染所引起的伤害症状有某些显著的一致性。这样就增加了植物监测的复杂性。

但是，只要我们根据污染源的类别，通过各种试验，就可筛选出适合当地的监测植物。在试验中还要找出空气污染物的浓度和植物受害症状的关系，综合考虑当时环境条件和其他特点，就能找出规律。利用植物监测环境污染，使植物成为"永不下岗的哨兵"，为人类生态系统服务。

（二）植物的净化作用

植物对大气中有毒有害物质的净化主要通过两个途径：①通过叶片吸收大气中的毒物，减少大气中的毒物含量；②植物还能使某些毒物在体内分解，转化为无毒物质，自行解毒。例如，SO_2 进入植物叶片后所形成的亚硫酸和亚硫酸根离子（毒性很强），亚硫酸根离子能被植物本身氧化，并转变为硫酸根离子，硫酸根离子的毒性较小，比亚硫酸根离子的毒性小 30 倍。这样，植物就能自行解毒，避免受害。

植物叶片吸收大气中的毒物量是相当大的，以叶片吸收 F 量为例。有实验数据表明：各种植物干叶含 F 量（单位 mg/g）是：木槿 27.7、雀舌黄杨 24.8、垂柳 11.9、银桦 11.5、香樟 9.3、蓝桉 9.2、龙爪柳 8.2、夹竹桃 7.7、桃 6.3，比非污染区高出几倍到十几倍。

植物还能富集有毒物质。这里特别强调，生态学中所用的富集作用是指植物能够从环境中吸收有毒物质，从而植物体内该有毒物质高出环境许多倍。

植物吸附粉尘，净化大气的能力也很大。有人把植物比作空气的天然过滤器。因为植物（特别是茂密的森林）能降低风速，使空气中携带的大粒灰尘降落。特别是某些植物叶面粗糙不平、多绒毛，有的能分泌黏液和油脂，更能吸附大量飘尘。而蒙尘的植物经雨水冲洗后，又能迅速恢复拦阻尘埃的能力。各种树木都有一定吸滞粉尘的能力，但植物之间差别很大，这主要和植物的叶片表面粗糙程度以及叶片着生的角度等有关。例如，榆（*Ulmus*）、朴、木槿叶面粗糙，女贞、大叶黄杨叶面硬挺，风吹不易抖动，因此，吸附粉尘的能力较强。而加拿大白杨等叶面比较光滑，叶片下倾，叶柄细长，风吹易抖动，吸附能力较低。此外，云杉、侧柏、油松等枝叶能分泌树脂、黏液，具有很大的吸附粉尘的能力。据国外研究，针阔叶树种获截粉尘的数量是：山毛榉 5.90%，橡树 7.15%，白蜡 8.68%，花楸 9.99%，白桦 10.59%，杨 12.80%，刺槐 17.58%，松 2.32%，冷杉 2.94%，落叶松 4.05%，云杉 5.42%。植物组成群落，吸附粉尘的能力大大增强。根据对悬铃木、刺楸林吸附粉尘效应的调查，林地比空旷地减尘率达 37%～60%。

此外，草地也有明显的减尘作用。生长茂盛的草皮，由于茎叶繁茂，根茎与土表紧密结合，在草皮上沉积的各种尘埃，在大风天气不易出现第二次扬尘和第二次污染，具有一定的减尘作用。因此，在城市和厂区，在植树造林的同时，多培育草皮，尽量避免土壤裸露，是保护环境减少污染的一种好措施。

综上所述，植物的净化作用主要表现在：①调节大气中 O_2/CO_2 比例，显然，植物多这一比值就高；②植物的富集作用；③植物还能够将有毒有害的物质在其体内转化为无毒无害的或有益的物质；④植物能够吸附尘土，降低大气中尘埃的污染；⑤植物能够降低城市中噪声的污染，近代的实验研究表明，尽管不同种类的植物和不同结构的植物群落对噪声降低的程度不同，降低噪声的作用是明显的；⑥植物能够改善局部的小气候，在水分的循环中起到水土保持的作用，关于植物的水土保持作用在第五章生态系统中的水分循环中详细讲述。

三、火的生态作用

（一）森林及草原中火的起因

火对植物的伤害是很大的，但在人类控制下的火，对森林和草原的更新是有益的。由于火的发生必须有空气存在，所以风是火的"帮凶"，那么就把火的生态作用放在空气一节来讨论。森林及草原中火的起因主要如下：

1. 烧山

这是起火的主要原因。为垦种山田、清除林木杂草和取得灰肥等，而放火烧山，也有人为了让农田得到一点灰肥，放火燃烧比农田地势高的草原或林木，希望雨后灰肥可以流到农田中来，甚至有的人在伐木前先放火燃烧林缘的杂草，企图使伐木更加便利，无论什么原因，放火烧山都可以造成巨灾，招致不可估计的损失。

2. 遗火

遗火的原因很多，譬如：旅行者未息的烟头丢到干燥的落叶枯草中，旅行者在山林中燃火煮饭、山居者日常生火不慎，或是清理林场不慎，都可能引起山林火灾。

3. 自然燃烧

自然燃烧有时是由于电击起火，特别是雷雨时的闪电有可能造成巨灾。此外，透过玻璃碎片的阳光或透明小虫及陨石的火花，也可能引起火灾。

就森林火灾来说，可分为地下火、地面火、林冠火和树干火4种。其中以树干火最少，地面火较为常见，林冠火也不少，地下火则较少见，但4种火可互相转化。不仅是这样，就是着火的农田或草原，也可以引起森林火灾，同样地，森林火灾也可引起农田和草原火灾。

风是火的最大帮凶，可把小火变为破坏力大的火，增加火的蔓延速率和破坏面积，是酿成巨灾的主要原因。风强时，火灾常沿山顶跃行，风小时，火常滞留于低洼地区。大气湿度和温度也是影响起火的主要因素。干燥的阳坡比湿润的阴坡容易起火，也容易蔓延。

植物的抗火性是和它的生活性有很大关系的。一般来说，草原植物最容易受到火灾的危害，但草本植物也有它的特点，如一年生植物易烧死，但种子多，部分在火灾后反而促进了它们的发芽；多年生草本植物具有地下繁殖器官，只是暂时遭受火害，但与火的温度和植物地下器官在土壤中的深度有关。对树木而言，深根性树木较浅根性树木抗火性大，木栓厚的较木栓薄的树木抗火性大。硬木树较软木树的抗火性大，根萌蘖性强的抗火性也强，树冠高大，树干光洁无下枝的不易引火上升，叶和芽即可避免火的直接伤害。

（二）火对草原生境及植物的影响

①清除了地上覆盖物，使表土裸露，火后遗留的炭屑使土壤变黑，因而承受光照量增大，反射减弱，吸热增多。早春能提高地表温度，在5 cm的表土层内，约可提高20℃，加之枯枝残叶为火消灭，这样，植物便能提早恢复生长，种子也能提早发芽。

②土温增高，表土蒸发量增大，土壤水分降低。倘如是初冬焚烧，不仅影响到积雪，对土壤水分尤为不利，所以，如果要利用烧荒来促进草场的牧草生长，也不宜在旱年和冬季进行。一般情况下，适宜在早春，植物未萌动之前，使之促进地温提高，又不会伤害植物的生长点。

③火后遗留的草灰，能提高土壤无机盐成分。如果火的温度太高（有时可超过1 000℃）能使表土的有机物质全部烧掉，碳、氮全部损失，无机盐类，特别是Ca、C、K都变为可溶性的，增加流失量。同时，草原上冬春风大，表土易遭风蚀，也是一大缺点。不过，在沼泽土和草甸土上，火后也能促进土壤微生物活动，加速腐殖质分解，提高肥力。

④火还能灭掉部分害虫的卵或蛹，灭掉病害的真菌孢子，所以火烧可减轻病虫害。但同时也可以烧毁部分种子，使利用种子越冬的一年生或二年生植物数量减少，至于对多年生植物的影响则不太大。据报告，对个别种类来说，有因火烧而延缓发育的现象，如针茅，火烧当年不能开花；又如锦鸡儿，其发育也受影响。

除上述这些影响外，火对草群种类、品质、发育、密度等都有影响。所以，在草场经营中，视情况可把烧荒作为改良措施之一，尤其是对多年不利用的割草场，经过烧荒，能提高草的品质、可食性等。

防火在草原上是很重要的任务，在技术上虽然有多种方法，譬如，在草原设立适当宽度的防火线、瞭望台、巡视队以及有效的灭火组织和设备等，但重要的还在于防火胜于灭火。所以，首先要消灭起火原因，也就是说，各个地方要分别研究起火的规律性。只有掌握规律，才能达到不发生火灾的目的。例如，就我国来说，一般是春季草木返青前和秋季草木干枯后是危险期，而且这个时期也是干燥时期，这就需要采取措施防止火灾。

四、风的生态作用和防风林

空气流动，就形成风。空气流动的方向是从高压区流向低压区。地球上不同地区由于气压高低不同，就形成不同类型的风。风对生物，有特别重要的生态作用。

（一）风的生态作用

风对植物的作用是多方面的，它不仅能直接影响植物（如风媒、风折、风倒、风拔等），同时还能影响和制约环境中的温度、湿度、CO_2浓度的变化，从而间接影响植物生长发育。

1. 风与植物生长

强风常能降低植物的生长量。实验证明，风速在 10 m/s 时，树木的高生长量要比 5 m/s 的少 1/2，要比静风区生长的植物少 2/3。小枫树试验证明，在相同的栽培条件下，有些植株捆扎固定，有些植株不捆扎。在强风的影响下没有固定的植株高度是 97～136 cm，平均是 116 cm，被固定的植株高度是 115～185 cm，平均是 150 cm。对玉米的试验也证明了风速的增加会造成植物的矮化。

植物矮化的原因之一是风能减小大气湿度，破坏植物正常的水分平衡，使成熟的细胞不能扩大到正常的大小，因而使所有器官组织都小型化、矮化和旱生化（叶小革质、多毛茸、气孔下陷等）。根据力学定律，一端固定，受力均匀的物体所受的扭弯力（风力）越大，其直径从自由一端向固定一端逐步增大的趋势也越大，因此，风力越大，树木就越矮小，基部越粗，顶端尖削度也越大。这是植物在风力作用下出现矮化现象的另一个重要原因。

在自然界，树木受风影响而矮化的规律非常明显。在接近海岸、极地高山树线或与草原接界的森林边缘，树木的高度逐渐变矮，在某些地区生长已 100 多年的树木，并不比灌木更高些。强风还能形成畸形树冠。在盛行一个强风方向的地方，植物常常都长成畸形，乔木树干向背风方向弯曲，树冠向背风面倾斜，形成所谓"旗形树"（图 2-4）。这是因为树木向风面的芽，由于受风袭击遭到机械摧残和因过度蒸腾而死亡，而背风面的芽因受风力较小成活较多，枝条生长较好。因此，向风面不长枝条或长出来的枝条受风的压力而弯向背风面。同时旗形树的枝条数量一般比正常树的枝条少得多，光合作用的总面积极大降低，这些都能严重影响树木的生产量和木材的质量。

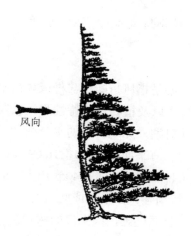

风向

图 2-4 畸（旗）形树示意图

植物适应强风的形态结构，常和适应干旱的形态结构相似。这是因为在强风影响下，植物蒸腾加快，导致水分亏缺。因此，常形成树皮厚、叶小而坚硬等减少水分蒸腾的旱生结构。

此外，在强风区生长的树木，一般都有强大的根系，特别是在背风方向处能形成强大的根系，像支架似地起着支撑作用，增强植物的抗风力。

2. 风与植物繁殖

借助风力进行授粉的植物，称为风媒植物。风媒植物的花一般都不鲜艳，但花的数目很多，常成柔荑花序或非常松散的圆锥花序。花具有很长的花丝，伸展于发育不完全的花被之外，很易被风吹动而传送花粉。花粉一般较小，具圆滑的外膜，无黏性。某些裸子植物的花粉粒上附有一对气囊，使花粉的浮力增大。风媒花的雌蕊柱头特别发达，伸出花被外，有羽毛状凸起，以增加柱头接收花粉的表面积，使花粉容易附着。有些风媒花植物如杨、柳等，花先于叶开放，有利于借助风力进行授粉。

果树大多是虫媒花，是依靠昆虫授粉的植物，但也能借助风力进行授粉。因此，在栽培果树时，应注意品种间的搭配，以避免或有利于品种间的杂交。

风媒花是较原始的一种适应类型。因为风的运动是紊乱的，没有规律的，所以任何一粒花粉要传送到另一株植物的柱头表面的概率极小。因此，为了保证授粉能成功，必须有大量的花粉输入到空气中。例如，当松柏类植物传粉时，其花粉酷似硫黄粉充斥大气，铺盖地表或漂浮在水面上，这就大大地浪费了植物的营养物质。尽管如此，风媒植物仍是植物演化的一个重要阶段，风媒仍是授粉的一种好方法。

有些植物借助于风力还可传播种子和果实。这些种子和果实或者很轻，如兰科、石南科、列当科等的每粒种子，其重量不超过 0.002 mg，或者具有冠毛，如菊科、杨柳科以及铁线莲属（*Clematis*）、柳叶菜属（*Epilobium*），或者具有翅翼，如紫威科（千张纸）以及桦属、榆属、槭属、白蜡属等。借助于这些冠毛或翅翼，植物种子或果实在风力作用下可迁移到很远的地方。"风滚型"植物是风播的一种特殊适应类型，在沙漠、草原地区，风滚型传播体常随风滚动，传播种子。

3. 风的破坏力

风对植物的机械破坏作用主要是指风折断枝与杆或风拔根，风的副作用主要取决于风速、风的阵发性、环境的其他特点以及植物种的特性和生长发育的时期，如在树木冬季的休眠期，风折枝的危害大于其他时期，此期树中的水分或者说汁液少，通常风速在 17 m/s 以上时，树枝就有被折断的危险（海平面处，风速 16.09 km/h，吹到 0.092 9 m² 的面积上产生 0.151 kg 的压力；48.28 km/h 的风速有 1.134 kg 压力；96.56 km/h 风速有 4.048 kg 以上的压力）。阵发性风的破坏力特别强，如台风或飓风。

不同树种抗风力是不同的。材质坚硬，根系深的树种抗风力强；根系浅，材质脆软，树冠大或易感染心腐病的树种，如山杨、银桦、桦木、椴树等易遭风折；浅根系的云杉易遭风拔。有些空心的古老树其抗风的能力大于其周边年轻的同种树，一则是老树根深，另一则是空心让风的气压或气流改变而可以幸免于强风的危害。

树种的抗风力强弱还取决于不同的环境特点。生长在肥沃而深厚的土壤上的植物抗风力强；生长在黏重、潮湿且通气不良的土壤上的植物就易风倒。

（二）防风林

植物能减弱风力，降低风速。降低风速的程度主要取决于植物的体型大小、枝叶茂盛程度。乔木防风的能力比灌木强，灌木又大于草本；阔叶树比针叶树强，常绿阔叶树又比落叶阔叶树强。在选择防风林树种时，必须注意以下几个问题：

①宜采用深根性、材质坚硬、抗风力强的树种。

②选用树冠为塔形和叶面积小的树种，以减少受风面积，避免强风伤害。

③选用生长快、生长期长的树种。这样既能及早发挥防风效用，同时防风时间也较长。还要选择繁殖力强、容易更新的树种。

④多选用容易成活、适应性强的乡土树种。

⑤营造混交林。但必须注意树种间的生态特点，注意树种间的合理配置。

植物由个体组成群落时，能发挥更大的防风效应。要了解森林群落（防风林）的防风效应，必须先了解空气的动力学问题。气流在运行中，受森林阻挡，在防风林的向风面空气积聚，形成一个犹如气枕的高气压。在结构紧密的林带（图 2-5），向风面的气压增高，形成一个范围相当广的弱风区，在上面流动的风就猛烈地绕过紧压在下面的空气，由林带顶部越过。在林带背风面的弱风区，要比迎风面大得多，紧贴林缘处风力最小，形成一个低压区，使在林带上部前进的气流迅速下降，而向相反方向回旋，这个低压区起着抽气的作用。林带愈紧密，愈不通风，隔绝区就愈大，风下降的角度也愈大，同时林带背风处的风速也就更快地恢复到原来的速度。

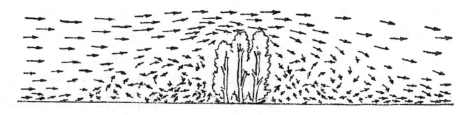

图 2-5 紧密林带风的流动模式

在透风林带（图 2-6），迎风面的弱风区要比密林小，背风面的林缘处风速还是比较大。当风继续前进时，风速不断降低，当到达一定距离后，风速最小，以后风速不断增加。在这种林带内，由于树木的摩擦分裂和不同方向的风相互碰撞，而力量相互抵消，使风速减缓，弱风区增大，林内风速减弱的程度与距林缘的距离成正比。

图 2-6 透风林带风的流动模式

第六节　生物与土壤因子的生态关系

土壤是生物生存的基质。不同的母岩和气候下生成的土壤是不同的，有着不同的物理和化学性质，从而有不同的生物区系。而不同类型的生物是生物长期对土壤因子适应的结果。

土壤是岩石表面的疏松表层，是陆生植物生活的基质和陆生动物生活的基底。土壤不仅为植物提供必需的营养和水分，而且也是土壤动物赖以生存的栖息场所。土壤的形成从开始就与生物的活动密不可分，所以土壤中总是含有多种多样的生物，如细菌、真菌、放线菌、藻类、原生动物、轮虫、线虫、蚯蚓、软体动物和节肢动物等以及少数高等动物（如啮齿类等）。据统计，在一小勺土壤里就含有亿万个细菌。25 g 森林腐殖土中所包含的霉菌如果一个一个排列起来，其长度可达 11 km。可见土壤是生物和非生物环境组成的一个极为复杂的复合体，生物的活动促进了土壤的形成，而众多类型的生物又生活在土壤之中。

无论对植物还是对土壤动物来说土壤都是重要的生态因子。植物的根系与土壤有着极大的接触面，在植物和土壤之间进行着频繁的物质交换，彼此有着强烈影响，因此通过控制土壤因素就可影响植物的生长和产量。对动物来说，土壤是比大气环境更为稳定的生活环境，其温度和湿度的变化幅度要小得多，因此土壤常常成为动物的极好隐蔽所，在土壤中可以躲避高温、干燥、大风和阳光直射。由于在土壤中运动要比大气中和水中困难得多，所以除了少数动物（如蚯蚓、鼹鼠、竹鼠和穿山甲）能在土壤中掘穴居住外，大多数土壤动物都只能利用枯枝落叶层中的孔隙和土壤颗粒间的孔隙作为自己的生存空间。

　　土壤是所有陆地生态系统的基底或基础，土壤中的生物活动不仅影响着土壤本身，而且也影响着土壤上面的生物群落。生态系统中的很多重要过程都是在土壤中进行的，其中特别是分解和固氮过程。生物遗体只有通过分解过程才能转化为腐殖质和矿化为可被植物再利用的营养物质，而固氮过程则是土壤氮肥的主要来源。这两个过程都是整个生物圈物质循环所不可缺少的过程。

一、土壤的理化性质及其与生物的生态关系

（一）土壤的物理性质

1. 土壤质地

　　土壤是由固体、液体和气体组成的三相系统，其中固相颗粒是组成土壤的物质基础，占土壤总重量的85%以上。根据土粒直径的大小可把土粒分为粗砂（2.0～0.2 mm）、细砂（0.2～0.02 mm）、粉砂（0.02～0.002 mm）、粉粒（0.002 mm 以下）和黏粒。这些不同大小固体颗粒的组合百分比就称为土壤质地。根据土壤中粗砂、细砂和黏粒的多少可把土壤区分为砂土、壤土和黏土三大类型。在砂土类土壤中粗砂和细砂为主，粉砂和黏粒所占比重不到10%，因此土壤黏性小、孔隙多，通气透水性强，蓄水和保肥能力差。在黏土类土壤中以粉砂和黏粒为主，占60%以上，甚至可超过85%；黏土类土壤质地黏重，结构紧密，保水保肥能力强，但孔隙小，通气透水性能差，湿时黏干时硬。壤土类土壤的质地比较均匀，其中砂粒、粉砂和黏粒所占比重大体相等，土壤既不太黏，也不太干，通气透水性能良好，具有一定的保水保肥能力，是比较理想的农作土壤。

2. 土壤结构

　　土壤结构是指固相颗粒的排列方式、孔隙的数量和大小以及团聚体的大小和数量等。土壤结构可分为微团粒结构（粒径小于0.25 mm）、团粒结构（粒径为0.25～10 mm）和比团粒结构更大的各种结构。团粒结构是土壤中的腐殖质把矿质土粒黏结成直径为 0.25～10 mm 的小团块，具有泡水不散的水稳性特点。具有团粒结构的土壤是结构良好的土壤，因为它能协调土壤中水分、空气和营养物之间的关系，改善土壤的理化性质。团粒结构是土壤肥力的基础。无团粒结构或结构不良的土壤，土体坚实、通气透水性差，植物根系发育不良，土壤微生物和土壤动物的活动也受到限制。土壤的质地和结构与土壤中的水分、空气和温度状况有密切关系，并直接或间接地影响着植物和土壤动物的生活。

3. 土壤水分

　　土壤水分主要来自降雨、雪、霜和灌溉。此外，如地下水位较高，地下水也可上升补充土壤水分。土壤水在生物生长中的生态意义在于供植物吸收，作土壤养分的媒介，影响

土壤养分有效性，参与土壤物质的转化过程和调节土壤温度。

土壤中的水分可直接被植物的根系吸收。土壤水分的适量增加有利于各种营养物质的溶解和移动，有利于磷酸盐的水解和有机态磷的矿化，这些都能改善植物的营养状况。此外，土壤水分还能调节土壤的温度。但水分太多或太少都对植物和土壤动物不利。土壤干旱不仅影响植物的生长，也威胁着土壤动物的生存。土壤中的节肢动物一般都适应于生活在水分饱和的土壤孔隙内，如金针虫在土壤空气湿度下降到92%时就不能存活，所以它们常常进行周期性的垂直迁移，以寻找适宜的湿度环境。土壤水分过多会使土壤中的空气流通不畅并使营养物随水流失，降低土壤的肥力。土壤孔隙内充满了水对土壤动物更为不利，常使动物因缺 O_2 而死亡。因此降水太多和土壤淹水会引起土壤动物大量死亡。此外，土壤中的水分对土壤昆虫的发育和生殖力有着直接影响。例如，东亚飞蝗在土壤含水量为8%～22%时产卵量最大，而卵孵化的最适湿度是土壤含水 3%～16%，含水量超过 30%，大部分蝗虫的卵就不能正常发育。

4. 土壤空气

土壤中空气的成分与大气有所不同。例如，土壤空气的含 O_2 一般只有 10%～12%，比大气的含 O_2 低，但土壤空气中 CO_2 的含量却比大气高得多，一般含量为 0.1%左右。土壤空气中各种成分的含量不如大气稳定，常依据季节、昼夜和深度而变化。在积水和透气不良的情况下，土壤空气的含 O_2 可降低到 10%以下，从而抑制植物根系的呼吸和影响植物正常的生理功能，动物则向土壤表层迁移以便选择适宜的呼吸条件。当土壤表层变得干旱时，土壤动物因不利于其皮肤呼吸而重新转移到土壤深层，空气可以沿着虫子道和植物根系向土壤深层扩散。

土壤空气中高浓度的 CO_2（可比大气含量高几十倍至几百倍）一部分可扩散到近地面的大气中被植物叶子在光合作用中吸收，另外一部分则可直接被植物根系吸收。但是在通气不良的土壤中，CO_2 的浓度常可达到 10%～15%，如此高浓度的 CO_2 不利于植物根系的发育和种子萌发。CO_2 浓度的进一步增加会对植物产生毒害作用，破坏根系的呼吸功能，甚至导致植物窒息死亡。

土壤通气不良会抑制好气性微生物，减缓有机物质的分解活动，使植物可利用的营养物质减少。若土壤过多通气又会使有机物质的分解速度太快，这样虽能提供植物更多的养分，但却使土壤中腐殖质的数量减少，不利于养分的长期供应。只有具有团粒结构的土壤才能调节好土壤中水分、空气和微生物活动之间的关系，从而有利于植物的生长和土壤动物的生存。

5. 土壤温度

土壤温度除了有周期性的日变化和季节变化外，还有空间上的垂直变化。一般来说，夏季的土壤温度随深度的增加而下降，冬季的土壤温度随深度的增加而升高。白天的土壤温度随深度的增加而下降，夜间的土壤温度随深度的增加而升高。但土壤温度在 35～100 cm 深度以下无昼夜变化，30 m 以下无季节变化。土壤温度除了能直接影响植物种子的萌发和实生苗的生长外，还对植物根系的生长和呼吸能力有很大影响。大多数作物在10～35℃的温度范围内生长速度随着温度的升高而加快。温带植物的根系在冬季因土壤温度太低而停止生长，但土壤温度太高也不利于根系或地下贮藏器官的生长。土壤温度太高和太低都能减弱根系的呼吸能力，如向日葵的呼吸作用在土壤温度低于 10℃和高于 25℃时都会明显减弱。此外，土壤温度对土壤微生物的活动、土壤气体的交换、水分的蒸发、各种盐类的溶解度以及腐殖质的分解都有明显影响，而土壤的这些理化性质又都与植物的生长有着密切关系。

土壤温度的垂直分布从冬到夏和从夏到冬都要发生两次逆转，随着一天中昼夜的转变也要发生两次变化，这种现象对土壤动物的行为具有深刻影响。大多数土壤无脊椎动物都随着季节的变化而进行垂直迁移，以适应土壤温度的垂直变化。一般来说，土壤动物于秋冬季节向土壤深层移动，春夏季节向土壤上层移动。

（二）土壤的化学性质

1. 土壤酸碱度

土壤酸碱度是土壤最重要的化学性质，因为它是土壤各种化学性质的综合反应，对土壤肥力、土壤微生物的活动、土壤有机质的合成和分解、各种营养元素的转化和释放、微量元素的有效性以及动物在土壤中的分布都有着重要影响。土壤酸碱度常用 pH 值表示。我国土壤酸碱度可分为 5 级：pH<5.0 为强酸性；5.0～6.5 为酸性；6.5～7.5 为中性；7.5～8.5 为碱性；>8.5 为强碱性。

土壤酸碱度对土壤养分的有效性有重要影响。在 pH 为 6～7 的微酸性条件下，土壤养分的有效性最好，最有利于植物生长。在酸性土壤中容易引起 K、Ca、Mg、P 等元素的短缺，而在强碱性土壤中容易引起 Fe、B、Cu、Mn 和 Zn 的短缺。土壤酸碱度还通过影响微生物的活动而影响植物的生长。酸性土壤一般不利于细菌的活动，根瘤菌、褐色固氮菌、氨化细菌和硝化细菌大多生长在中性土壤中，它们在酸性土壤中难以生存，很多豆科植物的根瘤常因土壤酸度的增加而死亡。很多种类的真菌比较耐酸碱，所以植物的一些真菌病常在酸性或碱性土壤中发生。pH3.5～8.5 是大多数维管束植物的生长范围，但生理最适范围要比此范围窄得多。pH<3 或> 9 时，大多数维管束植物便不能生存。

土壤动物依其对土壤酸碱性的适应范围可分为嗜酸性种类和嗜碱性种类。例如，金针虫在 pH 为 4.0～5.2 的土壤中数量最多，在 pH 为 2.7 的强酸性土壤中也能生存，而蚯蚓和大多数土壤昆虫喜欢生活在微碱性土壤中，它们的数量通常在 pH＝8 时最为丰富。

2. 土壤有机质

土壤有机质来源于生物，包括非腐殖质和腐殖质两大类。腐殖质是土壤微生物分解有机质时，重新合成的具有相对稳定性的多聚化合物，富含胡敏酸和富里酸。腐殖质是较难分解的凝胶，常与矿物胶体紧密结合，起着保肥、保水的作用。腐殖质对植物的营养作用主要表现在以下几个方面：①腐殖质被微生物分解后是植物营养的重要碳源和氮源。②腐

殖质吸附一定量的 K^+ 免予淋失；同时供应植物所需各种矿质营养，并能与各种微量元素形成络合物，增加微量元素的有效性。③腐殖质是异养微生物的重要养料和能量来源。④腐殖质活化微生物，加速土壤有机质的分解。⑤腐殖质中胡敏酸是一种植物激素，可促进种子发芽、根系生长，也可促进植物对矿质养料的吸收和增强植物的代谢能力。

腐殖质占土壤有机质的 85%～90%。土壤中 99% 以上的氮素是以腐殖质的形式存在的。土壤有机质能改善土壤的物理结构和化学性质，有利于土壤团粒结构的形成，从而促进植物的生长和养分的吸收。

一般来说，土壤有机质的含量越多。土壤动物的种类和数量也越多，因此在富含腐殖质的草原黑钙土中，土壤动物的种类和数量极为丰富，而在有机质含量很少并呈碱性的荒漠地区，土壤动物非常贫乏。

3. 土壤矿质元素（无机元素）

植物从土壤中所摄取的无机元素中有 13 种对任何植物的正常生长发育都是不可缺少的，其中大量元素 7 种（N、P、K、S、Ca、Mg 和 Fe），微量元素 6 种（Mn、Zn、Cu、Mo、B 和 Cl）。还有一些元素仅为某些植物所必需，如豆科植物必需 Co，藜科植物必需 Na，蕨类植物必需 Al，硅藻必需 Si 等。植物所需的无机元素主要来自土壤中的矿物质和有机质的分解。腐殖质是无机元素的贮备源，通过矿质化过程而缓慢地释放可供植物利用的养分。土壤中必须含有植物所必需的各种元素和这些元素的适当比例，才能使植物生长发育良好，因此通过合理施肥改善土壤的营养状况是提高植物产量的重要措施。

土壤中的无机元素对动物的分布和数量也有一定影响。由于石灰质土壤有利于蜗牛壳的形成，所以在石灰岩地区的蜗牛数量往往比其他地区多。生活在石灰岩地区的散大蜗牛（*Helix aspera*），其壳重约占体重的 35%，而生活在贫钙土壤中的大蜗牛，其壳重仅占体重的 20% 左右。哺乳动物也喜欢在母岩为石灰岩的土壤地区活动，生活在这里的鹿，其角坚硬，体重也大，这是因为鹿角和骨骼的发育需要大量的钙。含氯化钠丰富的土壤和地区往往能够吸引大量的食草有蹄动物，因为这些动物出于生理的需要必须摄入大量的盐。此外，土壤中缺乏钴常会使很多反刍动物变得虚弱、贫血、消瘦和食欲不振，严重缺钴还可能引起死亡。植物理想的土壤水、气、肥消长的比例如图 2-7 所示。

4. 土壤的生物性质

虽然土壤环境与地上环境有很大不同，但两地生物的基本需求却是相同的，土壤中的生物也和地上生物一样需要生存空间、O_2、食物和水。没有生物的存在和积极活动，土壤就得不到发育。动物、植物和微生物在土壤中的活动造成一种生物化学和物理学的特性。

生活在土壤中的细菌、真菌和蚯蚓等生物都能把无机物质转移到生命系统之中。作为生命的生存场所，土壤有许多明显的特征。它有稳定的结构和化学性质，是生物的避难所，可使生物避开极端的温度、极端的干旱、大风和强光照。另外，土壤不利于动物的移动，除了像蚯蚓这样的动物以外，土壤中的孔隙空间对土壤动物的生存是很重要的，它决定着土壤生物的生存空间、水分和气体条件。

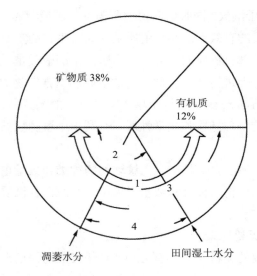

1 孔隙
2 土壤水分 15%~35%
3 土壤空气 15%~35%
4 植物生长期水分的涨落

图 2-7 植物理想的土壤水、气、肥消长的比例

对于大多数土壤动物来说，生活空间只局限于土壤的上层。它们的栖息地点包括枯枝落叶层内，土壤颗粒之间的孔隙、裂缝和根道等。土壤孔隙内的水分是很重要的，大多数土壤动物只有在水中才显示出活力。土壤水的存在方式通常是覆盖在土壤颗粒表面的一薄层水膜，在这层水膜内生活有细菌、单细胞藻类、原生动物、轮虫和线虫等。水膜的厚度和形状限制着这些生物的移动。很多小动物和较大动物（如蜈蚣和倍足亚纲多足类）的幼年期受水膜的限制不能活动，它们无法克服水的表面张力。有些土壤动物（如蜈蚣和马陆等多足动物）对干燥缺水极为敏感，它们常常潜到土壤深层以防脱水。

如果暴雨之后土壤中的孔洞完全被水填满，这对一些土壤动物来说也是灾难性的。蚯蚓既能及时潜入土壤深层逃避水淹，又能逃到地面上来，但是在那里蚯蚓常会死于紫外线辐射、脱水或被其他动物吃掉。

栖息在土壤中的动物有极大的多样性，细菌、真菌、原生动物的种类极多。几乎无脊椎动物的每一个门都有不少种类生活在土壤中。在澳大利亚一处山毛榉森林的土壤中，一位土壤动物学家采到了 110 种甲虫、229 种螨和 46 种软体动物（如蜗牛和蛞蝓）。土壤中的优势生物是细菌、真菌、原生动物和线虫。每克土壤含有 10 万~100 万个鞭毛虫，5 万~50 万个变形虫和 1 000 个纤毛虫。每平方米土壤中的线虫数量可达几百万个。这些土壤生物要从活植物的根和死的有机物中获取营养。有些原生动物和自由生活的线虫则主要以细菌和真菌为食。螨类和弹尾目昆虫广泛分布在所有的森林土壤中，它们数量极多，两者加起来大约占土壤动物总数的 80%。它们以真菌为食或是在有机物团块的孔隙中寻找猎物。相比之下，螨类的数量要比弹尾目昆虫多，螨是一类很小的 8 足节肢动物，体长只有 0.1～2.0 mm，土壤和枯枝落叶层中最常见的螨是 *Orbatei*，它主要以真菌菌丝为食，也能把针叶中的纤维素化为糖。弹尾目昆虫是昆虫中分布最广泛的一类动物，俗称跳虫，最明显的特征是身体后端生有一个弹跳器，靠此器官可以跳得很远。跳虫身体很小，一般只有 0.3～1.0 mm，它们主要以腐败的植物为食，也吃真菌菌丝。在比较大的土壤动物中，最常见的是蚯蚓（正蚯蚓科 Lumbricidae）。蚯蚓穿行于土壤之中，不断把土壤和新鲜植物吞入体内，再将其与肠分泌物混合，最终排出体外在土壤表面形成粪丘，或者呈半液体状排放于蚯蚓洞道内。蚯蚓的活动有利于改善其他动物所栖息的土壤环境。

多足纲的千足虫主要取食土壤表面的落叶，特别是那些已被真菌初步分解过的落叶。由于缺乏分解纤维素所必需的酶，所以千足虫依靠落叶层中的真菌为生。它们的主要贡献是对枯枝落叶进行机械破碎，以使其更容易被微生物分解，尤其是腐生真菌（*Saprophytic fungi*）。在土壤无脊椎动物中，蜗牛和蛞蝓具有最为多种多样的酶，这些酶不仅能够水解纤维素和植物多糖，甚至能够分解极难消化的木质素。

在土壤动物中不能不提到白蚁（等翅目 Isoptera），因为在能分解木质纤维素的大型动物中，除了某些双翅目昆虫和甲虫幼虫之外，就只有白蚁了。它们借助于肠道内共生原生动物的帮助或吃在洞穴内种植的能消化纤维素的小蘑菇来利用纤维素。在热带土壤动物区系中，白蚁占有很大优势，它们很快就能把土壤表面的木材、枯草和其他物质清除干净。白蚁在建巢和构筑巨大的蚁冢时会搬运大量的土壤。在食碎屑动物的背后是一系列的捕食动物，小节肢动物是蜘蛛、甲虫、拟蝎、捕食性螨和蜈蚣的主要捕食对象。

总之，土壤动物在生物分解的过程中起着重要的作用，而土壤微生物的腐殖化作用与矿化作用是对立统一的。土温高、水分适当、通气好时，好气微生物活动旺盛，以矿质化为主；相反则以腐殖化为主。腐殖化作用产生生长激素和维生素物质，如 B_1、B_6、赤毒素、抗生素，对植物的生长和发育有促进作用。至于植物与植物的竞争、互惠等作用在种群和群落中详细介绍。

二、土壤植物生态类型

在不同的土壤上生活着的生物，由于长期生活在那里，因而对该种土壤产生了一定的适应性，形成了各种以土壤为主导因子的生态类型。以植物最为显著。根据植物对土壤的物理和化学性质的适应可分为以下生态类型。

（一）以土壤的酸碱性[埃林贝克（H. Ellenberg）]划分的植物生态类型

（1）嗜酸性植物

这类植物只生长在 pH 为 3～4 的强酸性沼泽土壤中，即使是中性环境也会死亡，如水藓属（*Fontinales*）的植物。

（2）嗜酸耐碱植物

这类植物在 pH 为 4～5 的酸性土壤生长得最好，但也能生长在中性土中，并能忍受弱碱，如曲芒发草（*Deschampsia flexuosa*）、帚石楠（*Calluna vulgaris*）、金雀花（*Sarothamnus scoparius*）等。

（3）嗜碱耐酸植物

在中性至碱性内最适宜，但 pH=4 时也能忍耐，如款冬（*Tussilago farfara*）。

（4）嗜碱植物

在酸性环境中受害的植物，如大多数细菌在 pH 低于 6 时，它们就表现出受害，如碱湖中的螺旋藻。

（5）耐酸耐碱植物

少数植物如熊果等在 pH 中性土中很少生长，既能分布在碱性土壤上又能分布在酸性土壤上。

大多数植物和农作物适宜在中性土壤里生长，称为中性土植物。但某些种类也略能耐酸或耐碱：作物的耐酸性以荞麦、甘薯、烟草等较强，紫云英、小麦、大麦、大豆、豌豆等次之；作物的耐碱性以田菁、甜菜、高粱、棉花和向日葵等较强。

维管束植物生活的土壤 pH 在 3.5～8.5，但是最适生长的 pH 则远比此范围窄。在最适的 pH 范围内，植物生长最好，这个 pH 范围可称为生理最适范围。当 pH 超出最适范围时，植物随着 pH 的增大而减小，生长受阻，发育迟滞，但尚能适应和生存，因此可以把 pH=3.5～8.5 作为植物对土壤 pH 的生态适应范围。大多数植物对土壤 pH 的生态分布曲线与生理最适曲线是不相重合的（图 2-8）。pH 低于 3 或高于 9 时，大多数维管束植物将不能存活。原核植物螺旋藻属中的大多数种类在生态上嗜碱，分布在碱湖里，当测定其生理的适应范围时，其最适点的范围也是在中性环境中，但是螺旋藻也能够在一定程度的酸性环境中生长。

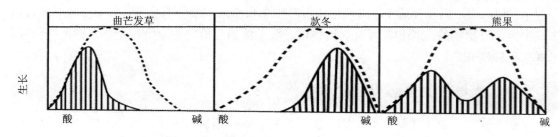

图 2-8 植物对土壤酸碱度的生理最适曲线和生态分布曲线

（二）以土壤中含钙多少划分的植物生态类型

1. 植物生态类型

（1）喜钙植物或钙土植物

只生长在石灰性含钙丰富的土中的植物，当在缺钙的土壤上时生长不良，如蜈蚣草

（*Pteris vittata*）、铁线蕨红叶（*Adiantum cappillus-venerose*）、柏木（*Cupressus fnuebris*）、甘草（*Glycyrrhiza uralensis*）、天南竺（*Nandina domestica*）、镰荚苜蓿（*Medicago falcata*）、西伯利亚落叶松（*Larix sibirica*）等。

（2）嫌钙植物

只能生在缺钙的酸土上，生长在石灰性含钙丰富的土中生长不良，如越橘属（*Vaccinium*）、杜鹃属（*Rhododendron*）、酸模及许多兰科中的植物。

当然，在这两类之间有各种过渡类型的中间植物，既能在钙质丰富的土壤中生长，也能在钙质很贫乏的土壤中生长。

2. 钙的生态作用

钙的生态作用是多样的，非常复杂，不进行详细的研究很难判断植物和钙的关系。H^+ 和 Ca^{2+} 在土壤化学上的作用是对立的，石灰性土壤的主要特点含有多量的 Ca^{2+} 和 HCO_3^- 离子。钙能促进土壤团粒的产生，因此，这类土壤通常有良好的结构与通气性。它们对高 pH 有较强的缓冲作用，因此呈弱碱性反应。钙质土壤中，氮素的矿化较快，磷、铁、锰和重金属元素的量很少超过酸性土。在酸性土壤中首先是大量的 Al^{3+} 对喜钙植物构成危害，其次是 Fe^{2+} 与 Mn^{2+} 的危害。而嫌钙植物在原生质内可形成 Al^{3+}、Fe^{2+}、Mn^{2+} 的络合物，从而不受害。当将它们移栽到痕量元素很少的钙质土上时，很快就会显示出缺乏痕量元素病状来。嫌钙植物对 Ca^{2+} 和 HCO_3^- 很敏感，若 HCO_3^- 的浓度过大，如泥炭藓和曲芒发草这类嫌钙植物，根部会形成大量的有机酸，不仅使它们生长受到抑制，而且还会发生毒害作用。

（三）以生理适应性划分植物的生态类型

我国内陆干旱与半干旱地区，由于气候干旱，地面蒸发强烈，地势低平，排水不畅或地表径流滞缓，汇集的地区或地下水位过高的地区，广泛分布着盐碱化土壤。根据土壤所含盐类的不同，盐碱土可分为盐土和碱土两类。

1. 盐土的危害

盐土是指土壤 pH 在 7 附近，富含 NaCl、Na_2SO_4、Na_2CO_3 以及可溶性的 Ca^{2+}、Mg^{2+} 盐。其中盐土所含的盐类最主要的是 NaCl 和 Na_2SO_4，这两种盐类都是中性盐，因此土壤结构尚未破坏。

盐土对植物的危害主要表现在：①引起植物的生理干旱。盐土中含有大量的可溶性盐类，提高了土壤溶液的渗透压，从而引起植物的生理干旱，使植物根系及种子萌发时不能从土壤吸收到足够的水分。②由于土壤盐分浓度过大，植物体内常聚集多量的盐类，植物体内过多的盐分会影响植物的代谢过程（即盐中毒）引起植物代谢的紊乱。例如，过量的 Cl^- 会降低一些水解酶的活性（β-淀粉酶、果胶酶和蔗糖酶等），搅乱植物碳水化合物的代谢进程，也常会使蛋白质的合成受到严重阻碍，从而导致含氮的中间代谢产物的积累，使细胞中毒。③过多的盐积累，也可使原生质受害，并导致细胞发生质壁分离。④重金属盐类更会破坏原生质中的酶系。⑤植物内高浓度的盐分使气孔不能关闭，因为高盐浓度作用下，气孔保卫细胞内的淀粉形成受阻，气孔不能闭上，即使干旱期也如此，因此造成植物枯萎。⑥盐土虽然不破坏土壤的结构，但会影响土壤肥力。例如，Na^+竞争使植物对 K、P 和其他元素的吸收减少，P 的转移也会受到抑制，从而影响植物的营养状况。

2. 碱土的危害

碱土是指土壤 pH>8.5，有相当数量的交换性 Na^+（Na_2CO_3、$NaHCO_3$、K_2CO_3 等）。交换性 Na^+ 占阳离子的 20% 以上，土壤上层结构被破坏，下层常为坚实的柱状结构，通透性和耕作性差，所以碱土对植物的危害更大。

因此，碱土对植物的危害除了有盐土的几类外，还有两类：①OH^- 的毒害，OH^- 的直接腐蚀作用。②土壤结构被破坏，碱土形成一个不透水的碱化层（B 层），湿时膨胀，干时板结，破坏了土壤的结构。

3. 植物对盐土的适应

很少有植物能适应真正的碱土，而有相当种类的植物能在盐土或盐偏碱性的土壤上生长。例如，内陆盐土植物有盐角草（*Salicornia herbacea*）、细枝盐爪爪（*Kalidium gracile*）、有叶盐爪爪（*K. foliatum*）、海韭菜（*Triglcochin maritimum*）、鸦葱（*Scorzonera mongolica*）、梭梭（*Haloxylon ammodendron*）、黑果枸杞（*Lycium ruthenicum*）等；海滨盐土植物有碱蓬（*Suaeda australis*）、厚藤（*Ipomoea pes-caprae*）、大米草、秋茄树（*Kandelia candel*）、木榄（*Bruguiera gymnorrhiza*）、桐花树（*Aegicera corniculatum*）、茄藤（*Rhizophora mucronata*）、海榄雌（*Avicennia marina*）、老鼠簕（*Acanthus ilicifolius*）等红树科的植物，海滨盐土植物有防风浪、固滩护堤作用。

植物对盐碱土的生态适应在于对土壤溶液中可溶性盐类的阳离子、阴离子的适应和植物对由盐分而引起土壤生理干旱的适应。盐碱土植物形态上通常是植物体干硬，叶子不发达，气孔下凹，叶表皮细胞具厚的外壁，常具灰白色绒毛。叶肉的内部结构细胞小，栅栏组织发达。有些盐土植物枝、叶肉质化，叶肉中有特殊的贮水细胞，使同化细胞不至于遭到高浓度的盐分伤害。贮水细胞的大小还能随叶子年龄和植物体内盐分绝对含量的增加而增大。因此盐土植物在形态与结构上与旱生植物非常相似。

生理上，盐土植物有多种抗盐特性，根据它们对过量盐分的不同适应特征可分为以下 3 种类型：

（1）聚盐植物

体内积聚大量可溶性盐类而不受害。这类植物的原生质对盐的抗性特别强，能忍受 6% 甚至更浓的 NaCl 溶液，所以聚盐植物是真盐植物。它们的细胞浓度特别高，并有极高的渗透压，特别是根部细胞渗透压，一般都在 40 bar 以上，有的甚至高达 70~100 bar，极大地高于盐土溶液的渗透压，所以能吸收高浓度土壤溶液中的水分。盐穗木（*Halostachys caspica*）、西伯利亚白刺（*Nitraria sibirica*）、梭梭和黑果枸杞等属于此类。

聚盐植物的种类不同，积累的盐分也不同。例如，盐角草（*Salicornia europaea*）、碱蓬（*Suaeda glauca*）能吸收大量的 NaCl、Na_2SO_4 盐分，并贮存在液泡中（即盐泡），而液

泡的膜对 Na^+、Cl^- 的透性很小，因而细胞保持着很低的水势，并能从盐分中吸收大量的水分和无机盐；滨藜（*Atriplex patens*）吸收硝酸盐。

（2）泌盐性植物

这类植物的根细胞对盐的透性与聚盐性植物一样，都是很大的，但它吸入体内的盐分并不积累在体内，而是通过茎叶表面密布的分泌腺（盐腺），把所吸收的过多盐分排出体外，这种作用称泌盐作用。排出的 NaCl 和 Na_2SO_4 等在叶、茎表面形成结晶和硬壳，逐渐被风或雨淋洗掉。

泌盐性植物虽然在含盐多的土壤上生长，但它们在非盐渍化的土壤上生长更好，所以常把这类植物看成是耐盐植物。例如柽柳属（*Tamarix Chinensis*）、瓣鳞花属（*Farankenia pulverulenta* Linn.）、红砂、补血草（*Limonium sinensis*）及海滩上的大米草和红树。而梭梭（*Haloxylon ammodendron*）既是聚盐性植物，在幼枝上又有盐腺，因此，梭梭的幼枝也能泌盐。

（3）不透盐性植物（拒绝吸收盐分）

这类植物一般只生长在盐渍化程度较轻的土壤上，它们的根细胞对盐类的透性非常小，所以它们虽然生长在轻度盐碱中，却几乎不吸收或很少吸收土壤中的盐类。这类植物的细胞渗透压也很高，但是不同于聚盐性植物，它们细胞的高渗透势不是由于高浓度的盐类所引起的，而是由体内大量的可溶性有机物（如有机酸、糖类、氨基酸等）所引起的。细胞的高渗透压同样提高了根系从盐碱土中吸收水分的能力，所以，常把这类植物看作是抗盐植物，如蒿属、盐地紫菀（*Tripolium vulgare*）、盐地风毛菊（*Saussura salsa*）、碱地风毛菊（*Saussura runicinata*）等。

实际上，盐土植物对盐土的适应是综合适应的结果，即从形态上和生理上的各方面的综合适应。

我国盐土的面积很大，总面积约有 $26.667×10^6$ hm^2，占土地面积的 21% 左右。盐土在北方各省分布很广，主要分布于华北、西北、东北西部地区以及从辽宁到广东的滨海地带。碱土在我国不太多，仅在东北、西北的部分地区有分布。盐碱土分布的地方大多地形平坦，土层深厚，适于机耕，潜在肥力很大，是一个巨大的土地资源，但由于盐碱含量高，限制作物的生长，所以至今有很多尚未开垦利用，已开垦的产量也还不高。如能消除土壤过量盐分，改良土壤并加以培肥，就能发挥土壤的增产潜力。所以，对盐碱土的改良是扩大我国耕地面积、改良低产土壤和进一步发展农业生产的重要课题之一。

盐土的改良主要是排除土壤中过多的可溶性盐，改善土壤理化性质，并提高土壤肥力。碱土的改良主要是改良土壤结构和提高土壤肥力。改良盐碱土的措施，概括起来有水利、农业、生物、化学改良 4 个方面。水利的改良措施，如灌溉、排水、冲洗、控制地下水位等。农业的土壤改良包括耕作措施、调换客土、施肥、种稻、轮作套种等；甘肃等地还有用铺石压盐进行免耕法的。生物的改良措施主要有种植耐盐作物和牧草，植树造林等。化学改良措施，如施用化学改良物质。总的来说，以采取综合治理措施的效果最好。下面主要谈谈生物治理措施。

①种稻改良盐碱地是一种边改良边利用的传统经验。只要有水源，各种类型的盐碱地都可开沟、排水、洗盐，并结合种稻来进行改良。一般在种植水稻 2~3 年后，盐分大部分被洗去，这样在改土的同时可得到收益。此外，还可以在盐碱地上选种一些耐盐性强的作物，如棉花、甜菜、向日葵、糜子、碱谷、高粱、大麦等。

②种植耐盐的绿肥或牧草是盐碱地改良措施中的重要一环。绿肥或牧草有茂密的茎叶覆盖地面，使土温及地面气温降低，土壤水分蒸发减少，这就能有效地抑制盐分上升，防止土壤返盐。并且由于根系大量吸收水分，经叶面蒸腾可使地下水位下降，又能有效地防止土壤盐分向地表积累。绿肥耕翻入土后，还能增加土壤有机质含量，改善土壤结构，增加土壤通气性，提高土壤肥力。根系分泌出的有机酸以及经微生物分解植物残体所产生的各种有机酸，对土壤碱性还能起到一定的中和作用。所以，种植绿肥既能改善土壤理化性质，巩固和提高脱盐效果，又能培肥土壤，是快速改良盐碱地的重要措施。田菁、紫花苜蓿、紫花苕子等都是能耐盐碱、耐瘠薄的优良绿肥。

③在盐碱地区植树造林也是防止土壤返盐的一项措施。因为树木的根系能大量吸收地下水分，可以降低地下水位，同时通过枝叶的大量蒸腾，增加了周围的空气湿度，这可使土壤水分蒸发减少，起到抑制盐分上升的作用；林冠还能削弱风力，降低风速从而可以减少土壤水分蒸发。紫穗槐、杨树、白榆、沙枣等具有耐盐碱、耐涝等特点，可以作为盐碱地的植树造林树种。

（四）植物对沙地的适应

沙漠是指气候干旱，植被稀疏，以沙粒为基质的自然地带。我国的沙区主要分布在北半部的大陆性干旱和半干旱地区，跨越荒漠、半荒漠、干草原和草原四个自然带，绵延数千里。存在于荒漠和半荒漠自然带中的为沙质荒漠，在草原和干草原自然带中，也分布有以沙质母质为基质的沙地。

我国沙漠的形成是由于第三纪以来的造山运动，阻隔了海洋季风的深入，使东南方向的水汽来源隔绝，大气水分缺乏，降雨很稀少，形成极端干旱的气候。在这种气候条件下，山体的岩石以及古湖泊、古河流的沉积、冲积物发生强烈的物理风化作用，形成了丰富的沙源；再加上来自北方的频繁的大风吹袭，沙子被吹扬、搬运、堆积而成为沙丘、沙地或浩瀚的沙漠。整个过程是经过长期发展演变而成的。

此外，由于长期不合理利用土地与破坏植被的结果，也可引起土地沙漠化，并形成次生性的沙地。沙区生境最显著的特征是风大沙多、干燥少雨、光照强烈、冷热剧变。大部分沙区起沙风 300 次/a 左右，在大风侵袭下，风沙弥漫，沙的流动性极大。沙质基质又极为贫瘠，营养元素十分缺乏，有机质含量常小于 0.1%。沙质基质极为干旱，沙丘表层 0~20 cm 经常干燥，只有在有雨水的时候水分才往下渗滤，在 20~60 cm 的沙层中可保持湿润。沙区温度变化剧烈，平均年温差一般在 30~50℃，绝对温差达 50~60℃，日温差尤为显著，一般在 10～20℃，最大可达 30℃。而沙地表面温度的变化尤为剧烈，夏秋午间可达 60～80 ℃，夜间又下降到 10℃以下。这种严酷的生境条件，常常成为许多植物生长的限制因素，只有一些能适应这种沙区生境的植物才能在其上生长，称为沙生植物。

沙生植物在长期自然适应的过程中，形成了抗风蚀、沙割、耐沙埋、抗日灼、耐干旱贫瘠等一系列生态适应特性。例如，沙生植物具有在被沙埋没的茎秆上长出不定芽和不定根的能力，如沙竹（*Psammochloa mongolia*）被流沙埋没时，茎节处仍能继续抽出不定根和不定芽，其他如黄柳（*Salix flavida*）、蓼子朴（*Inula salsoloides*）、砂引草（*Messerchmidia sibrica*）、籽蒿（*Artemisia sphaerocephala*）、油蒿（*A.ordosica*）等，也都具有这种适应特征。有的沙生植物还具有耐风蚀的特点。在风蚀露根时，能在暴露的根系上长出不定芽，如沙竹、油蒿、白刺、梭梭等具有这种特点，但当风蚀过重，根系暴露过多时，也会逐渐死去。

很多沙生植物根系的生长速度极为迅速，尤其在幼苗期，地下部分的生长比地上部分快得多。在沙子流动性大的地段，根系生长的快慢往往是决定植物能否存活的主要因素。沙生植物根系极为发达，根幅常为冠幅的几倍、十几倍乃至几十倍。一些沙生先锋植物的水平状根和根状茎，可以长达 3～6 m 和 10～20 m。据实测，生长在流动沙丘背风坡上的窄叶绵蓬（*Corispermun hyssopifoium*），株高 10 cm，主根长 20 cm，侧根幅 80 cm。多年生沙竹株高 1 m，主根系长 2.5 m，侧根幅 27 m。一丛四年生的沙柳（*Salix cheilophylla*）水平根幅达 20～30 m，表层（0～5 cm）须根也极为发达，密如蛛网盘结在沙丘上层，形成庞大的扩散根系，最大限度地吸收落在沙子表面的雨水。另有一些沙生植物则垂直根系很发达，可伸入到沙地的湿润层，如一些灌木的根能伸到 150 cm 的沙层里，骆驼刺的根一直能伸到有地下水的地方。强大的根系是最大限度地吸取水分的一种适应，同时发达的根系也起到了良好的固沙作用。

还有很多沙生植物具有根套，根套是根系上有一层由固结的沙粒形成的囊套。具有根套的根系当被风蚀露出沙面时，根套能起到使根系免受灼热沙粒灼伤和免受流沙机械伤害的作用，同时，能使根系减少蒸腾和防止反渗透失水。如沙芦草（*Agropyron mongolicum*）、沙竹、沙芥（*Pugionium cornutum*）的根具有根套。还有的植物如沙葱（*Allium mongolica*），其根均具有厚的纤维鞘；油蒿、籽蒿等半灌木的根则强烈木质化；有的植物根内有一层很厚的皮层，这些结构也都能起到类似于根套的作用。

沙基质的干旱性使沙生植物也具有强烈的旱生或超旱生的形态结构与生理特性，如茎叶常具白色表皮毛以反射日光，叶片极端缩小，有的植物叶子完全退化以减少蒸腾，由绿色的细枝进行光合作用。叶片内部的结构更具有特殊的适应，有的具有贮水细胞。花棒（*Hedysarum scoparium*）叶的下表皮内和叶轴的表皮内，有一层网状的贮水组织，细胞中含有大量的鞣质，是一种亲水胶体；在叶的上表皮下面及根、茎中，均有零散分布的圆柱状大型异型细胞，它们常与维管束相连，可能与水分的输导有关。有些植物叶子表皮下有一层没有叶绿素的细胞，积累脂类物质，能提高植物的抗热性，保护内部组织不过分受热。

此外，沙生植物的旱生性还表现在细胞的高渗透压上，如红砂、珍珠（*Salsola passerina*）的渗透压可达 50 bar 左右，梭梭可高达 80 bar，这使根系主动吸水的能力大为加强，极大地提高了植物的抗旱性。沙生植物体内还具有较高的束缚水含量，束缚水与自由水比值较大，这是旱生植物保存最低限度的含水量，以度过长期干旱的一种适应方式。根据在半荒漠带的测定，沙生植物的束缚水含量为 50%～125%，束缚水与自由水比值为 0.5～3.0。

另有一些沙生植物，在特别干旱的时候，则停止生长，进行休眠，呈假死状态，待到有雨的时候再恢复生长，如分布在沙砾质戈壁上的木本猪毛菜（*Salsola arbuscula*）、松叶猪毛菜（*S.larisifolia*）等就有此种习性。又如常绿灌木沙冬青（*Ammopiptanthus mongolicus*）在干旱年份或在夏季最干旱的时候，枝叶枯萎，但一遇雨水又转为绿色。

还有一类短命植物，它们生长发育的速度极快，能利用短暂的雨水期完成其生活周期，如有一种短命菊，只活几个星期，其种子只要稍有一点雨水就萌发。然后生长、开花、结实，在大旱来临之前就已完成其生活周期。这类短命植物主要分布在中亚荒漠，在我国准噶尔盆地西部也有出现。

在繁殖方面，大部分沙生植物具有对流动沙子的特殊适应性。它们多具有靠风力传播的种子和果实，能随着流动的沙子一起移动而传播。有的植物如沙米（*Agriophyllum arenarium*）、窄叶绵蓬、一年生猪毛菜的植丛，常是圆形或椭圆形，当茎秆枯萎，被风吹折离根后，能随风在沙地上边滚动边传播种子。有的种子遇水能分泌胶质黏液，使种子胶着在沙粒上发芽生根。不少沙生植物的种子在干沙层中可保存若干年而不丧失生命力，一旦遇水仍有萌发能力。此外，沙生植物也常以多种无性繁殖的方式进行繁殖，如根蘖、根茎分株繁殖等。

三、土壤的侵蚀和破坏

在世界各地，土壤正在受到严重的侵蚀和破坏。在铁路的路基下土壤被掩埋，人类的挖掘活动、表层开矿和修路严重破坏着土壤的天然结构和层次性。风和水对土壤的侵蚀也日趋严重。表层土壤因农业耕耘而被搅乱。只有受植被保护的土壤才能保持其完整性，植被可减弱风力和暴雨的冲击力。雨水缓缓地进入枯枝落叶层渗入土壤之中。如果雨水太多，超过了土壤的吸收容纳量，过剩的雨水会从土壤表面流走，但植被将会减慢水流的速度。

如果因为垦荒、伐木、放牧、修路和各种建设活动而使土壤失去了植被和枯枝落叶层的保护，使得土壤易遭到侵蚀，对各种侵蚀都会变得非常敏感。风和水会把土壤颗粒吹走或冲走，其速度要比新土壤的形成速度快得多。新土的形成速度大约只有 $1 \text{ t/} (\text{a·hm}^2)$。一般来说，土壤的表层富含腐殖质、有团粒结构、吸收能力强，如果这些表土流失，下面的土壤腐殖质贫乏、吸收能力差、稳定性差，这些深层土一旦暴露到表面就易受到侵蚀。如果下层土壤是黏性土，那它的吸水能力就更差，一旦遇到洪水就会形成急速的地表径流，对土壤有极强的侵蚀性。

　　土壤常因各种原因被压实，这对土壤来说是更严重的破坏。大型农业机械和各种建设机械的使用往往会把大面积的土壤压实。在牧场、农场、娱乐场所和田间林间的小路上经常有人、马匹和其他动物的践踏；在道路之外的其他地方还经常使用多种适合于各种地形的车辆，这都将会导致土壤被压实，使土壤中的孔隙减少、减小。湿润的土壤更容易被压实，因为潮湿的土壤颗粒更容易彼此黏结在一起。被压实的土壤就失去了对水的吸收能力，所以水很快就会从土壤表面流走。

　　降落在裸露地面的雨水对土壤表面有一种锤击效应，可把较轻的有机物移走，破坏土壤聚合体并在土壤表面形成一个不渗水层，结果雨水会以地表径流的形式流失并带走一部分土壤颗粒。土壤侵蚀至少可分为 3 种不同的类型，即片状侵蚀（sheet erosion）、细沟侵蚀（rill erosion）和冲沟侵蚀（gull erosion）。片状侵蚀就是从整个受侵蚀的区域表面差不多是均等地冲走或带走一部分土壤。当地表径流汇聚到细沟或小沟里而不是均匀地散布在斜坡表面流动时，它就具有了向下的切割力。所谓细沟侵蚀就是指雨水沿着小沟或细沟迅速下泄，造成对小沟长时间的切割或是指地表径流汇聚起足够多的水量后对土壤的深切作用，结果会形成破坏性极大的冲沟。然而，一辆车在路外所留下的车辙常常可形成冲沟侵蚀，经过雨水的不断冲刷而加深、加宽，最后成为真正的冲沟。

　　裸露的土壤粒细、松散而干燥，翻耕之后极易受到风的侵蚀，风会把土壤微粒扬起，吹到很高很远的地方形成扬尘天气，严重时可形成沙尘暴。我国华北北部和西北地区大面积的土壤暴露和缺乏植被保护，是造成土壤风蚀严重和大气污染的主要原因。风蚀现象在全球范围内日趋严重，特别是在干旱和半干旱地区。沙尘粒被风吹到高空后可水平运送几百公里甚至几千公里远。风蚀常会把植物的根系暴露出来或用沙尘和其他残屑把植被掩埋。在很多地区，风蚀的危害比水蚀更大。

　　风蚀和水蚀可使陆地毁于一旦，变得难以再利用。全世界每年大约有 1 200 万 hm^2 的可耕地因风蚀和水蚀变得无法再利用而被弃耕。这些土地大都毁损严重，以致连天然植被都难以恢复。当前，土壤侵蚀日趋严重，除非采取极端措施恢复植被，否则形势很难扭转。

第七节　生物的生态适应

　　生物对生态因子耐受范围的扩大或变动（不管是大幅度调整还是小幅度调整）都涉及生物生理适应和行为适应问题。但是，对非生物环境条件的适应通常并不限于一种单一的机制，往往要涉及一组（或一整套）彼此相互关联的适应性。正如前面我们已经提到过的那样，很多生态因子之间也是彼此相互关联的，甚至存在协同和增效作用。因此，对一组特定环境条件适应也必定会表现出彼此之间的相互关联性，这一整套协同的适应特性就称为适应组合（adaptive suites）。

　　以上各节分别阐述了各个生态因子对生物的生态作用以及生物对各种生态因子的适应，其中所讨论的各种生物生态类型，实际上就是根据生物对某一主导因子的适应关系所划分的。本节将讨论生物对综合环境条件的生态适应类型。

一、植物的生态适应

在研究生物与环境之间的生态关系时，常常把生物对综合环境条件的适应关系区分为趋同适应和趋异适应两类，植物对环境的这两类的生态适应比动物更为明显。

（一）趋同适应与趋异适应的概念

1. 趋同适应

生长在相同（或相似）环境条件下的不同种类的生物，往往形成相同（或相似）的适应方式和途径，称为趋同适应。趋同适应的结果使不同种的生物在外貌上和内部生理以及发育上表现出一致性或相似性，形成生活型。

2. 趋异适应

同一种生物的不同个体群，由于分布地区的间隔，长期受到不同环境条件的综合影响，于是在不同个体群之间产生相应的生态变异，这是同种生物对不同综合环境条件的趋异适应。趋异适应的结果是产生生态型。

生物的适应性是千百万年来长期自然选择的结果，生存竞争仅仅保留了那些最能适应生存环境的有机体，而有机体的适应性又在经常变化的环境中不断得到发展和完善，并在生物的外貌结构、生理生态习性上反映出来。这种生态适应过程是构成生物生态分化的基础，所以，不同的外界环境条件，促成了生物的深刻分化；同时，生态适应过程也是构成生物进化的基础，生物的进化也就在这种适应过程中进行着。

（二）生活型（Life form）

1. 生活型的概念

植物生活型是植物对综合环境条件的长期适应，而在外貌上反映出来的植物类型。植物体的形状、大小、分枝等都属于外貌特征，同时，也要考虑植物的生命期长短等。通常，人们把植物分为乔木、灌木、半灌木、木质藤本、草质藤本、多年生草本、一年生草本、垫状植物等，这就是一种比较早期的而又是人们习用的生活型分类。所以，生活型是指植物群的一定的共同外貌。生活型的形成是植物对相同环境条件进行趋同适应的结果。

在同一类生活型中，常常包括在分类系统上地位不同的许多种，因为不论各种植物在系统分类上的位置如何，只要它们对某一类环境具有相同或相似的适应方式，并在外貌上具有相似的特征，它们就属于同一类生活型。例如，在湿热带，有很多具有柱状茎和板状根的常绿木本植物是分属于各个不同的科；在具有缠绕茎的藤本植物中，包括在分类系统地位上十分不同的许多植物种；很多高山、北极的垫状植物，也分属于各个不同的科；还有热带荒漠中的很多肉质植物，它们的亲缘关系都很远；这些都说明了不同种类的植物，对于相同环境的趋同适应现象。相反地，在分类学上亲缘关系很近的植物，却可能属于不同的生活型。例如，豆科植物中的很多种类，在生活型上表现出极大的多样性，可分属于乔木（如槐树、合欢）、灌木（如锦鸡儿、胡枝子）、藤本（如紫藤、葛藤）和草本（如苜蓿、三叶草）等生活型。所以，通过生活型可以明显地反映出植物和环境间的关系。

2. Raunkiaer 生活型的分类及其分类系统

自从 19 世纪初，A. von Humboldt（1806）根据植物外貌特征进行植物生活型的分类以来，其后又有一些学者建立了各种植物生活型分类系统。在各种生活型分类系统中，通常应用最广的是丹麦植物学家 C. Raunkiaer（1905，1907）提出的生活型分类系统。

Raunkiaer 系统以简单、明了、易于掌握和应用为特点。它以温度、湿度、水分（以雨量表示）作为揭示生活型的基本因素，以植物体在度过生活不利时期（冬季严寒、夏季干旱时）对恶劣条件的适应方式作为分类的基础。具体是以休眠或更新芽所处位置的高低和保护方式为依据，把高等植物划分为高位芽植物、地上芽植物、地面芽植物、地下芽植物及一年生植物五大生活型类群，在各类群之下再按照植物体的高度、芽有无芽鳞保护、落叶或常绿、茎的特点（草质、木质），以及旱生形态与肉质性等特征，再细分为 30 个较小的类群。具体的分法如下：

（1）高位芽植物（Phanerophytes）

这类植物的芽或顶端嫩枝高于地面 0.25 m 以上，如乔木、灌木和一些生长在热带潮湿气候条件下的草本等。它们之中根据体型的高矮又可分为大型（30 m 以上）、中型（8～30 m）、小型（2～8 m）以及矮小型（0.25～2 m）四类，即大、中、小、矮高位芽植物，然后依据植物是常绿还是落叶，以及芽是否具有芽鳞保护这两类特征，加以归并再分为下列 15 个亚类。

①常绿的、芽无保护的大高位芽植物。
②常绿的、芽无保护的中高位芽植物。
③常绿的、芽无保护的小高位穿植物。
④常绿的、芽无保护的矮高位芽植物。
⑤常绿的、芽具保护的大高位芽植物。
⑥常绿的、芽具保护的中高位芽植物。
⑦常绿的、芽具保护的小高位芽植物。
⑧常绿的、芽具保护的矮高位芽植物。
⑨落叶的、芽具保护的大高位芽植物。
⑩落叶的、芽具保护的中高位芽植物。
⑪落叶的、芽具保护的小高位芽植物。
⑫落叶的、芽具保护的矮高位芽植物。
⑬肉质多浆汁的高位芽植物（肉茎植物）。
⑭多年生草本高位芽植物。

⑮附生高位芽植物。附生植物有藤本的、木本的、地衣等。

（2）地上芽植物（Chamaephytes）

这类植物的芽或顶端嫩枝位于地表或很接近地表处，一般都不高出土表 20～30 cm，因而它们受上表的残落物所保护，在冬季地表积雪地区也受积雪的保护。分为 4 个亚类：

⑯矮小半灌木地上芽植物。在雨季长出新叶。

⑰被动地上芽植物。由于枝条纤弱不能直立而平伏地上。

⑱主动地上芽植物。幼枝平伏在土表并非由于枝条纤弱，而是因为幼枝是横向地性的。

⑲垫状植物。植物群落呈垫状。

（3）地面芽植物（Hemicryptophytes）

这类植物也称为隐芽植物，在不利季节，植物体地上部分死亡。被土壤和残落物保护的地下部分仍然活着，并在地面处有更新芽。分为 3 个亚类：

⑳原地面芽植物。

㉑半莲座状地面芽植物。

㉒莲座状地面芽植物。

（4）地下芽植物（Geophytes）

这类植物度过恶劣环境的更新芽埋在土表以下，或位于水体中。分为 7 个亚类：

㉓根茎地下芽植物。

㉔块茎地下芽植物

㉕块根地下芽植物。

㉖鳞茎地下芽植物。

㉗没有发达的根茎、块茎、鳞茎的地下芽植物。

㉘沼泽植物。

㉙水生植物。

（5）一年生植物（Therophytes）

㉚一年生植物是只能在良好季节中生长的植物，它们以种子的形式度过不良季节。

3. 我国的生活型分类及其分类系统

还有些学者按植物体态划分生活型或生长型，如 A．Kerner（1963）、A．Grisebach（1972）、Drude（1987）、Du Rietz（1931）等。《中国植被》一书中即按植物体态划分生活型类群：

（1）木本植物

①乔木。具有明显的主干，又分出针叶乔木、阔叶乔木，并进一步分出常绿的、落叶的、簇生叶的、叶退化的。

②灌木。没有明显的主干，也可按上述原则进一步划分。

③竹类。

④藤本植物。

⑤附生木本植物。

⑥寄生木本植物。

（2）半木本植物

⑦半灌木与小半灌木。

（3）草本植物

⑧多年生草本植物。又可分出蕨类、芭蕉型、丛生型、根茎草、杂类草、莲座植物、垫状植物、肉质植物、类短命植物等。

⑨一年生植物。又分出冬性的、春性的与短命植物。

⑩寄生草本植物。

⑪腐生草本植物。

⑫水生草本植物。又分为挺水的、浮叶的、漂浮的、沉水的。

（4）叶状植物

⑬苔藓及地衣。

⑭藻类。

4. 生活型谱

某一个地区或某一个植物群落内各类生活型的数量对比关系，称为生活型谱。通过生活型谱可以分析一个地区或某一植物群落中植物与生境（特别是与气候）的关系。

制定生活型谱的方法，首先是弄清整个地区（或群落）的全部植物种类，列出植物名录，确定每种植物的生活型，然后把同一生活型的种类归到一起，按下列公式求算：

$$某一生活型的百分率 = \frac{某生活型植物的种类数}{该地区所有植物的种类数} \times 100\%$$

不同地区或不同群落的生活型谱的比较，可以看出各个地区或群落的环境特点，特别是对植物有重要作用的气候特点。例如，在潮湿的热带地区，植物的主要生活型是高位芽植物，以乔木和灌木占绝大多数；在干燥炎热的沙漠地区和草原地区，以一年生植物最多；在温带和北极地区，以地面芽植物占多数（表2-1）。

表 2-1　不同地区的生活型谱

地区	高位芽植物	地上芽	地面芽	地下芽	一年生植物
热带（赛谢尔群岛）	61%	6%	12%	5%	16%
北极（斯匹次卑尔根）	1%	22%	60%	15%	2%
沙漠（利比亚沙漠）	12%	21%	20%	5%	42%
温带（丹麦）	7%	3%	50%	22%	18%
地中海（意大利）	12%	6%	29%	11%	42%

（三）植物的生态型

1. 生态型（Ecotype）的概念

当同种植物的不同个体群分布和生长在不同的环境里，由于长期受到不同环境条件的影响，在植物的生态适应过程中，就发生了不同个体群之间的变异和分化，形成了一些在生态学上互有差异的、异地性的个体群，它们具有稳定的形态、生理和生态特征，并且这些变异在遗传性上被固定下来，这样就在一个种群内分化成为不同的个体群，称为生态型（ecotype）。所以，生态型是同一种植物对不同环境条件趋异适应的结果，是种内的分化定型过程。

生态型的名词和概念是由瑞典学者 Turesson 提出的，这个名词最初的（1922 年）定义是："一个种对某一特定生境发生基因型反应的产物"。Turesson 曾对许多分布很广的欧亚大陆性植物（主要是多年生草本）作了生态型研究。他从一个种的分布区内的各个不同地区、不同生境中取来同一种植物，并把所取来的材料都栽种在同一垄上，在这种情况下，同一个种来自不同地区和生境的植株，表现出稳定的差异，如在开花迟早、株高、直立与否、叶子厚度等方面表现出差异。他指出，这种差异与它们的生境特征具有明显的关系，如有的限于高山地区，有的限于低地，有的限于海滨地区，有的限于内陆谷地等。这表明分类学上的种不是一个生态单元而可能是由一个到多个在生理和形态上具有稳定差异的生态型所组成的。他认为生态型是与特定生态环境相协调的基因型集群。另外许多学者也都曾证明，种内遗传性变异与生境差异和生态适应是相关的，所以，生态型是植物同一种内表现为有遗传基础的生态分化。一般地说，生态型的分化与种的地理分布幅度呈正相关。凡是生态分布区域很广的种类，所产生的生态型也多，而具有许多生态型的种，能够更好地适应广阔范围的环境变异。生态幅狭窄的种类形成的生态型就少得多，对不同环境的适应能力也就小得多。

但是，能否清楚地识别出生态型来，则随不同的种而异。有的植物种所分化形成的生态型是彼此能清楚区别的，也就是说全种的分化变异有部分的不连续性；而有许多种虽有生态型性质变异，却由于变异的连续性而不能清楚地识别出各个生态型来。这取决于种的分布地区的性质，以及个体群单位的大小（以相互授粉与种子散布为标准）。如果生境很不一致，而且变化不连续，那就促使种内分化成较清楚的、容易识别的生态型。那些只限于在邻近个体间授粉，尤其是自花授粉的植物种类，各个个体群之间的差异也比较大，所分化的生态型也比较能清楚地识别。而异花授粉或风媒的植物种类（其花粉能在空气中传播达数里远）的植物种类，则可能表现出连续性遗传变异，这样就很难清楚地识别出各个生态型来。

通常，在一个种内，生态型的临界区别，需要通过实验来确定。每一个生态型，当与其他一些生态型一起被移栽到同一环境中去时，至少要保留某些可区别的特征（如花的颜色和花的形状，株高和分枝的习性，脉序和叶子的形状等）。

2. 生态型的类别

生态型的形成可以由地理因素、生物因素或人为活动（如引种驯化扩大分布区）引起，因而根据形成生态型的主导因子类型的不同，可以把生态型分为气候生态型、土壤生态型和生物生态型。

（1）气候生态型

当种的分布区扩展或栽种到不同气候地区，主要由于长期受气候因子的影响所形成的生态型。不同的气候生态型在形态、生理、生化上都表现出明显差异，如对光周期、温周期和低温春化等都有不同的反应。分布在南方的生态型一般表现为短日照类型，北方的生态型表现为长日照类型。海洋性生态型要求较小的昼夜温差，大陆性生态型则要求较大的昼夜温差。南方的生态型种子发芽对低温春化没有明显要求，北方的生态型如不经低温春化，就不能打破休眠。在生化上，如乙醇酸氧化酶的活性也随气候类型（特别是温度）而异，大陆性生态型的酶的活性随气温增加而加强的程度比海洋性生态型明显。这些反应都与其所在地区的气候特点有关。

（2）土壤生态型

土壤生态型主要是长期在不同土壤条件的作用下分化形成的。例如，鸭茅（*Dactylis glomeraya*）生长于河洼地上和碎石堆上，由于土壤水分情况不同而形成两种生态型。生长于河洼地上的植株生长旺盛，个体高大，叶肥厚，颜色绿，割草后易萌发，产量要比生长于碎石堆上的高 3～4 倍。而生长在碎石堆上的植株矮小，叶小，颜色较淡，萌发力极弱，产量低。此外在生理上也有差别，如细胞液的渗透压不同等。

（3）生物生态型

生物生态型主要是在生物因子的作用下形成的。有的生物生态型是由于缺乏某些虫媒授粉昆虫，限制了种内基因的交换，从而导致植物种内分化为不同的生物生态型。有的植物当长期生活在不同的植物群落中时，由于植物竞争关系不同，也可以分化成为不同的生态型，如稗子生长在水稻田中和生长在其他地方的是两种不同的生态型。前者秆直立，常与水稻同高，也差不多同时成熟；后者秆较矮，开花期也早迟不同。还有的在牧场条件下形成牧场区系生态型，有些植物种由于受放牧的影响，经常被一定动物种类所践踏、啃食，使植物产生了适应于这种生境条件的生态特征，植株矮小，丛生或成莲座状或匍匐茎，再生力较强，无性繁殖较盛，成熟期提早等。

（4）人类创造的生态型

人为因素对于植物的影响最大，作物的品种生态型实际上就是在人为因素的影响下所形成的。人们把作物扩大栽培到不同气候带或不同的土壤类型上，由于长期受到不同气候或土壤条件的影响，也可以形成不同的气候生态型或土壤生态型，如水稻。栽培稻和很多其他栽培作物一样，起源于野生植物。我国的水稻（包括日本、朝鲜的水稻）起源于云南及广东南部热带沼生的野生稻。这种野生稻经过人们长期栽培、驯化，已经使它从野生型变为栽培型，且不断扩大栽培地区，从热带一直到寒温带。在这样辽阔的区域里，环境条件复杂，又经过几千年悠久的栽培历史，因而在长期的自然选择和人为培育下，形成了很多适应于不同地区、不同季节、不同土壤的品种生态型。如籼稻、粳稻和晚、中、早稻，是由于受不同地区的温度、日照长度等气候因子的影响，而分化形成的气候生态型。特别是 21 世纪以来，分子生物学技术使生态型的创造速度是前所未有的。

二、动物的生态适应性

动物的行为在很大程度上使其逃避不利的环境，因此其生活型和生态型的特征不如植物表现得那样明显。前面所讲的贝格曼（Bergman）规律和阿伦（Allen）规律是动物生活型的代表。

尽管如此，动物的适应组合（adaptive suites）依然明显。生活在最极端环境条件下的动物，适应组合现象表现得最为明显。下面以沙漠动物的适应组合为例说明动物的适应组合。动物对沙漠生活的适应主要涉及热量调节和水分平衡，这两个问题彼此是密切相关的，其中水分平衡具有更关键的意义。沙漠动物由于干旱缺水面临着身体失水的巨大危险。骆驼是大家熟悉的典型沙漠动物，它对沙漠生活的一系列适应特征常令人赞叹不已。以骆驼为例，就可以看到这一个个似乎孤立的适应性特征是如何集中出现在一种动物身上形成协同适应的。骆驼于清晨取食含有露水的植物嫩枝叶或者靠吃多汁的植物获得必需的水分，同时靠尿的浓缩最大限度地减少水分输出。贮存在驼峰中和体腔中的脂肪在代谢时会产生代谢水，用于维持身体的水分平衡。骆驼身体在白天也可吸收大量的热使体温升高。一个体重为 450 kg 的骆驼体温只要升高几摄氏度就会吸收大量的热。体温升高后会减少身体与环境之间的温差，从而减缓吸热过程。当需要冷却时，皮下起隔热作用的脂肪会转移到驼峰中，从而加快身体的散热。不过，骆驼体温的变动范围要比长角羚和瞪羚小，它的体温不能超过 40.7℃，一旦达到这一温度，骆驼就会开始出汗。出汗会增加水分的散失，造成保水困难。对大多数哺乳动物来说，失水就意味着血液浓缩，血液变得黏稠就会增加心脏的负担。一般当动物因失水减重 20% 时，血流速度就会减慢到难以将代谢热及时从各种组织中携带出来，就会很快导致动物热死亡。但骆驼不会发生这种情况，它的失水主要是来自细胞间液和组织间液，细胞质失水很少（若总失水量为 50 L，只有 1 L 是来自细胞原生质）。另外，即使是在血液失水的情况下，红细胞的特殊结构也可保证其膜不受损害，同样的适应结构也能保证红细胞在血液含水量突然增加时不会发生破裂。因此，骆驼只要获得一次饮水的机会，就可以喝下极大量的水。

第八节　生物与环境关系的基本原理

一、限制因子

一种生物如在某种环境中生存和繁衍，必须保证其生长发育所需要的各种基本物质或生存条件。如果某一因子不能满足生物一生中或某一发育阶段中的要求，亦即该因子的可利用量接近某生物种的临界最小量时，该因子就成为一个限制因子。因此，限制因子是指生态因子中最易阻挠和限制生物生长、繁殖的因子。

（一）李比希最小因子定律（Liebig's law of the minimum）

早在 1840 年，德国有机化学家 Justus von Liebig 就认识到了生态因子对生物生存的限制作用。在他所著的《有机化学及其在农业和生理学中的应用》一书中，分析了土壤表层营养物质含量与植物生长的关系，并得出结论，作物的增产与减产是与作物从土壤中所能获得的矿物营养的多少呈正相关的。例如，土壤中的氮素可维持 250 kg 产量，钾可维持 350 kg，磷钾可维持 500 kg，则实际产量只有 250 kg。如多施一倍的氮，产量将停留在 350 kg，因这时产量为钾的含量所限制。产量总受一个最薄弱的因子所限制。所以，李比希提出："生物的生长取决于处在最小量的状况的食物的量"。这就是 Liebig 的"最小因子定律"。也就是说，每一种植物都需要一定种类和一定数量的营养物质，如果其中有一种营养物质完全缺失，植物就不能生存。如果这种营养物质数量极微，植物的生长就会受到不良影响。这一定律指出了限制因子的一个方面。

李比希之后又有很多人（如 E. P. Odum）做了大量的研究，认为对最小因子法则的概念必须作两点补充才能使它更为实用：

第一，最小因子法则只能用于稳态条件下。也就是说，如果在一个生态系统中，物质和能量的输入输出不是处于平衡状态，那么植物对于各种营养物质的需要量就会不断变化，在这种情况下，李比希的最小因子法则就不能应用。

第二，应用最小因子法则的时候，还必须考虑到各种因子之间的相互关系。如果有一种营养物质的数量很多或容易被吸收，它就会影响到数量短缺的那种营养物质的利用率。另外，生物常常可以利用所谓的代用元素，也就是说，如果两种元素属于近亲元素的话，它们之间常常可以互相代用。例如，环境中 Ca 的数量很少而 Sr（锶）的数量很多，一些软体动物就会以 Sr 代替 Ca 来建造自己的贝壳。因而最低因子并不是绝对的。

李比希在提出最小因子法则的时候，只研究了营养物质对生物生存、生长和繁殖的影响，并没有想到他提出的法则还能应用于其他的生态因子。经过多年的研究，人们发现这个法则对于温度和光等多种生态因子都是适用的。

（二）Mitsherlich 产量递减定律

当限制因子增加时，开始增产效果明显，继续下去，效果逐渐消失。Mitsherlich 提出，如土壤的 N 支持其最高产量的 80%，P 支持 90%，最后实际的产量是 72%，而不是 80%。也就是说，限制生物生长的不止一个因子，通常有多个因子，在这些因子中有最主要的因子。Mitsherlich 只分析了两个因子。

（三）Shelford 耐受性法则

1913 年，美国生态学家 V．E．Shelford 在最小因子法则的基础上提出了耐受性法则
（law of tolerance）的概念，并试图用这个法则来解释生物的自然分布现象。他认为生物不
仅受生态因子最低量的限制，而且也受生态因子最高量的限制。这就是说，生物对每一种
生态因子都有其耐受的上限和下限，上下限之间就是生物对这种生态因子的耐受范围，
其中包括最适生存区。Shelford 的耐受性法则可以形象地用一个钟形耐受曲线（图 2-9）
来表示。

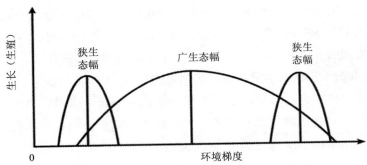

图 2-9　广生态幅与狭生态幅的生态幅范围

对同一生态因子，不同种类的生物耐受范围是很不相同的。例如，鲑鱼对温度这一生
态因子的耐受范围是 0～12℃，最适温度为 4℃；豹蛙对温度的耐受范围是 0～30℃，最适
温度为 22℃；南极鳕所能耐受的温度范围最窄，只有–2～2℃。上述几种生物对温度的耐
受范围差异很大，有的可耐受很广的温度范围，称广温性生物（eurytherm）；有的只能耐
受很窄的温度范围，称狭温性生物（stenotherm）。其他的生态因子也是一样，有所谓的广
湿性（euryhydri）、狭湿性（stenohydric）；广盐性（euryhaline）、狭盐性（stenhaline）；广
食性（euryphagic）、狭食性（steophagic）；广光性（euryphotic）、狭光性（stenphotic）；广
栖性（euryoecious）、狭栖性（stenoecious）等。广适性（eurytopicity）生物属广生态幅物
种，狭适性生物属狭生态幅物种（图 2-9）。

一般来说，如果一种生物对所有生态因子的耐受范围都很广。那么这种生物在自然界
的分布也一定很广，反之亦然。各种生物通常在生殖阶段对生态因子的要求比较严格，因
此它们所能耐受的生态因子的范围也就比较狭窄。例如，植物的种子萌发，动物的卵和胚
胎以及正在繁殖的成年个体所能耐受的环境范围一般比非生殖个体要窄。

Shelford 提出的耐受性法则引起了许多学者的兴趣，促进了这一领域内的研究工作，
并形成了耐受生态学（toleration ecology）。应当指出的是，自然界中的动物和植物很少能
够生活在对它们来说是最适宜的地方，常常由于其他生物的竞争而把它们从最适宜的生境
中排挤出去，结果只能生活在它们占有更大竞争优势的地方。例如，很多沙漠植物在潮湿

的气候条件下能够生长得更茂盛，但是它们却只分布在沙漠中，因为只有在那里它们才占有最大的竞争优势。

生物的耐受曲线并不是不可改变的，它在环境梯度上的位置及所占有的宽度在一定程度上是可以改变的。这些改变有的是表现型变化，有的也出现遗传性上的变化。因此，生物对环境条件缓慢而微小的变化具有一定的调整适应能力，甚至能够逐渐适应于生活在极端环境中。例如，有些生物已经适应了在火山间歇泉（geyser）的热水中生活。但是，这种适应性的形成必然会减弱对其他环境条件的适应。一般来说，一种生物的耐受范围越广，对某一特定点的适应能力也就越低。与此相反的是，属于狭生态幅的生物，通常对范围狭窄的环境条件具有极强的适应能力，但却丧失了在其他条件下的生存能力。

虽然 Shelford 提出的耐受性法则基本上是正确的，但是大多数生态学家认为，只有把这个法则与 Liebig 的最小因子法则结合起来才具有更大的实用意义。这两个法则的结合便产生了限制因子（limiting factors）的概念，这个概念的含义是：生物的生存和繁殖依赖于各种生态因子的综合作用，但是其中必有一种和少数几种因子是限制生物生存和繁殖的关键性因子，这些关键性因子就是所谓的限制因子。任何一种生态因子只要接近或超过生物的耐受范围，它就会成为这种生物的限制因子。

如果一种生物对某一生态因子的耐受范围很广，而且这种因子又非常稳定，那么这种因子就不太可能成为限制因子。相反，如果一种生物对某一生态因子的耐受范围很窄，而且这种因子又易于变化，那么这种因子就特别值得详细研究，因为它很可能就是一种限制因子。例如，氧气对陆生动物来说，数量多、含量稳定而且容易得到，因此一般不会成为限制因子（寄生生物、土壤生物和高山生物除外），但是 O_2 在水体中的含量是有限的，而且经常发生波动，因此常常成为水生生物的限制因子，这就是为什么水生生物学家经常要携带测氧仪的原因。限制因子概念的主要价值是使生态学家掌握了一把研究生物与环境复杂关系的钥匙，因为各种生态因子对生物来说并非同等重要，生态学家一旦找到了限制因子，就意味着找到了影响生物生存和发展的关键性因子，并可集中力量研究它。

（四）生态幅

在自然界，由于长期的自然选择的结果，每个种都适应于一定的环境，并有其特定适应范围，每种对环境因子适应范围的大小即为生态幅，生态幅主要取决于各个种的遗传特性，有的生物其生态幅广而有的生物生态幅窄（图 2-10）。

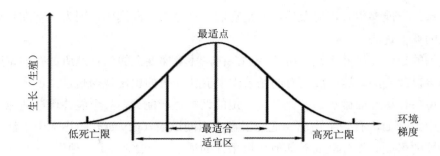

图 2-10　生态幅与其适应点范围

（五）各生态因子耐受性之间的关系

一个常见的现象是：在对生物产生影响的各种生态因子之间存在着明显的相互影响，因此，完全孤立地去研究生物对任一特定生态因子的反应往往会得出片面的结论。例如，很多陆地生物对温度的耐受性往往同它们对湿度的耐受性密切相关，这是因为影响温度调节的生理过程本身是由摄水的难易程度控制的。一般来说，如果有两个或更多的生态因子影响着同一生理过程，那么这些生态因子之间的相互影响是很容易被观察到的。生物对于两种不同生态因子耐受性之间的相互关系，E．R．Pianka（1978）曾作过清楚的说明，他设想有一种生物生活在各种不同的小生境中，并把这种生物的适合度（fitness）看作是相对湿度的一个函数（图 2-11）。

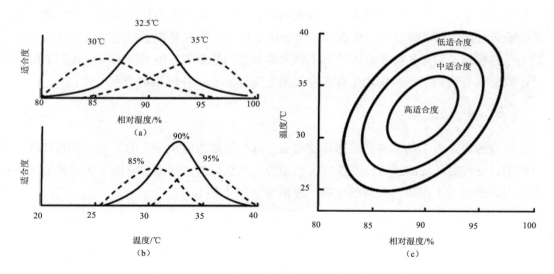

图 2-11　两个生态因子相互作用影响生物的适合度

从图 2-11 中不难看出，这种生物在什么湿度下适合度最大取决于它所生活的小生境的温度条件。当温度适中（32.5℃）和湿度也适中（90%）时，该种生物的适合度将达到最大。同样，沿着一个温度梯度，该种生物的适合度也会发生类似的变化。如果把湿度条件和温度条件结合起来考虑，则如图 2-11 所示的那样，当湿度很低和很高时，该种生物所能耐受的温度范围都比较窄（中湿条件下所能耐受的温度范围较宽）。同样，在低温和高温条件下（两极端温度），该种生物所能耐受的湿度范围也比较窄，而在中温或最适温度条件下所能耐受的湿度范围比较宽。可见，生物生存的最适温度取决于湿度状况，而生物生存的最适湿度又依赖于温度状况。

　　生物对非生物因子的生理耐受范围对植物和动物的分布显然具有重要影响，我们所观察到的现存生物的分布状况，大都能用非生物因子的作用来加以解释。但是，非生物因子通常只能告诉我们一种生物不能分布在什么地方，却不能准确地告诉我们生物将会分布在什么地方，这是因为在非生物因子允许生物存在的地方，却可能因受其他因子的限制，使生物无法在那里生存，如生物之间的竞争和生物地理发展史中的偶然事件等。同其他生物的关系有可能把这种生物从适于它们生存的地区排挤出去，这些关系包括竞争和捕食等。因此，我们可以把生物的分布区分为两种情况：①生理分布区和生理最适分布区；②生态分布区和生态最适分布区。前者只考虑生物的生理耐受性而排除其他生物对其分布的影响；后者是指生物在自然界的实际分布区，这种分布区是非生物因子和生物因子共同作用的结果（图 2-12）。以在碱湖中生长的钝顶螺旋藻为例，其生理的最适分布的环境是中性的水体，但是在中性的水体中引入钝顶螺旋藻后过一段时间，钝顶螺旋藻就会消退，在实际的生态竞争中钝顶螺旋藻竞争不过其他的生物而退出。

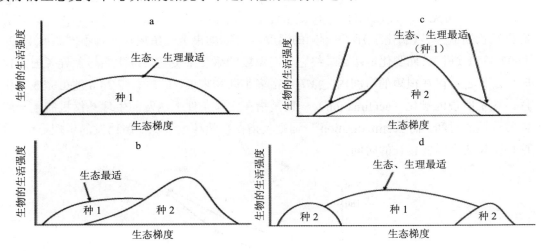

图 2-12　生态最适区与生理最适区示意图

　　当然，生物因子和非生物因子之间也是相互影响的。例如，处在生物耐受范围边界或靠近边界时，作为生物个体的竞争能力就会减弱，而作为种群对于寄生物和捕食者侵袭的抵御能力也会减弱。很多实验都已证实，生物对非生物因子的耐受范围或最适生存区段常因生物之间的竞争而被改变。正如前面我们所说过的那样，生物与其非生物环境之间的生理关系本身并不能完全地解释生物在自然界的分布现象，但依据非生物因子的作用却能够解释生物为什么不能在某些地方生活。

二、生物对生态因子耐受限度的调整

正如前面我们已经提到过的那样，任何一种生物对生态因子的耐受限度都不是固定不变的。在进化过程中，生物的耐受限度和最适生存范围都可能发生变化，也可能扩大，也可能受到其他生物的竞争而被取代或移动位置。即使是在较短的时间范围内，生物对生态因子的耐受限度也能进行各种小的调整。

（一）驯化

生物借助于驯化过程可以稍稍调整它们对某个生态因子或某些生态因子的耐受范围。如果一种生物长期生活在它的最适生存范围偏一侧的环境条件下，久而久之就会导致该种生物耐受曲线的位置移动，并可产生一个新的最适生存范围，而适宜范围的上下限也会发生移动。这一驯化过程涉及酶系统的改变，因为酶只能在环境条件的一定范围内最有效地发挥作用，正是这一点决定着生物原来的耐受限度，所以驯化也可以理解为是生物体内决定代谢速率的酶系统的适应性改变。例如，把豹蛙（*Rana pipiens*）放置在10℃的温度中，如果在此之前它长期生活在25℃的环境中，那么它的耗 O_2 率大约是 35 μL/（g·h）；如果在此之前它长期生活在5℃的环境中，那么它的耗 O_2 量就要大得多，大约是 80 μL/（g·h）（图 2-13）。可见，豹蛙在同样的 10℃条件下，代谢率差异却很大，这是因为在此之前它们已经长期适应了（驯化了）两种不同的温度。同样，如果把金鱼放在两种不同温度下（24℃和37.5℃）进行长期驯化，那么最终它们对温度的耐受限度就会产生明显差异（图 2-14）。驯化过程也可以在很短的时间内完成，对很多小动物来说，最短只需 24 h 便可完成驯化过程，这里所说的驯化（acclimation）一词是指在实验条件下诱发的生理补偿机制，一般只需要较短的时间。而 acclimatisation 一词则是指在自然环境条件下所诱发的生理补偿变化，这种变化通常需要较长的时间。

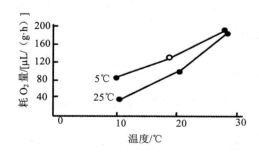

图 2-13　豹蛙在 5℃、25℃驯化后在 10℃的耗 O_2 量

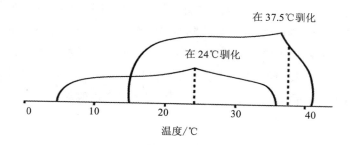

图 2-14　金鱼在 24℃与 37.5℃驯化后的温度幅

（二）休眠（dormancy）

休眠是生物处于不活动状态，是动物与植物抵御暂时不利环境条件的一种非常有效的生理机制。环境条件如果超出了生物的适宜范围（但不能超出致死限度），虽然生物也能维持生活，但却常常以休眠状态适应这种环境，因为动植物一旦进入休眠期，它们对环境条件的耐受范围就会比正常活动时宽得多。目前，休眠时间最长的纪录是埃及睡莲（*Nelubium speciosum*），它经过了 1 000 年的休眠之后仍有 80%以上的莲子保持着萌发能力。埃及睡莲显然是一个极为罕见的例子，但是休眠 30 年仍能保持萌发能力的植物是很普通的。

即使是在不太严酷的条件下，季节性休眠也是持续占有一个生境的重要方式。很多昆虫在不利的气候条件下往往进入滞育状态，此时动物的代谢率可下降到非滞育时的 1/10，表现出极强的抗寒能力。恒温动物虽然可以靠调节自己的体温而减少对外界条件的依赖性，但当环境温度超过适温区过多的时候，它们也会进入蛰伏（torpor）状态。对很多变温动物来说，低温可直接减少其活动性并能诱发滞育形式的休眠。真正的蛰伏多指恒温动物的类似现象。更为复杂一些的冬眠（hibernation）和夏眠（aestivation）现象则是靠中介刺激（如光周期的改变）激发的，或者是同动物内在的周期相关，使动物能提早贮备休眠期的食物。植物也能靠暂时的"休止"来抵御极端的环境条件，很多热带和亚热带的树木在干旱季节会脱落它们的树叶。温带的阔叶树则在秋末以落叶来避免干燥，因为土壤水分的结冰对植物是不利的，如果这些树木在冬季仍保留着树叶，那么通过叶面的水分蒸发很快就会使树木脱水。

休眠的生物学意义是很容易理解的。对囊鼠（*Perognathus caforrnicus*）蛰伏反应的深入研究表明：蛰伏能使动物最大限度地减少能量消耗。这里让我们考虑一种极端情况，即如果一只囊鼠在 15℃时进入蛰伏，然后马上又开始苏醒，这个过程要花费 2.9 h。据计算，在正常情况下囊鼠 2.9 h 的每克体重的耗 O_2 量为 11.9 mL。但囊鼠入蛰和出蛰的 2.9 h 每克体重只需耗 O_2 6.5 mL。可见，即使是短时间的蛰伏也能使动物节省不少能量。

动物的休眠伴随着很多生理变化。哺乳动物在冬眠开始之前体内先要储备特殊的低溶点脂肪。冬眠时心跳速率也大大减缓，如黄鼠在冬眠期间的心跳速率是 7～10 次/min，而在正常活动时是 200～400 次/min。与此同时，血流速度变慢，为防止血凝块的产生，血液化学也会发生相应变化。变温动物在冬季滞育时，体内水分大大减少以防止结冰，而新陈代谢几乎下降到零。在夏季滞育时，耐干旱的昆虫可使身体干透以便忍受干旱，或者在体表分泌一层不透水的外膜以防止身体变干。植物的种子和细菌、真菌的孢子也有类似的休眠机制。

（三）昼夜节律和其他周期性的补偿变化

前面我们曾谈到过较长时期内的补偿调节作用，这种补偿性的变化往往是有节律的。生物在不同的季节可以表现出不同的生理最适状态，因为驯化过程可使生物适应于环境条件的季节变化，甚至调节能力本身也可显示出季节变化，因此生物在一个时期可以比其他时期具有更强的驯化能力，或者具有更大的补偿调节能力。例如，跳虫（属弹尾目昆虫）等许多昆虫的过冷能力就是依季节而变化的。

补偿能力的这种周期性变化，实际上有很多是反映了环境的周期性变化，如温带地区温度的周期变化和热带地区干旱季节和潮湿季节的周期变化等。很多沿岸带生物在耐受能力方面常常以潮汐周期和月周期为基础发生变化。

耐受性的节律变化或对最适条件选择的节律变化大都是由外在因素决定的（即外源性的），很可能是生物对生态因子周期变化不断适应的结果。但也有证据表明，某些耐受性的周期变化或驯化能力的变化（无论是长期的或昼夜的）至少有一部分是由生物自身的内在节律引起的。例如，在适宜温区下限温度的选择上，蜥蜴（*Lacerta sicula*）表现出了明显的日周期变化，即在自然条件下的白天 12 h 内适宜温度下限可由 4.5℃变化到 7.5℃。实验证明，即使环境条件固定不变，蜥蜴对温度耐受性的这种周期变化也会表现出来，可见这种周期变化是由动物的某种内在周期性决定的。

三、内稳态生物和内稳态的行为机制

（一）内稳态生物

生物控制自身的体内环境使其保持相对稳定，是进化发展过程中形成的一种更进步的机制，它或多或少能够减少生物对外界条件的依赖性。具有内稳态机制的生物借助内环境的稳定而相对独立于外界条件，大大提高了生物对生态因子的耐受范围。

生物的内稳态是有其生理和行为基础的。很多动物都表现出一定程度的恒温性，即能控制自身的体温。恒温动物控制体温的方法主要是靠控制体内产热的生理过程，变温动物则主要靠减少热量散失或利用环境热源使身体增温，这类动物主要是靠行为来调节自己的体温，而且这种方法也十分有效。可见，恒温性绝不仅仅是恒温动物的特点。除调节自身体温的机制以外，许多生物还可以借助渗透压调节机制来调节体内的盐浓度，或调节体内的其他各种状态。

维持体内环境的稳定性是生物扩大环境耐受限度的一种主要机制，并被各种生物广泛利用。但是，内稳态机制虽然能使生物扩大耐受范围，但却不能完全摆脱环境所施加的限制，因为扩大耐受范围不可能是无限的。事实上，具有内稳态机制的生物只能增加自己的生态耐受幅度，使自身变为一个广生态幅物种或广适应性物种（eurytopic species）。

依据生物对非生物因子的反应或者依据外部条件变化对生物体内状态的影响，可以把生物区分为内稳态生物（homeostatic organisms）和非内稳态生物（no-homeostatic organisms）。这两类生物之间的基本差异是决定其耐受限度的根据不同。对非内稳态生物来说，其耐受限度只简单地取决于其特定酶系统能在什么温度范围内起作用。对内稳态生物来说，其内稳态机制能够发挥作用的范围就是它的耐受范围。

总之，生物对不同非生物因子的耐受性是相互关联的。可以借助驯化过程而加以调整，也可在较长期的进化过程中发生改变。内稳态机制只能为生物提供一种发展广耐受性的方式。

（二）生物保持内稳态的行为机制

生物为保持内稳态发展了很多复杂的形态和生理适应，但是最简单最普通的方法是借助行为的适应，如借助行为回避不利的环境条件。

在外界条件的一定范围内，动物和植物都能利用各种行为机制使体内保持恒定性。虽然高等植物一般都不能移动位置，但许多植物的叶子和花瓣都有昼夜运动和变化。例如，菜豆叶片的昼挺夜垂的变化或睡眠运动，向日葵花序随太阳的方向而徐徐转动等。动物也常利用各种行为使自己保持一个稳定的体温。在清晨温度比较低时，沙漠蜥蜴常使身体的侧面迎向太阳，并把身体紧贴在温暖的岩石上，这样就能尽快地使体温上升到最适于活动的水平。随着白天温度逐渐升高，沙漠蜥蜴会改变身体的姿势，抬起头对着太阳使身体迎热面最小，同时趾尖着地把身体抬高使空气能在身体周围流动散热。有些种类则尽可能减少与地面的接触，除把身体抬高外，两对足则轮流支撑身体。这种姿势可使蜥蜴在一个有限的环境温度范围内保持体温的相对恒定性。

除了靠身体的姿势以外，动物还常常在比较冷和热的两个地点（都不是最适温度）之间往返移动，当体温过高时则移向比较冷的地点，当体温过低时则移向比较热的地点。又如动物可在每天不同的时间占有不同的地理小区，而这些地理小区在被占有时总是对动物最适宜的。生活在特立尼达雨林中的两种按蚊（*Anopheles billator* 和 *A. homonculus*）就有这样的行为机制。这两种按蚊都有一种特定的空气湿度对它们最为有利，因此它们便在每天不同的时间集中在雨林内的不同高度。比较两种按蚊的行为发现，后一种按蚊对湿度的垂直梯度利用范围较窄，它们通常不会离开地面太远，而是把自己的活动局限在每天湿度较大的时候。同样，沙漠蜥蜴（*Amphibolurus fordi*）也总是在一天的一定时间内才在土壤岩石表面觅食，此时的地面温度处于43～50℃。以上谈到的几种行为机制（即身体姿势、往返移动和追寻适宜栖地）可以在很大程度上将身体内环境控制在一个适宜的水平上，并且可以大大增加生物的活动时间。

生物借助于其他的行为机制为自身创造一个适于生存和活动的小环境，是使自身适应更大的环境变化的又一种方式。鼠兔靠躲入洞穴内生活可以抵御-10℃以下的严寒天气，因为仅在地下 10 cm 深处，温度的变动范围就不会超过 1~4℃。各种白蚁巢所创造的小环境大大减少了白蚁生活对外界环境条件的依赖性。例如，当外界温度为 22~25℃ 的时候，大白蚁（*Macrotermes natalensis*）巢内却可维持（30±0.1）℃的恒温和 98% 的相对湿度。实际上，白蚁巢结构本身就具有调节温度和湿度的作用。白蚁巢的外壁可厚达 0.5 m，几乎可使巢内环境与外界条件相隔绝，又由于白蚁的新陈代谢和巢内的菌圃都能够产生热量，这就为白蚁群体提供了可靠的内热来源。巢内的恒温则靠控制气流来调节，因为在巢的外壁中有许多温度较低的叶片状构造，其间形成了很多可供气体流动的通风管道，空气可自上而下地流入地下各室，从而使整个蚁巢都能通风。蚁巢内的湿度是靠专职的运水白蚁来调节的，这些运水白蚁有时可从地下 50 m 或更深的地方把水带到蚁巢中来。

（三）生物的适应性

生物对生态因子耐受范围的扩大或变动（不管是大的调整还是小的调整）都涉及生物的生理适应和行为适应问题。但是，对非生物环境条件的适应通常并不限于一种单一的机制，往往要涉及一组（或一整套）彼此相互关联的适应性。正如前面我们已经提到的那样，很多生态因子之间也是彼此相互关联的，甚至存在协同和增效作用。因此，对一组特定环境条件的适应也必定会表现出彼此之间的相互关联性，这一整套协同的适应特性就称为适应组合（adaptive suites）。生活在最极端环境条件下的生物，适应组合现象表现得最为明显。

思考题

1. 生态学上环境的内涵是什么？地境与生境、微环境与内环境、自然环境与人工环境各自的含义与区别是什么？
2. 生态因子、环境因子、生存条件的含义是什么？列举两种生态因子的分类方法。
3. 简述生态因子作用的一般特征。
4. 简述太阳高度角对光强和光谱成分的影响，可见光与不可见光及其生理生态效应。
5. 简述光强对植物的生态作用（光补偿点、光饱和点、光抑制点、光分解点）。
6. 简述光周期现象。
7. 为何水体中的"日"比大气中的短？
8. 列举以光（光强、日照长度）为主导的植物生态类型及其特征。

9．生物学零度和临界时间的内涵是什么？两者有怎样的相关性？

10．简述低温对植物的伤害类型。

11．简述低温胁迫及植物的抗性。

12．简述温周期现象、春化作用、物候、物候期、物候学、等物候线、物候谱。

13．简述有效温度法则，生物学零度的实验室求取方法，积温与物候的应用。

14．简述 Bergman 规律、Allen 规律、霍普金斯物候定律。

15．简述以温度为主导因子的植物生态类型及其特征。

16．简述高温对植物的胁迫及植物的抗性。

17．简述植物的吐水现象、暂时萎蔫与永久萎蔫与植物体水分平衡的关系。

18．简述以水分为主导因子的植物生态类型（水生、陆生）及其特征。

19．简述植物干旱胁迫的适应方式及植物的抗旱指标。

20．简述水生植物的特征。

21．简述植物对环境的净化作用与对环境污染的监测作用。

22．植物需要施用 CO_2 肥吗？怎样施用？

23．简述风的生态作用，选择防风林树种时应注意的问题。

24．简述植物对风沙基质的适应。

25．简述以土壤中含钙多少划分的植物生态类型及钙的生态作用。

26．简述盐土、碱土对植物的危害。

27．简述以土壤酸碱性划分的植物生态类型。

28．简述以土壤盐渍化程度划分的植物生态类型（或植物在生理上对盐渍化适应）。

29．简述限制因子、Liebig 最小因子定律、Shelford 耐性定律、生态幅、驯化作用。

30．简述趋同适应、生活型、生活型谱，趋异适应、生态型。

31．生物在个体水平上是以怎样的策略适应逆境的？

主要参考文献

[1]　曲仲湘，吴玉树，王焕校，等．植物生态学[M]．北京：高等教育出版社，1983．

[2]　祝廷成，钟章成，李建东．植物生态学[M]．北京：高等教育出版社，1988．

[3]　孙儒泳，李博，诸葛阳，等．普通生态学[M]．北京：高等教育出版社，1993．

[4]　李博．普通生态学[M]．呼和浩特：内蒙古大学出版社，1993．

[5]　尚玉昌．普通生态学[M]．北京：北京大学出版社，2002．

[6]　王沙生，高荣孚，吴贯明．植物生理学[M]．北京：中国林业出版社，1991．

[7]　梅安新．遥感导论[M]．北京：高等教育出版社，2001．

[8]　杨持，李博．生态学[M]．北京：高等教育出版社，2000．

[9]　杨持．生态学实验与实习[M]．北京：高等教育出版社，2003．

[10] Chapman J L，Reiss M J．Ecology principes and application[M]．England：Cambridge University Press，1999．

[11] 高凌岩，高锦，王林和．两族群钝顶螺旋藻 *Spirulina（Arthrospra）platensis* 光强适应性[J]．干旱区资源与环境，2011，32（2）：84-89．

[12] 李景文，王义弘，赵惠勋，等．森林生态学[M]．北京：中国林业出版社，1994．

[13] 曹凑贵，严力蛟，刘黎明，等．生态学概论[M]．北京：高等教育出版社，2002．

[14] 陈世黄．植物生态学（上）[M]．呼和浩特：内蒙古农牧学院出版社，1991．

[15] 李德新．植物生态学（下）[M]．呼和浩特：内蒙古农牧学院出版社，1991．

[16] 赵可夫，冯立田．中国盐生植物资源[M]．北京：科学出版社，2001．

第三章　种群生态学

本章介绍了生物在种群水平上对其所处生境的适应方式，种群水平高于个体水平的一般特征，种群的增长模型，种内关系与种间关系。通过学习，重点掌握生物种群的生态对策、生态位与生态位法则、逻辑斯谛方程和种间竞争方程，以及最终产量衡值法则和-2/3自疏定律；了解捕食、草食、附生、寄生和共生与互惠共生的一般规律。

第一节　种群及其一般特征

一、种群的概念

种群是生态学研究的一个基本层次，种群（population）是指在一定空间和时间内同种个体的集合。这是一般的定义，表示种群是由同种个体组成的，占有一定的领域，是同种个体通过种内关系组成的一个系统或统一体。除生态学外，进化论、遗传学、分类学和生物地理学等都使用种群这个术语。为了强调不同的侧面，有的学者还在种群定义中加进诸如能相互进行杂交、具有一定结构、遗传特性等内容。有时，种群这个术语也用来表示不同种个体的集合，在这种情况下最好用混合种群一词，以便与单种种群相区别。因此生态学中的种群是指同一种生物中占据特定空间和时间的，具有潜在杂交能力的同一种生物的个体集合群。

population 这个术语从拉丁语派生，含人或人民的意思，一般译为人口。以前，有人在昆虫学中译为虫口，还有鱼口、鸟口、牲口等，后来我国生态学工作者统一译为种群。种群的理论概念是抽象的，种群本身是具体的。当具体指某种群时，如某块森林中的梅花鹿种群，则其空间上和时间上的界限，多少是随研究工作者的方便而划分的。例如，大至全世界蓝鲸种群，小至一个小水泡子里的螺旋藻种群。实验室饲养一群小家鼠或一个试管的细菌（包括是蓝细菌的螺旋藻）也可称为一个实验种群。

通常人们认为：种群是物种在自然界中存在的基本单位。在自然中，门、纲、目、科、属等分类单元是学者按物种的特征及亲缘关系来划分的，唯有种才是真实存在的，而种群则是物种在自然界中存在的基本单位。因为组成种群的个体是随着时间的推移而死亡和消失的，又不断通过新生个体的补充而持续，所以进化过程也就是种群中个体基因频率从一个世代到另一个世代的变化过程。因此，从进化论观点来看，种群是一个进化或演化单位。此外，从生态学观点来看，种群又是组成生物群落的基本单位。

种群生态学研究种群的数量变化、分布以及种群与其栖息环境中的非生物因素和其他生物种群（如捕食者与猎物、寄生物与宿主等）的相互作用与种群生态学有密切关系，种群遗传学研究种群的遗传过程等。

二、种群的一般特征

（一）种群的大小和密度

严格来说，密度（density）和数目（number）是有区别的，在生态学中应用种群数量高、低和种群大、小时，有时虽然没有指明其面积或空间单位，但也必然将之隐含其中。否则没有空间单位的数量多少也就毫无意义了。因此，有以下种群大小、密度的数量单位：

种群的大小：一个种群所包含的个体数目的多少。

种群的密度：单位面积或容积内个体数的多少。

种群粗密度：也称天然密度。指单位空间内的个体数。

种群生态密度：也称特定密度或经济密度。指单位栖息空间（即种群实际占据的空间）内的个体数。

（二）种群的性比

种群中雄性个体和雌性个体数目的比例称为种群的性比。在动物界一般是雌雄异体，而植物界大多是雌雄同株或同花，但也有很多经济植物或濒危植物是雌雄异株的。例如，沙棘是雌雄异株植物，决定产量的多少在于雌株的多少而并非雄株，然而雄株的花粉对沙棘果实有影响；因此，雄株的多少与格局也决定产量。

（三）种群的年龄结构

种群的年龄结构是指各个年龄级的个体数在种群内的分布情况。因此，种群的年龄结构也称为年龄分布或年龄组成。它是种群的一个重要特征，既影响出生率，又影响死亡率。

我们将种群的年龄分为三个期：繁殖前期年龄、繁殖期年龄和繁殖后期年龄。这三个年龄阶段的相对长短在不同的种群中变化较大。

种群中各年龄级的个体数占种群个体总数的比例，叫作年龄比例；自下而上地按年龄级由小到大的顺序将各龄级个体数或百分比用图形表示，就可得到年龄金字塔。从理论上讲，年龄金字塔通常有三种类型（图3-1）。

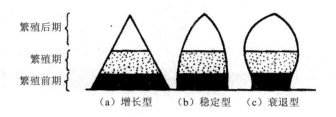

图 3-1　年龄结构

1. 增长型金字塔

具有一个宽阔的基部和狭窄的顶部，即该种群中有大量的幼年个体和少量的老年个体，反映出该种群比较年轻并且出生率远高于死亡率，因而种群数量处于增长或发展状态[图 3-1（a）]。

2. 稳定型金字塔

从基部到顶部具有缓慢变化或大体相似的年龄结构，即各个年龄个体数分布比较均匀，反映出该种群出生率与死亡率近似相等，因而种群数量处于相对稳定状态[图 3-1（b）]。

3. 衰退型金字塔

衰退型金字塔是一个基底狭窄而上部稍宽的金字塔，表明种群幼年个体少，而处于繁殖期的成年个体和繁殖后期的老年个体数量多。因此其出生率小于死亡率，种群数量趋于下降，属于衰退型种群[图 3-1（c）]。

（四）单体生物与构件生物

单体生物在统计时很好辨别，绝大多数动物是单体生物，而绝大多数植物是构件生物。单从地上的方式组成分析很难辨别，只能用基株与构件的方式来统计。基株由实生苗长成，在生理上是有联系的植物系统，为一个遗传和生理单位。也就是说属同一个基株时，为同一套遗传基因，并且整个生理代谢是相互连通的。构件指实生苗上的构件，遗传上和基株同享有一套基因，生理上和基株是紧密相连的。例如，枝、叶或出蘖生长的植物。当统计植物种群的数量时，有很多情况很难辨别单体数量，所以在统计时只好统计其基株与构件的乘积。

（五）出生率、死亡率和存活率

1. 出生率

出生率是一个广义的术语，它被用来描述任何生物种群产生新个体的能力或速率。不管这些新个体是"生产的""孵化的""出芽的""分裂的"或是其他方式出现的，都可用出生率这个术语来描述。设 ΔN 为种群新产生的个体数，Δt 为时间间隔，出生率 b 为：

$$b = \frac{\Delta N}{\Delta t} \qquad (3\text{-}1)$$

该出生率称为绝对出生率，是指单位时间内新个体增加的数目，若再除以初始种群的大小 N，即得到种群中每一个新个体的出生率。该出生率为专有出生率 B。

$$B = \frac{\Delta N}{N \cdot \Delta t} \qquad (3\text{-}2)$$

B 是指单位时间内每个个体新产生的个体数。在种群研究中，常常区分最大出生率和实际出生率。最大出生率是指种群处于理想条件（即无任何生态因素的限制作用，生殖只受生理因素所限制）下的出生率；实际出生率（生态出生率）是指在特定环境条件下种群的出生率。

2. 死亡率

死亡率可以用单位时间内的死亡个体数表示：

$$Q = \frac{D_x}{\Delta t} \qquad (3\text{-}3)$$

式中：Q —— 一定的时间（单位）间隔内死亡的个体数；

$\qquad D_x$ —— 死亡的个体总数；

$\qquad \Delta t$ —— 时间间隔。

种群在最适的环境条件下的死亡率称为最低死亡率，种群中的个体都是由于活到了生理寿命才死亡的。所谓生理寿命是指种群处于最适环境条件下的平均寿命，而不是某一特殊个体可能具有的最长寿命，它比生态寿命要长得多。种群中只有一部分个体能活到生理寿命，多数个体则由于捕食者、疾病、不良的环境条件及限制因子等原因而死亡。理论上的最低死亡率是种群的常数。实际死亡率（生态死亡率）是在特定条件下的死亡率，它随种群状况和环境条件而改变。

3. 存活率

存活率是与死亡率相联系的一个概念，用经过一定时间间隔后种群中存活的个体数 N_{x+1} 与开始时种群个体数（N_x）之比表示。它与死亡率的关系为：

$$L_x = 1 - Q \qquad (3\text{-}4)$$

式中：L_x —— 存活率；

$\qquad Q$ —— 死亡率。

（六）种群的分布格局

一个种的个体与其所在的非生物环境和生物环境的相互关系，会影响到它们的空间配置状况，这种空间的配置可称为分布格局。换言之，种群内个体的分布格局反映出环境对个体生长的影响。通常可将种群的分布格局分为以下 3 种类型：均匀型、随机型、成群型（图 3-2）。

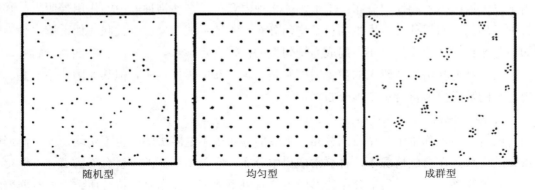

随机型　　　　　　　均匀型　　　　　　　成群型

图 3-2　种群的 3 种分布示意图

1. 随机分布

严格来说，随机分布种群内个体的随机型分布应当完全与机会相符合，或者说在空间每一点上个体出现都有等同的机会。一种接近于理想状况的随机分布可以拿雨滴下落地面来作比方，假如地面是平坦而均匀的，那么当雨滴洒落地面但尚未彼此相连而覆盖地表时，我们看到的雨滴的分布是随机型的。很明显，这种情形在自然界并不常见，但也并非没有，当一批靠种子繁殖的植物首次侵入一块裸地时，常可形成随机分布，当然要求这块裸地上的环境比较均匀。在森林中，地面上的一些无脊椎动物，特别是蜘蛛，表现为随机分布；北美洲海岸潮间带有一种蚌蛤由于海潮冲刷也呈随机分布；面粉里的杂拟谷盗、田野里的蚜虫也属此类分布。随机分布符合泊松概率级数，即样方某种个体的数目是 0、1、2、3…n 个个体数的概率为：

$$e^{-m}, m\,e^{-m}, \frac{m^2}{2!}e^{-m}, \frac{m^3}{3!}e^{-m}, \cdots, \frac{m^n}{n!}e^{-m} \qquad （3\text{-}5）$$

式中：n —— 样方数总数；

　　　m —— 每个样方某种个体的平均数；

　　　e —— 自然对数的底数。

这样可以得到一个样方出现 0、1、2、3…n 个个体的级数随机分布必须符合泊松级数，但是不能反过来说，符合泊松分布的现实数据就一定是随机分布，因为还有以下一些条件必须满足：①所有样方被生物占据的机会必须是均等的，这在自然条件下通常是不易满足的；②全部生物个体都是互相独立的，它们没有竞争，也无互利，它们的密度对于所在的整个空间来说，少到不致发生竞争和互利的影响；③个体和样方的大小可以不同，但是个体在每个样方中出现的数目都必须符合泊松级数。

2. 均匀分布

均匀分布也称规则分布，指的是种群内各个个体之间保持均匀距离分布格局。人工栽植的株行距一定的群落是比较典型的均匀分布，在自然情况下，均匀分布很少见到。有时由于以下原因可引起均匀分布：①虫害；②种内竞争，在动物种群中的作用最明显；③优势种呈均匀分布而使其伴生生物也呈均匀分布；④地形或土壤物理性状（如土壤水分）的均匀分布也可使生物的分布格局成为均匀型的；⑤自毒现象。

英吉利海峡沿岸沙滩上的瓣鳃纲樱蛤是均匀分布的最好例子，但其原因还不清楚。均匀分布的数学模型符合正二项分布。

3. 成群分布

成群分布也称集中分布或高分布，个体的分布既不是随机的，也不是均匀的，而形成密集的斑块，在自然情况下，种群常成集中分布，它是最广泛的一种分布方式。

对植物种群而言，集中分布的形成可能有以下原因：①由繁殖特性所致，如营养繁殖形成的无性系成丛生长，因种子不易移动而使幼树集中在母树周围等；②微域差异，由于微域地形存在差异，植物适于在某一小区域生长，而不适于在另外的区域生长；③天然障碍，在种子或其他繁殖体散布过程中遇到障碍使大量种子集中在一处，而其他地方却很少或完全没有；④动物及人为活动影响，如啮齿动物的啮食、有蹄类的践踏、人为破坏等都可造成种群的斑块状分布。

4. 检验分布型的数学方法

最常用而简便的检验分布型方法是：方差与平均数的比率法，即 S^2/m。如果把种群均匀分布的图分成许多小格子（方格），那么每方格中的点数个体数应该是相等的，对此进行取样和统计分析。因为各方格个体数相等，所以，标准差等于零，即 S^2/m 等于 0。假如种群是随机的，则含 0、1、2…n 的个体数的样方，其出现概率将符合泊松分布序列，则 $S^2/m=1$。如果是成群分布，含很少个体数（包括零个体在内），或含很多个体数的样方出现的概率将比泊松分布的期望值高，因此，S^2/m 必然明显大于 1。即：$S^2/m=0$ 为均匀分布；$S^2/m=1$ 为随机分布；$S^2/m>1$ 为成群分布。

假设取 n 个样方，X 为各个样方实际的个体数，如果 m 表示每个样方个体平均数，则 S^2（方差）可用式（3-6）表示。

$$S^2 = \sum \frac{(X-m)^2}{n-1} \tag{3-6}$$

（七）种群的迁入、迁出和迁移、迁徙

迁入（immigration）：种群中有些个体外部单方向的进入。

迁出（emigration）：种群中有些个体分离出去而不再归来的单方向的移除。

迁移（migration）：周期性的离开和返回称为迁移。迁移用于鱼类也叫洄游，用于鸟类和兽类也叫迁徙。迁移时动物往往集群行动，经过相同的路线，在一定时间到达一定地点。这类动物包括某些无脊椎动物如东亚飞蝗、蝴蝶，爬行类如海龟等，哺乳类如蝙蝠、鲸、海豹、鹿等。

动物的迁徙都是周期性的、定向的，而且大多集中成群地进行，也多发生在南北半球之间，极少数在东西方向之间。

（八）生命表

生命表是一种有用的工具，简单的生命表只根据各年龄组的存活或死亡数据编制，综合的生命表还包括出生数据，从而估计种群的动态。

1. **生命表的基本概念**

生命表是最清楚、最直接地展示种群死亡和存活过程的一览表，它是生态学家研究种群动态的有力工具。生命表最先应用在人口统计学（human demography）上，特别是人寿保险事业上。人口生命表着重于人体寿命的概率统计，即估计人口的生命期望（life expectancy）。因为人口的保险费取决于人口的生命期望，人寿保险公司便在生命表的生命期望（用 e_x 表示）一项中，列出那些进入某个年龄组的保险者的平均余生（指该年龄组的人平均还能活多少年），这样便能算出参加保险人的保险费用。

人口生命表是假定有同时出生的一代人（一般以 1 万人或 10 万人为基数），按照某一人群的年龄组死亡率或根据其他相关因素而确定的死亡概率先后死去，直到死完为止，从而表现出这一代人的完整生命过程。生命表不是等到这一群人全部死完之后再编制，而是假定这一群人尚活着时，按照数学理论，根据各年龄组的死亡率水平来分别测定各年龄的死亡人数和存活人数，并计算其平均生命期望，最后编制成生命表。例如，根据人口抽样调查资料，我国编制了 1978 年的人口生命表，表中我国人口的平均生命期望为 68.28 岁。它表明：1978 年出生的人，如果按照 1978 年的死亡概率陆续死去，那么平均每个人可以活 68.28 岁。但是，平均生命期望将会随着社会经济条件的改变而改变。

生命表对研究人口现象和人口的生命过程有极其重要的意义。①生命表回答了今后要出生的一代人，按照现有的社会经济、科学技术、环境与卫生条件，预期平均每人可以活多大年龄，同时还可以回答你现在是多少岁，还能活多少岁或能够活到多少岁；②生命表为考察人口再生产状况、计算人口再生产率和平均世代年数，以及为预测未来人口数量变动、组成和制定长期人口规划等提供可靠的数据；③生命表可综合反映不同地区、不同国家和不同时代的社会生活条件对人口寿命的影响。因此，生命表可为规划人口就业、社会福利、文化教育和医疗卫生事业的发展方案等提供人口过程的重要资料。

应用生命表来研究人口过程的生命现象，在世界上已有 100 多年的历史，我国第一个简易的人口生命表是 1931 年由袁贻瑾编制的。1947 年，Deevey 最早把人口生命表的概念和方法用在动物生态学的研究中。1954 年，Moms 和 Miller 等把生命表技术应用于研究昆虫的自然种群；此后，昆虫生命表便迅速发展成为研究害虫种群数量的一个重要手段。昆虫生命表对个体的生命期望并不特别感兴趣，它主要是系统地记录在自然条件下或实验室条件下，昆虫种群在整个生活周期中各个年龄或发育阶段的死亡数量、死亡原因和生殖力，由此可以明确不同致死因子对昆虫种群数量变动所起作用的大小，从而找出关键因子，并根据死亡和出生的数据估计下一世代种群消长的趋势。

我国在种群生命表的研究上起步较晚但发展较快,并已取得了一定成绩,现已应用于害虫的数量测报、评价各种防治措施对控制害虫的作用以及害虫的科学管理上。

2. 生命表的一般构成

生命表是由许多行和列构成的表,第一列通常是表示年龄、年龄组或发育阶段(如卵、幼虫和蛹等),从低龄到高龄自上而下排列。其他各列分别记录着种群死亡或存活情况的观察数据或统计数据。生命表的记录一般是从 1 000 个同时出生或同时孵化的同龄个体(即一个同龄群)开始,但也并不总是如此。表 3-1 是以一个假设的生命表来说明生命表的一般构成及各种符号的含义。

表 3-1   生命表模式

x	n_x	d_x	l_x	q_x	L_x	T_x	e_x
1	1 000	550	1.0	0.550	725	1 210	1.21
2	450	250	0.45	0.556	325	485	1.08
3	200	150	0.20	0.750	125	160	0.80
4	50	40	0.05	0.800	30	35	0.70
5	10	10	0.01	1.000	5	5	0.50
6	0		0.00				

表 3-1 中各种符号的含义及计算方法如下:

x:年龄、年龄组或发育阶段。

n_x:本年龄组开始时的存活个体数。

d_x:本年龄组的死亡个体数,或从年龄 x 到年龄 $x+1$ 期间的死亡个体数。

l_x:在年龄组开始时存活个体的百分数,其值等于 n_x/n_1。

q_x:本年龄组的死亡率或从年龄 x 到 $x+$期间的死亡率,其值等于 d_x/n_x。

例如:$q_3 = \dfrac{d_3}{n_3} = \dfrac{150}{200} = 0.75$

L_x:本年龄组的平均生活个体数或本年龄组的个体平均寿命和,其值为 $L_x = (n_x + n_{x+1}) \div 2$。

T_x:种群全部个体的平均寿命和,其值等于将生命表中的各个 L_x 值自下而上累加所得的值,如 $T_x = \sum_{x}^{\infty} L_x$。

e_x:本年龄组开始时存活个体的平均生命期望,其值为 T_x/n_x。

例如:$e_1 = \dfrac{T_1}{n_1} = \dfrac{1210}{1000} = 1.21$

在生命表的各个参数中,只有 n_x 和 T_x 是直接观测值,其余(q_x、L_x、T_x 和 e_x 等)都是统计值。

3. 静态（特定时间）生命表与动态（同生群）生命表

特定时间生命表（time-specific life table）又称静态生命表（static life table）。根据某一特定时间对种群做年龄结构调查资料而编制。可列为表格的形式也可作为曲线或图的形式，如 1982 年河北省人口的年龄结构图就是静态生命表（图 3-3）。

根据同年出生的所有个体存活数目进行动态监察资料而编制的生命表为同生群生命表或称动态生命表。

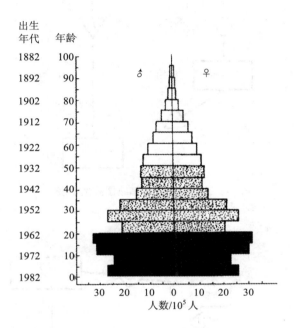

图 3-3　1982 年河北省人口的年龄结构

4. 图解生命表

图 3-4 是一个理想的高等植物图解生命表，图中的长方形框分别代表各发育阶段（种子、实生苗和成株）的起始数量。在 $t+1$ 时刻的成年植株（或 N_{t+1}）有两个来源，一个是来自 t 时刻存活数，存活率用 p 来代表。另一个来源是出生，出生包括种子的生产、种子的萌发和实生苗的存活等过程。每株植物平均生产的种子数（即种群的平均生育力）用 F 代表，在菱形框图内。因此，种子的总产量是 $N_t \times F$。种子的平均萌发率用 g 来代表，放入三角形框图内。因此实生苗的数量就等于 $N_t \times g \times F$。最后一个过程是实生苗发育成为独立进行光合作用的成年植株，其存活率用 e 来代表，所以种群的出生总数就等于 $N_t \times g \times F \times e$。可见种群在 $t+1$ 时刻的数量为 $(N_t \times g \times F \times e) + (N_t \times p)$。表达方程式为：$N_{t+1} = (N_t \times g \times F \times e) + (N_t \times p)$。

以上方程式为理想条件时的表达，没有将迁入和迁出计算在内；此外该方程式所使用的出生概念实际上是本来意义上的出生与出生后存活率乘积。同理，可以用图解和方程式表达其他种类生物的生命表（图 3-5）。

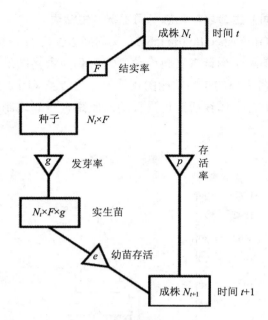

图 3-4　高等植物图解生命表

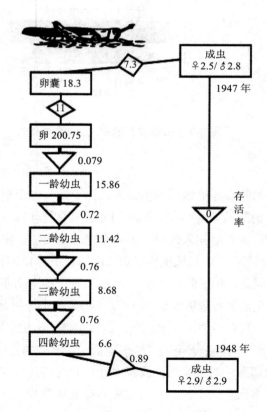

图 3-5　邹蝗的图解生命表

5. 存活曲线

为了使我们对种群的死亡过程有一个更直观的了解，还可以绘制曲线。存活曲线就是以时间间隔为横坐标，以相应的存活个体数或存活率为纵坐标，在平面内的生命表及存活的曲线。把生命表和存活曲线最初导入生态学领域的是 Pearl 和 Oering（1923），但是 Decvy（1947）的存活曲线为多数生态学教科书所采用。Decvy 把存活曲线分为 3 种基本类型（图3-6）。

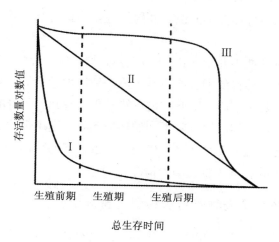

图 3-6 存活曲线

Ⅰ型：凹型的存活曲线，表示幼体的死亡率很高，以后的死亡率低而稳定。牡蛎或其他甲壳类就属于这一类型。它们在自由游泳的幼虫期死亡率很高，一旦在合适的基底上固定下来，其生命期望就明显地提高。另外，鱼类、两栖类、海产无脊椎动物和寄生虫也属这种类型。

Ⅱ型：呈对角线的存活曲线，即种群下降的速率从开始到生命后期都是相等的，表明种群在各个年龄期的死亡率是相等的，例如水螅、小型哺乳动物、许多种鸟的成年阶段和某些多年生植物（毛茛属）等接近Ⅱ型曲线。

Ⅲ型：凸型的存活曲线，表示种群在接近生理寿命之前，死亡率一直很低，直到生命末期死亡率才升高，许多大型动物包括人类在内的存活曲线属于或接近这种类型。

需要指出的是，真正典型的Ⅱ型曲线，即对角型曲线在自然界是不多的，但有类似的情况。在自然界中大多数Ⅱ型的生物表现为阶梯型曲线，它表示在年幼期具有较高的死亡率，但到成年期死亡率降低，直到达到稳定的状态。如完全变态的昆虫在其每一次变态的时期存活率急剧下降，当变态结束存活率又很高，这说明它们的生活史存在若干非常危险的时期。因此，大多数Ⅱ型的生物只是接近对角型曲线，而并非是典型的对角型曲线。

第二节　种群增长模型

一、与密度无关的种群增长模型

出生率、死亡率、年龄结构和性比等是种群统计学的重要特征，它们决定着种群的动态。但是每一个单独的特征都不能说明种群的整体动态问题。现在讨论一下种群整体在理想条件下的动态。

自然界的环境条件在不断地变化，不可能对种群始终有利，而是在两个极端情况之间波动。当条件有利时，种群的增长能力是正值，种群数量增加；当条件不利时，种群的增长能力是负值，种群数量下降。因此，在自然界我们看到的种群的实际增长率是不断变化的。但在实验条件下，我们能够排除不利的环境条件，提供理想的食物条件，排除捕食者或疾病的威胁，因此，这是一种在"不受限制"条件下的种群增长，其种群增长也是最大的。可分为世代不重叠和世代重叠两种情况。

（一）各世代不相重叠种群增长模型（离散增长）

假定：①各世代不重叠；②增长无边界；③没有迁入与迁出；④不具年龄结构。最简单的单种种群的数学模型，通常是把世代 $t+1$ 的种群数量 N_{t+1} 与世代 t 的种群数量 N_t 联系起来的差分方程：

$$N_{t+1} = N_t \cdot \lambda \tag{3-7}$$

或
$$N_t = N_0 \cdot \lambda^t \tag{3-8}$$

式中：N—— 种群大小；

$\quad t$—— 时间；

$\quad \lambda$—— 种群的周限增长率，即单位时间里种群的增长倍数。

例如，一年生植物（即世代间隔为一年）种群，开始时有 10 个个体，到第二年成为 200 个，那就是说，$N_0 = 10$，$N_1 = 200$，即一年增长 20 倍。下面以 λ 代表种群两个世代的比率：

$$\lambda = \frac{N_1}{N_0} = 20$$

如果种群在无限环境下以这个速率年复一年地增长，即：

$$N_0 = 10$$
$$N_1 = N_0 \cdot \lambda = 10 \times 20^1 = 200$$
$$N_2 = N_1 \cdot \lambda = 10 \times 20^2 = 4\,000$$

$$N_3 = N_2 \cdot \lambda = 10 \times 20^3 = 80\ 000$$

······

则 $$N_{t+1} = N_t \cdot \lambda$$

或 $$N_t = N_0 \cdot \lambda^t$$

将方程式 $N_t = N_0 \cdot \lambda^t$ 两侧取常用对数，即：

$$\lg N_t = \lg N_0 + t \lg \lambda \tag{3-9}$$

它具有直线方程式 $y = a + bx$ 的形式。因此，以 $\lg N_t$ 对 t 作图，就能得到一条直线，其中 $\lg N_0$ 是截距，$\lg \lambda$ 是斜率。λ 是种群离散增长模型中的重要参数，其大小决定种群的增长。

$\lambda > 1$，种群上升。

$\lambda = 1$，种群稳定。

$0 < \lambda < 1$，种群下降。

$\lambda = 0$，雌体没有繁殖，种群在一代中灭亡。

（二）世代重叠种群增长模型（连续增长）

在世代重叠的情况下，种群以连续的方式变化，这种系统的动态研究，涉及微分方程。把种群变化率 $\mathrm{d}N/\mathrm{d}t$ 与任何时间的种群大小 N_t 联系起来。最简单的情况是有一恒定的每员增长率 r，它与密度无关，即在理想条件下的内禀增长率或瞬时增长率。则：

$$\frac{\mathrm{d}N}{\mathrm{d}t} = rN \tag{3-10}$$

将以上微分方程转为积分形式：

$$N_t = N_0 \cdot \mathrm{e}^{rt} \tag{3-11}$$

式中：r —— 每员恒定瞬时增长率；

N_0 —— 初始种群大小。

例如，初始种群 $N_0 = 100$，r 为 0.5/（♀·年），则以后的种群数量为：

t（年限）	N_t
0	100
1	$100 \cdot \mathrm{e}^{0.5} = 165$
2	$100 \cdot \mathrm{e}^{1.0} = 272$
3	$100 \cdot \mathrm{e}^{1.5} = 448$

······

以种群大小 N_t 对时间 t 作图，说明种群增长线呈"J"字形，但如以 $\lg N_t$ 对 t 作图，则变为直线（图3-7）。

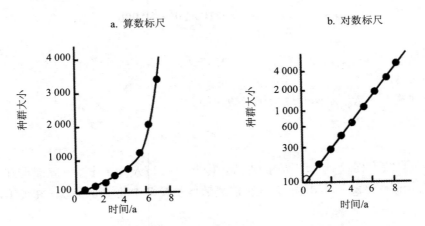

a. 算数标尺　　　　　　　b. 对数标尺

图 3-7　种群增长示意图（假定 N_0 =100，r = 0.5）

r 是一种瞬时增长率（instantaneous rate of increase），很像复利增长过程。

$r>0$，种群上升。

$r=0$，种群稳定。

$r<0$，种群下降。

（三）瞬时增长率（r）与周限增长率（λ）的关系

周限增长率具有开始和结束时间，它表示种群大小在开始和结束时的比率，好像存款数和一年后的本利之比。当把周限从一年、一个月、一日……逐步缩小到最小一瞬间时，那么本利将连续不间断地增长，周限增长率就转化为瞬间增长率。λ 与 r 可以相互转换，其关系式如下：

$$r = \ln \lambda \tag{3-12}$$

或
$$\lambda = e^{r} \tag{3-13}$$

证明：
$$\because N_t = N_0 \cdot e^{rt}$$

即
$$\frac{N_t}{N_0} = e^{rt}$$

又
$$\because \lambda = \frac{N_1}{N_0}$$

如果
$$t = 1$$

则：
$$\lambda = \frac{N_t}{N_0} = \frac{N_1}{N_0} = e^{rt} = e^{r \cdot 1}$$

或
$$r = \ln \lambda$$

（四）指数增长的实例和应用

r 值能表示物种潜在的增殖能力。例如，温箱中培养细菌，如果从一个菌开始，通过分裂为 2、4、8、16⋯在短期中能表示出指数增长，许多具简单生活史的动物在实验培养中也有类似指数增长。在自然界中一些一年生昆虫，甚至某些小啮齿类，在春季优良条件下，其数量也会呈指数增长。值得一提的是 16 世纪以来，世界人口表现为指数增长，所以一些学者称之为人口爆炸。种群一旦被证实为指数增长，则模型就有很大的应用价值。

1. 根据模型求人口增长率

1949 年我国人口为 5.4 亿，1978 年为 9.5 亿，求 29 年来人口增长率。

解：
$$\because N_t = N_0 \, \mathrm{e}^{rt}$$

则
$$r = \frac{\ln N_t - \ln N_0}{t}$$

$$r = \frac{\ln 9.5 - \ln 5.4}{1978 - 1949} = 0.019\,5 \ （人/a）$$

表示我国人口自然增长率为 19.5‰，即平均每 1 000 人每年增加 19.5 人。再求周限增长率 λ：$\lambda = \mathrm{e}^r = 1.019\,6$（人/a），即每年的人口是前一年的 1.096 倍。

2. 用指数增长模型进行预测

人口预测中，常用人口加倍时间的概念。

$$\because N_t = N_0 \, \mathrm{e}^{rt}$$

$$\frac{N_t}{N_0} = \mathrm{e}^{rt}$$

所谓人口加倍，即 $\dfrac{N_t}{N_0} = 2$

$$\therefore 2 = \mathrm{e}^{rt}$$

$$\ln 2 = rt$$

$$\therefore t = \frac{\ln 2}{r} = \frac{0.693\,1}{r} = \frac{0.693\,1}{0.019\,5} \approx 35 年$$

如上例，中华人民共和国成立后中国人口加倍时间约为 35 年。

二、与密度有关的种群增长

（一）连续增长模型（逻辑增长模型）

具密度效应的种群连续增长模型比无密度效应的模型增加了两点新的考虑：①有一个环境容纳量（通常以 K 表示），当 $N_t = K$ 时，种群为零增长，即 $\mathrm{d}N/\mathrm{d}t = 0$；②增长率随密度上升而降低的变化，也是按比例的。最简单的是每增加一个个体，就产生 $1/K$ 的抑制影响。例如，$K = 100$，每增加一个个体，产生 0.01 影响，或者说，每一个个体利用了 $1/K$ 的"空间"，N 个个体利用了 N/K 的"空间"，而可供种群继续增长的"剩余空间"的大小为 $(1-N/K)$。按此两点假定，种群增长将不再是"J"字形而是"S"形。"S"形曲线同样有两个特点：①曲线渐近于 K 值，即平衡密度；②曲线上升是平滑的。

产生"S"形曲线的最简单数学模型是在前述指数增长方程（$dN/dt=rN$）上增加一个新的项 $(1-N/K)$，得：

$$\frac{dN}{dt} = rN\left(1 - \frac{N}{K}\right) = rN\left(\frac{K-N}{K}\right) \tag{3-14}$$

式中：N —— 种群个体数目；

　　　r —— 瞬间增长率；

　　　K —— 环境容纳量。

1838 年，比利时的 Verhurst 最先描述了这种增长曲线，称为逻辑斯谛曲线，并建立了它的数学模型，称为逻辑斯谛方程。但是他的论文一度被遗忘，直到 1920 年，美国的社会学家 Pearl 和 Reed 在研究美国人口的时候得到了与 Verhurst 所提到过的相同的公式，Verhurst 的论文才被重新介绍出来。因此，逻辑斯谛方程也称为 Verhurst-Pearl 逻辑斯谛模型。从这个方程很容易看出：

①当 $N=0$ 时，$(K-N)/K$ 趋近于 1，种群潜在增长率 r 能充分地实现。也就是说，种群的数量愈小，它实现其瞬时增长率的可能性愈大。

②当 $N \to K$ 时，$(K-N)/K$ 趋近于 0，种群潜在增长率 r 的实现程度逐渐降低，特别是当 $N=K$ 时，$(K-N)=0$，表明潜在增长率 r 完全不能实现，种群停止增长。也就是说，随着种群数量的增加，由 rN 所代表的种群最大增长率的可实现程度逐渐变小，这样一来，逻辑斯谛方程可以用下述语言来描述。

种群增长率 = [种群可能有的最大增长率] × [最大增长的实现程度]

在种群增长的最初期，逻辑斯谛曲线与指数增长曲线没有多大区别，向曲线中段接近时就逐渐分开，如进一步上升，两条曲线就越离越远，当到达种群的上限时，修正项 $(K-N)/K$ 趋近于 0，种群就停止增长。

由微分方程：$\dfrac{dN}{dt} = rN\left(\dfrac{K-N}{K}\right)$

求解可得：

$$N_t = \frac{K}{1 + e^{\alpha - rt}} \tag{3-15}$$

其中新参数 α 取决于 N_0 和 K：

$$\alpha = \frac{\ln(K - N_0)}{N_0} \tag{3-16}$$

逻辑斯谛曲线是一条向环境容纳量 K（或叫上渐近线）逼近的"S"形增长曲线，图

3-8 的阴影部分表示逻辑增长与指数增长的差距。高斯（Gause，1934）称这个差距为环境阻力。

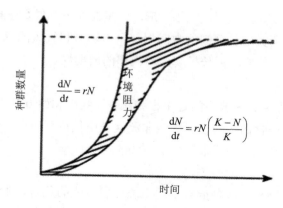

图 3-8　逻辑斯谛曲线

（二）逻辑斯谛曲线的性质

①当 $N_0 > K$ 时，环境阻力 $C=[（K-N_0）/N_0]<0$，种群数量曲线随时间变量的增加而递减。当 $N_0 < K$ 时，$C>0$ 曲线递增。

②当 t 趋近于 ∞，$N（t）$ 以 K 为极限，即 $N=K$ 为 Logistic 曲线的渐近线。$N=K$ 表示随着时间的增加，种群逐渐接近一个无振荡的稳定值 K，K 表示环境对种群的最大负荷量，我们称为大小为 K 的种群为饱和种群。

③曲线只在 $t \to 0$，$N_t \to N_0$。

④当 $N_0 < K/2$ 或 $N_0 > K$ 时，曲线是凹的，当 $0 < N < K/2$ 时，种群的增长速度愈来愈大，为种群的正加速期；当 $N > K$ 时，种群数量逐渐减少，但减少的速度愈来愈慢最终种群逐渐接近一个无振荡的稳定值 K。

$K/2 < N < K$ 时，曲线是凸的，这时虽然种群仍在增加，但增加的速度愈来愈慢，是种群负加速期，当 $N=K/2$ 时，曲线呈现拐点，种群的增加速度在这一点达到最大，为 $rK/4$。

⑤正加速期时间的长度，假设 $N_0 < K/2$ 时，所谓正加速期时间的长度是指种群从 N_0 增加到 $N=K/2$ 所需时间的长度，令 $N（t）= K/2$ 推得：

$$t_1 = \frac{1}{r} \ln \frac{K - N_0}{N_0} = \ln \sqrt[r]{K - N_0 \big/ N_0} \tag{3-17}$$

这就是正加速期的长度。负加速期的长度是无限的，起点是 t_1。

三、自然种群的数量变动

在现实的自然种群中其数量的变动是每年或每个时刻自然环境和气候条件、种群的密度和种群的迁入和迁出等因子的制约。

（一）自然种群的消长

开始呈现"J"形，之后就趋向于"S"形，但是曲线不会像数学模型所预测的那样光滑和典型，通常表现为两类增长之间的中间型。由于季节和气候的变化，数学公式中的 k 和 r 值也都在变动，所以种群的消长呈现出较规律的周期性。

1. 种群大爆发

r 值较高的种群易发生，最典型的是虫害和鼠害。我国和西方的古籍中都有记载，"蝗飞蔽天，人马不能行……食田禾一空"等。非洲就是现代也有出现，索马里 1957 年的一次蝗虫大爆发，约 $1.6×10^{10}$ 只，总重量可达 50 000 多 t。

2. 生态入侵

顾名思义就是外来物种形成种群对本地生态环境造成的危害，即造成本地区的生物多样性下降、削弱或丧失。生态入侵的关键是：①外来种群是在人类作为媒介而发生的，即人类有意识或无意识地将外来植物带入其从未分布的地区（本地区）；②倘若外来种群定居成功，本地区适于其生存和繁衍，又没有天敌，其种群数量便不断增长，分布区也不断扩大，侵占了本地生物的生存空间和资源，加速本地生物种群的灭绝，使本地区的生物多样性不断下降，这样就严重地破坏了本地区生态系统的稳定性。

对于生态入侵种的防治一般从两个方面进行：①人工去除，虽然费工但是该方法是最根本的方法。②物理防治，是设计专门的机器。③化学防治，虽然省工但是该方法有化学药物的遗留问题。④生物防治，是最常用的方法。例如，对于仙人掌在澳大利亚的生态入侵是使用了其产地的天敌——毛虫。⑤生态位替代，其核心是根据群落演替本身的规律，使用有生态和经济价值的本地种群替代外来种群，其本质还是生物防治的范畴。⑥综合防治，物理、化学、生物、生态和人工的方法综合起来防治。

生态入侵通常和本地人的生活习惯、生活方式、经济水平、文化水平和宗教信仰等本地人的特征相关。例如，阳澄湖的大闸蟹种群在其本土上种群急剧下降，但是在欧洲的莱茵河上造成了生态入侵，究其原因，欧洲人不食用大闸蟹，华裔人群少，消费不完。

赤潮是另一种类型的生态入侵，发生赤潮的藻类通常人类都不能食用，一般的动物也不能食用，反之亦然，如果能够被食用一般就形不成赤潮。螺旋藻一般不在赤潮的范围内，因为所有的动物都食用，所以螺旋藻一般构不成生态入侵。当然，螺旋藻可以被人类放入人工环境养殖，这与生态入侵就不相关了。

3. 种群平衡和稳定

种群较长期地维持在大致相当的数量时可视为种群平衡。因为绝对的"平衡"是小概率事件或不存在，相对的平衡是一瞬间的（关于生态平衡的内容在第四章详细讲解），在专业的生态学中一般使用"稳定"这个词汇。大型的有蹄类或者"k-对策者"能够保持种群的稳定性，"k-对策者"是其生境的维护者。

4. 种群的灭绝是一个自然过程

一方面是由于种群所适应的生境不复存在，另一方面种群的数量太小和 r 值太低，造成种群的数量不断地下降直至灭绝。现代种群的灭绝速度加快的主要原因是人类活动所带来的影响，即世界人口不断增加，人类生存占据了无数生物种群的生境从而导致许多生物种群加速灭绝，此外，还有人类对生物种群（动物如蓝鲸、海豚，植物如发菜）直接的掠夺式的开发和利用。关于种群灭绝和濒危的原因在第四章详细讲解。

（二）种群的最大可持续收获量

几千年来，人类一直在有意无意地对野生动植物种群进行着开发和利用。有些种群能够承受和消除人类开发利用所造成的影响，有些种群则不能，结果常使种群数量急剧减少，甚至处于灭绝的边缘。直到 18 世纪后期，人类还没有做出任何努力对正在利用的种群进行科学管理，以确保其产量的持续和稳定。那时，鱼的收获量有很大波动，而这种波动是与商业利益的波动相平行的。于是展开了一场捕鱼活动对渔业影响的大辩论，有人认为，捕鱼对鱼类的繁殖没有影响，另一些人则认为有影响。后来，丹麦鱼类学家 C. D. J. Petersen 提出了标志重捕技术用于估计种群大小，在此之前还没有生物学家能够知道鱼类资源的储量到底有多大。标志重捕技术同时可用于鱼类年龄构成和鱼卵的调查。所有这些研究都表明，过量捕鱼的确对渔业的持续发展极为不利。

第一次世界大战给这个问题找到了一个现实的答案，因为在第一次世界大战期间，北海的捕鱼业完全中止了，战争结束后，渔民的渔获量得到了稳定增长。鱼类学家认为，当战争期间累积下来的经济鱼储量一旦被捞完，资源鱼种群的大小和捕捞量就会保持稳定。至于资源鱼种群能保持多大规模则取决于捕鱼的规模和捕鱼量。1931 年，E. S. Russell 曾提出过一个鱼产量模型，即：

$$S_2 = S_1 + (A + G) - (M + C) \qquad (3\text{-}18)$$

式中：S_2 —— 捕捞前的种群数量；

$\quad S_1$ —— 捕捞后的种群数量；

$\quad A$ —— 可供捕捞的鱼重量；

$\quad G$ —— 在已捕鱼中这些鱼和其他鱼的生长量；

$\quad M$ —— 死亡量和减重；

$\quad C$ —— 捕捞鱼量。

如果（$A+G$）能保持与（$M+C$）相等，那么经济鱼的种群就会保持稳定。

如果收获量能保持长期稳定而又不会使种群数量下降，那么这一收获量就被称为持续产量（sustained yield），也就是单位时间的收获量等于单位时间的生产量。在一个基本未受干扰的稳定环境中，构成种群的主要是大龄个体，当人们利用这一种群时，这些个体往往最早被收获，为了补偿，种群就会提高生长率、降低性成熟年龄、增加生殖投入和减少低龄小个体的死亡率。随着可收获量的逐渐减少，人们就会强行增加收获量，当生物资源受到过度利用的时候，种群年龄结构就会变成以幼小个体为主，会使种群因无法繁殖而崩溃。在这种情况下，该物种的生态位就会被尚未被利用的有较强竞争力的物种所取代或是被引入的外来物种所取代。

就持续产量来说，利用率显然取决于种群增长率 r。持续产量并不意味着要使种群维持在环境容纳量（K）的水平上，在这个水平上 $dN/dt=0$。通过提高种群的 r 值，就可以从一个在未收获状态下的稳定种群中取得持续产量。具体方法之一是通过增加资源供应提高环境容纳量。另一个常用的方法是不断地从种群中取出一些个体使种群密度稳定在环境容纳量以下某个水平上。在一定限度内，在环境容纳量以下的种群密度越低，种群的增长率就越高。应使收获量等于种群的增长量，以便使种群能稳定在较低的密度水平上。

就某一特定的种群来说，持续产量并不是一个固定不变的值，它依不同的种群水平和不同的管理技术可以有很多值。如果取得比持续产量更大的产量就会造成种群数量的下降，那么这个持续产量就是最大持续产量（MSY）。最大持续产量意味着除了补偿收获量外，要把全部多余的生产量拿走。收获应使种群数量减少到这样的一个水平，使余下的部分在下一个收获期之前刚好补偿种群所受到的损失。

除了最大持续产量之外，还有最适持续产量（OSY），它比 MSY 更复杂，因为它既考虑生物因素又考虑社会因素，它比 MSY 要谨慎保守得多，它所获取的产量总是比 MSY 少，而且不一定非按种群的特性比例拿走。但是政治和社会压力往往会将"最适"量提高。

通常种群增长率越高，收获率也就越高。对 r-对策的物种来说，生殖力虽然很强，但非密度制约死亡率也高，主要是受温度和营养供应等环境变量的影响。对这类物种的管理目标是减少这方面的浪费，方法是把将会发生自然死亡的全部个体拿走。

这样的种群往往是很难管理的，除非不断地进行繁殖，否则储备个体就会被耗尽，沙瑙鱼（*Sardinops sagax*）就是一个实例。20 世纪 40 年代和 50 年代对沙瑙鱼的捕捞曾使沙瑙鱼种群的年龄结构向低龄组倾斜。在捕捞前 77% 的生殖由前 5 龄个体完成，而在捕捞后 77% 的生殖分布在 1～2 龄的个体中。对于靠密度制约因素调节种群数量的 k-对策物种来说，最大收获率将取决于种群的年龄结构、收获频度、收获后留下的个体数量以及生育力和环境的波动等，同时也取决于所利用的种群密度和为把种群稳定在该密度水平所需要的收获率。

持续产量的概念也可应用于体育狩猎运动。争夺竞争（contest competition）和密度制约调节大多数狩猎动物的特征。野生动物管理者认为，通过有计划地狩猎所拿走的动物实际上取代了动物的自然死亡率。如果不进行过度狩猎，对动物种群是无害的，否则动物也会死于疾病和天敌等，因此，狩猎能降低这方面的死亡率。假定种群是稳定的，把种群每年所出生的年轻个体按一定比例拿走，那么就可以维持持续产量。对某些物种来说（如某些水鸟），被狩猎的个体常常被算作是种群的自然死亡率。

有几个原则可以应用于种群的开发和利用。为了能得到可以收获的过剩产量，首先必须使种群数量降低到稳定密度以下。对于种群稳定密度以下的每一种密度，都会有一个相应的过剩产量。对于某一特定的持续产量来说，都可以从种群的两个密度水平上获得，但最大持续产量只能是在其中的一个密度水平上。如果所猎取的个体数量超过了最大持续产量，种群密度会下降，直到灭绝。如果每年所猎取的动物数量总是占种群生物量的一定百分数，那么种群数量也会下降，但下降到一定密度就会稳定下来，此密度刚好能与收获率保持平衡。

目前有几种方法正在用于种群管理，其中一种方法叫固定限额（fixed quota），即按最大持产量的估算值，在每个收获期都从种群中拿走一定比例的个体，收获量应当与种群的再生量相等，这一方法最常在渔业中使用。尽管有环境改变的原因，但过度捕捞仍然是造成沙瑙鱼等种群走向衰退的主要原因。

第二种方法是渔猎管制，常用于规定体育狩猎和垂钓的季节。通过限制狩猎人数、狩猎期的长短和猎物袋的大小而控制被狩猎动物的数量。规定用小的猎物袋、缩短狩猎期或禁猎等措施有利于减少猎杀量，使猎物种群得以恢复。当然，采取相反的措施就会增加猎杀量，这种方法比固定限额更为有效。

第三种方法是动态库模型（dynamic pool model），该模型假定种群的自然死亡是发生在生命的早期阶段，因此捕捞死亡不能算作是自然死亡。实际上，动态库模型是靠选用适当的捕捞工具控制捕鱼死亡率，如选择具有一定大小网眼的渔网捕鱼，以便有目标地捕捉一定大小的鱼。动态库模型的缺点是不能精确地估算种群的自然死亡率。

上述三种方法的共同缺陷是忽视了种群利用中的一个最重要因素，即经济学因素。人们一旦开始了对种群的商业利用，对种群的捕获压力就会增加。任何降低利用率的努力都会遇到极大的阻力。人们普遍认为降低利用率就意味着失业和破产，因此只能增加利用强度。其实这种观点是短视的，因为资源的过度利用是难以持续下去的。过度利用资源迟早会把人们赖以生存的自然资源完全耗尽。只有在比较低的经济学和生物学规模上对自然资源实行保护性利用，才能保证自然资源的持续利用。

此外，利用逻辑斯谛方程可计算种群的最大可持续收获量。通过 $\dfrac{\mathrm{d}N}{\mathrm{d}t} = rN\left(\dfrac{K-N}{K}\right)$ 推算，当 $N = \dfrac{K}{2}$ 时，种群的增加速度最大，为 $\dfrac{1}{4}rK$。因此，$\dfrac{1}{4}rK$ 为种群的理论上的最大可持续收获量。

第三节　种群的进化与选择

生物从简单到复杂、从低级到高级、从水生到陆生的进化过程中，都经历了出生、生长、分化、繁殖、衰老和死亡的过程，而这个过程是生物的生活史。

一、生物的生活史

1. 生活史（Life history）

一个生物从出生到死亡所经历的全部过程，也称为生活周期（Life cycle）。

2. 生物的生长和发育

在生物的生活史中，生物所经历的从小到大的过程为生长。生长（growth）有两层含义：一种为生物物质的增加，另一种为生物细胞数量的增加。发育是指生物体的结构从简单到复杂，从幼体开始形成一个与亲代相似的性成熟的个体，这个总的转变过程为发育。

3. 繁殖

有机体生产与自己相似后代的现象称为繁殖。繁殖与生殖不同，繁殖是生物形成新个体的所有方式的总称，包括营养繁殖、孢子繁殖和有性生殖。

营养繁殖：从植物营养的一部分生长发育成为一个新个体的繁殖方式。

孢子生殖：生殖细胞不经过有性过程而直接发育成新个体的繁殖方式。

有性生殖：生殖细胞室经过有性过程而形成合子发育后形成新个体的繁殖方式。

二、繁殖成效

生物的繁殖是消耗能量和资源的，对有限的能量与资源的协调和有效的利用的繁殖方式才能保证其对环境的适应和以利于其生存和发展。因此繁殖成效被提高到了生物的生活史对策的高度。

1. 繁殖成效（reproductive effort）

繁殖成效是个体现时的繁殖输出与未来的繁殖输出的总称。繁殖成效是物种固有的遗传特性，当然环境对其有生态可塑性。

2. 亲本投资（parental investment）

亲本投资是指有机体在生产子代，以及抚育和管护子代时所消耗的能量和资源。一般来讲，雌性个体比雄性个体的投资要大。例如，雄鸟类一次受精排除的精子有亿万个之多，但是，总重量不超过其体重的 5%，而且并非所有的能量都投入在子代的身上；而雌鸟要为受精储备的营养是其体重的 15%～20%，很多种鸟类一窝蛋的总重量就可能超过雌鸟的体重。事实上，雄鸟花在吸引雌鸟的能量和时间也并不少，比方在交配期整晚或整个凌晨的鸣叫、舞蹈和礼物。还有一些种类的雄鸟是与雌鸟一起管护和抚育幼鸟的。在形形色色的生物种类中，亲本的投资也是多种多样的，只有最适应其环境的投资方式被自然所选择。例如，蒲公英在优越的环境条件下其种子质量大数量少，那么迁移的距离也就短，相反在不利的条件下其种子的质量小数量相对多，迁移的距离也就远一些。所以，亲本的投资方式和其遗传特征相关，也和环境条件相关。

三、进化

前面介绍了种群的数量变动及其分析途径。数量动态仅是种群内个体数量的定量方面研究，并未涉及种群及其个体的质的方面。表示种群内个体质的特征，有表现型和基因型两类。如果种群是由生理上适应环境能力强和遗传上等级高的优质的个体组成，这个种群在生存竞争中就占有优越地位，个体的存活能力高，产生后裔多，种群数量上升，分布区很易扩大。这就是说，种群数量动态是组成种群个体的质量和各质量等级的相对比例（如表现型频率和基因型频率的变化）具有密切的关系。另外，随着种群大小的变动，选择压力也随之变化，对基因型和表现型频率的变化产生影响。因此，种群数量变化和质量变化是种群动态过程的两个方面，两方面的变化相辅相成，彼此影响，互为补充。

种群是由彼此能够进行杂交的个体组成的，因此种群也是一个遗传单位。种群中每个个体都携带着一定的基因组合，它是种群总基因库的一部分。种群的迁入和迁出过程，使种群之间产生基因流动或遗传信息的变化和交流。

进化过程包括基因库的变化和遗传基因组成表达的变化。引起这些变化的原因是环境的选择压力对于种群内个体的作用。自然选择使适者生存，不适者淘汰。适应能力强的个体有更多后裔，其基因对以后基因库的贡献大，反之，适应能力弱的个体所携带的遗传基因的贡献小。种群的基因频率从一个世代到另一个世代的连续变化过程是进化过程的具体体现。因此，种群的进化是世世代代种群个体的适应性的累积过程。因为环境的变化是永恒的，所以种群通过某些个体的存活，其适应性特征也在不断变化。

新物种形成是进化过程决定性阶段，物种进化通过种群表现出来，所以种群也是进化单位。

四、进化对策或生态选择

（一）进化对策或生态选择

进化对策或生态选择，指生物体对于其所处生存环境条件的不同适应方式。凡是那些能够以其繁殖和生存的进程来最大限度地适应所处的环境的个体，都有利于进化。这种生殖和生存的进程就代表着物种的"生活史对策"或称"生态对策"。这样把种的生活史提到种群适应策略的高度。

（二）进化对策或生态选择的类型及其特征

1954年，英国鸟类学家Lack在研究鸟类生殖率进化问题时发现，每一种鸟的产卵数，都有保证其幼鸟存活率最大的倾向。成体大小相似的物种，倘若产小卵，其生育率就高，但可利用的资源有限，高生育率的高能量消费必然降低对保护和关怀幼鸟的投资。这就是说，在进化过程中，动物面临着两种相反的选择。一种是低生育率，但是亲鸟有良好的育幼行为；另一种是高生育率，但是亲体关怀较少。

1976 年 MacArthur 和 Wilson 推进了这个思想，他们按栖息环境和进化对策把生物分成 r-对策者和 k-对策者两大类，它们的比较见表 3-2。

1. k-对策者

出生率低、寿命长，个体大，具有较完善的保护后代的机制，子代死亡率低，栖息生境稳定，不具较强的扩散能力；它们的进化方向是使种群保持在平均密度上下；种间竞争力强。这种对策的优点是：它能使种群比较稳定地保持在环境容纳量 K 值附近，但不超过 K 值。低出生率和长寿，再加上亲代抚育或植物在繁殖上作大量的投资，使死亡减少，从而弥补了低的出生率。这使 k-对策者能更有效地利用能量资源。当该种群遭受死亡或扰乱时，可通过改变出生率来使种群迅速返回平衡水平。但是当种群密度下降到一定（平衡）水平以下时，则不大可能迅速恢复，甚至可能灭绝。

表 3-2 r-对策者和 k-对策者主要特征的比较

特征	r-对策者	k-对策者
环境条件	多变，不确定	稳定，较为确定
死亡率	大，为非密度制约	小，为密度制约
存活曲线	I 型	II、III 型
种群密度	不稳定，通常低于 K	稳定，在 K 附近
迁移能力	强，适于占领新的生境	弱，不易占领新生境
寿命	短，少于一年	长，常大于一年
对子代投资	小，常缺乏抚育和保护机制	大，具完善的抚育机制
能量分配	较多地分配给繁殖器官	较多地用于逃避死亡
种间竞争能力	弱	强
发育	快速发育，高 r，提早发育，体型小，自然反应时间短	发育慢，低 r，推迟发育，体型大，自然反应时间长

2. r-对策者

出生率高，寿命短，个体小，常常缺乏保护后代的机制，子代死亡率高，栖息生境多变而不稳定，具有较大的扩散和迁移能力。它们的进化方向是使种群形成高 r 值，以此维持种群的平衡。这种生态对策的优点是，在不稳定的生境条件下，即使种群数量猛然下降，密度很低时，仍能通过较大的扩散和迁移能力，离开恶化的生境，侵占新生境。

比较狮、虎等大型兽类与小型啮齿类的进化对策特征，就可清楚地看到这两类进化对策的主要区别在于：在进化过程中，r-对策者是以提高增殖能力和扩散能力取得生存，而 k-对策者以提高竞争能力获得优胜。鸟类、昆虫、鱼类和植物中，都有很多 r-选择、k-选择的报道。从极端的 r-对策者到极端的 k-对策者之间，中间有很多过渡的类型，有的更接近 r-对策，有的更接近 k-对策，这是一个连续的谱系，可称为 r-k 连续体（r-k continuum）。

3. r-k对策连续系统

在这个系统中按照 k-对策和 r-对策的不同程度排列着各种各样的生物，存在有许多中间类型，从 k 端到 r 端，生物的个体不断变小，世代时间不断缩短，内禀增长率逐渐增大。在同样环境下，达到平衡时的数量也越来越大，对外来干预的恢复能力也越来越强。

对植物来说，r-对策者、k-对策者在能量分配方式上是各有特点的。r-对策者将较多的能量分配给繁殖器官，而 k-对策者则把更多的能量用于逃避死亡和提高竞争能力。例如，某些田间杂草（属 r-对策者），生境越是不稳定，则分配给繁殖器官的能量就越多。

r-k 对策的概念已被应用于杂草、害虫和拟寄生物，以说明这些生物的进化对策。农田生态系统是人类种植并频繁进行喷药、施肥等活动的场所，杂草、害虫必须有较高的增殖和扩散能力才能迅速侵入和占领这类系统，它们一般都是 r-对策者。杂草如狗尾草、马唐、飞蓬和豚草，害虫如褐飞虱、黏虫、螟虫等；而飞蝗可以被视为具有两种对策交替使用的特殊类型，即群居相是 r-对策者的，散居相是 k-对策者的。蚜虫的有翅和无翅世代交替也是这样。至于选择拟寄生物作为防治害虫天敌，同样要考虑 r-k 对策者的不同作用。

r-对策者和 k-对策者两类对策在进化过程中各有其优缺点。k-对策者的种群数量较稳定，一般保持在 K 值附近，但不超过它，所以导致生境退化的可能性较小。具亲代关怀行为、个体大和竞争能力强等特征，保证它们在生存竞争中取得胜利。但是一旦受到危害而种群下降，由于其低 r 值而恢复困难。大熊猫、虎、豹等珍稀动物就属此类，在物种保护中尤应注意。相反，r-对策者虽然由于防御力弱、无亲代关怀等原因而死亡率甚高。但高 r 值能使种群迅速恢复，高扩散能力又使它们能迅速离开恶化的生境，并在别的地方建立起新的种群。r-对策者的高死亡率、高运动性和连续地面临新局面，可使其成为物种形成的丰富源泉。

4. k-对策者与r-对策者概念的区分

一般来说，大型生物多属 k-对策者，小型生物多属 r-对策者。人们通常可在脊椎动物和大型种子植物中找到典型的 k-对策者，而在细菌和昆虫中发现 r-对策者。但是在每一类群生物内部，由于它们在进化中都趋于占据所有可能利用的生境范围，因此，也存在着以 r-选择到 k-选择的连续体。如昆虫，由于其中种类繁多，又具有复杂的变态，生态对策就并不限于 r-选择。许多热带蝶类，以寿命长、种群稳定而著名。它们的个体通常很大，成熟期长，具有领域性，这些特征使它们位于 r-k 连续体靠近 k-选择一端。因此，k-对策者和 r-对策者是生物进化的两个方向，用这两种特征来适应环境及被自然所选择。

第四节　种内关系和联种群

动物种群和植物种群内个体间的相互关系表现有很大的区别。动物具活动能力，个体间的相容或不相容关系主要表现在领域性、等级制、集群和分散等行为上；而植物除了有集群生长的特征外，更主要的是个体间的密度效应，反映在个体产量和死亡率上。本节将首先介绍植物的密度效应与生长可塑性，全节贯穿进化生态学的思想，简述各种种内相互作用的产生及其决定的环境因素。

一、密度效应和生长可塑性

密度效应是指在一定时间内，当种群的个体数目增加时，就必定会出现邻接个体之间的互相影响，称为密度效应。密度增加的压力，在动物内部引起的变化主要是对动物个体的影响，引起种群出生率、死亡率的变化；而对植物的压力除了存在于植物种群内邻接个体间的影响，还有对个体上各构件如叶、枝、花、细根的影响，以至于生死变化。

作为构件生物的植物，其生长可塑性很大。一个植株，如藜（*Chenopodium album*），在植株稀疏和环境条件良好的情形下，枝叶茂盛，构件数很多；相反在植株密生和环境不良的情况下，则只有少数枝叶，构件数很少。植物的这种可塑性，使密度对于植物的影响，与动物有明显的区别。植物的密度效应已发现有两个特殊的规律。

（一）最后产量衡值法则（Law of constant final yield）

Donald 按不同播种密度种植车轴草（*Trifolium subterraneus*），并不断观察其产量，结果发现，虽然第 62 天后的产量与密度呈正相关，但到最后的 181 天，产量与密度变成无关的，即在很大播种密度范围内，其最终产量是相等的。以模型描述：

$$C = W \cdot d \qquad (3\text{-}19)$$

式中：C —— 总产量；

$\qquad$ W —— 平均每株重量；

$\qquad$ d —— 密度（植株数）。

"最后产量衡值"法则的原因是不难理解的，在高密度（或者说，植株间距小、彼此靠近）情况下，植株彼此之间光、水、营养物竞争激烈，在有限的资源中，植株的生长率降低，个体变小（包括其中构件数少）。即：

$$W = \frac{C}{d} \qquad (3\text{-}20)$$

$$\lg W = \lg C - \lg d \qquad (3\text{-}21)$$

$$\lg W = (-1) \lg d + \lg C \qquad (3\text{-}22)$$

式（3-21）的回归率为-1。

密度对禾谷类作物营养部分与生殖部分的影响，以及对二者互相关系的影响，实际上也就是对禾谷类作物的生物量与经济产量以及二者关系的影响，即农业上合理密植的理论基础。

植物种群密度对产量的影响，在农学与林学方面做了大量的研究工作。试验表明：如果当种群的密度超过 K 值，则种群数大小与产量的关系往往表现为：在一定条件（管理合理、充分生长）下，尽管各田密度不同，秆数有别，而最后产量却相近。主要是由于植物个体上的构件数量或重量减少，而形成植物个体上构件数量或重量水平的自疏现象。

White（1980）图解（图 3-9）了密度对植物影响的过程。以横坐标表示各样方播种种子数量的对数，纵坐标表示不同时间 t 的植物平均每株重量的对数。

在种群的密度（对数）值较低的情况下，植物平均每株重量（对数）值的线性回归率为 -1，即自疏线为 -1；如果播种密度进一步提高，其线性回归率就不为 -1，而是 $-3/2$。

（二）$-3/2$ 自疏定律

如果播种密度进一步提高和随着高密度播种下植株的继续生长，种内对资源的竞争不仅影响到植株的继续生长，而且还影响到植株的存活率。在高密度的种群中自疏线的回归率为 $-3/2$（图 3-9）。例如，在黑麦草等多种植物的密度试验中证实了"自疏线"，其斜率为 $-3/2$。即：

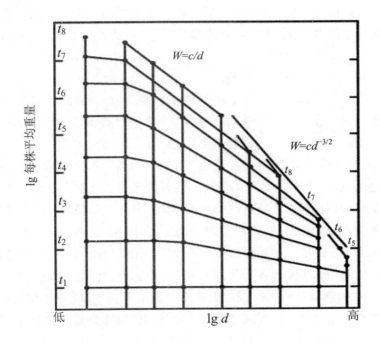

图 3-9 在不同播种密度上黑麦草的存活植株平均重量与株数间的关系

（"最终产量衡值法则"和"$-3/2$ 自疏定律"的图解；仿 Ehrlich，1987）

$$W = C\,d^{-3/2} \tag{3-23}$$

$$\lg W = （-3/2）\lg d + \lg C \tag{3-24}$$

White 等（1980）曾罗列了 80 种植物，包括藓类、草本和木本，小至单细胞藻类，大至北美红杉都具有 $-3/2$ 自疏现象。事实上"最终产量衡值法则"和"$-3/2$ 自疏定律"都是经验法则。

（三）其他方面的种内关系

1. 性别生态学

在有性繁殖的种群内，异性个体构成了最大量最重要的同种其他成员，所以种内相互作用首先表现在两性个体之间。性别生态学在近年来受到学者的重视，原因是人们认识到种群的遗传特征及基因型多样性对于种群数量动态的重要意义。如前所述，早期的种群动态研究仅重视其与环境因素相互作用方面，忽视种群质的动态方面。无性繁殖和有性繁殖在传递亲体基因的特点上明显不同，有性繁殖将来自父母双方的基因组合相结合，而无性繁殖则自身克隆。因此性别关系的类型、动态及其与环境的关系研究，在种群生物学的研究中是重要的。

性别生态学与两个重要的生物学问题有关，即两性细胞的结合和亲代投入。亲代投入是指花费于生产后代和抚育后代的能量和物质资源。例如，有的动物产的卵大，有的卵小；有的一次生产的后代数很多，有的很少；有的精心抚育，有的置之不顾。这些都直接影响亲代投入的强度。

性别生态学研究的一个重要课题是：为什么大多数生物都营有性繁殖？什么环境因素决定它们选择有性繁殖，即后代由父母双亲的遗传特征混合而成的事实在进化上有什么选择优越性？虽然这是生态学的一个基本问题，但至今未有圆满的答案。让我们比较一下无性繁殖和有性繁殖在进化选择上的利弊，也许有助于了解这个问题。

营无性繁殖的植物较多，尤其是杂草更多，它们很易侵入新栖息地。往往从一个个体开始，通过迅速增殖，暂时地占领一片空间。无性繁殖在进化选择上的一个重要优越性是能迅速增殖，是对开拓暂时性新栖息地的一种适应方式。有些植物在没有适宜传粉昆虫存在的局部地方可以形成无性繁殖种群，如十字花科的 *Leavenwortha*，这种种群是由有性繁殖祖先演化而来的，是对缺乏传粉昆虫的一种反应。无性繁殖的另一更重要优越性表现在遗传方面：有性繁殖中雌雄配子各带其亲本的一半基因组，而无性繁殖中母体所产的每个无性卵都带有母本的整个基因组。因此无性繁殖能给下代复制的基因组是有性繁殖的两倍。有些学者把有性繁殖必须进行减数分裂所偿付的代价称为减数分裂价。实际上，有性繁殖比无性繁殖所偿付的代价还包括基因重组价（cost of gene recombination）和交配价（cost of mating）。从这个意义上讲，只有当有性繁殖所获得的好处超过上述三种偿付代价时，有性繁殖在进化选择上才是有利的。

一般认为，有性繁殖是对多变和易遭不测的生存环境的一种适应性。因为雌雄两性配子的融合能产生更多变异类型的后代，在不良环境下至少能保证有少数个体型生存下来，并获得繁殖后代的机会，所以多型性可能是一种很有效的对策。例如，许多蚜虫营兼性孤雌生殖，在春夏季，它们营无性繁殖，连续数代所产生的全是雌虫，卵为二倍体，后代完全是母本的翻版，这是回避减数分裂价损失的对策。在孤雌生殖过程中也可能产生某些突变，但作为变异来源，其概率是很低的。当秋季不良气候来临时，蚜虫产生有性世代，通过两性个体的交配、产卵，度过不良气候的冬季。类似的营兼性孤雌生殖的还有一些原生动物、轮虫和淡水枝角类。

2. 动物的婚配制度、领域性和社会等级

由于动物有复杂程度不同的脑神经系统，动物的婚配制度、领域性和社会等级对环境的适应性有很大的不同。对此的研究各种各样。

3. 利他行为

利他行为是另一种社会性相互作用。利他行为是指一个个体牺牲自我而使社群整体或其他个体得利益的行为。利他行为例子很多，特别是社会昆虫。

二、meta 种群（联种群）及其模型

（一）meta 种群

随着地球上物种灭绝速度的加快和大量濒危物种的出现，人类挽救珍稀濒危物种工作变得越来越重要，工作量也越来越大。在这种背景下，生态学家提出了联种群（metapopulation）的概念并对联种群的研究投入了极大的热情，联种群的概念和理论对于了解生物种群从兴旺走向濒危，特别是从濒危走向灭绝的过程是极为重要的。当一个大的兴旺的种群因环境污染、栖息地破坏或其他干扰而破碎成许多孤立的小种群的时候，这些小种群的联合体或总体就是一个联种群，可见联种群是由很多小种群构成的，它是一个种群群体，而在各个小种群间通常都存在个体的迁入和迁出现象。

与研究一般种群不同，因为研究一般种群是为了预测种群达到平衡时的密度即种群的大小，而研究联种群主要不是为了知道每个种群的大小，而是为了知道它会不会走向灭绝或它还能维持生存多长时间。生态学家构建联种群模型的目的就是预测种群的这两种可能的状态：是趋于灭绝呢，还是能维持一段时间。因此对联种群来说，代表种群大小的只有两个可能的值，即 0 表示种群的局部灭绝（local extinction），1 表示种群的局部存活。

与研究一般种群的另一个不同点是，研究联种群时通常是着眼于一个较大的区域，而在这个区域内包含有很多小种群的栖息地点（斑块）。在这样的一个大区域内，生态学家主要关注的已不再是任一个特定小种群的命运，而是构建一个模型，以便描述在这个区域内适宜栖息地点（生境斑块）被种群占有的情况，也就是哪些斑块被占有了，哪些还没有被占有，被占有斑块占可占有斑块总数量的百分数是多少，还有多少可被利用等。

（二）meta 种群研究的实例——花斑蝶

花斑蝶（*Euphydryas editha bayensis*）种群栖息在很多离散的环境斑块内，从而形成了一个很大的联种群。成虫春季羽化，雌蝶喜欢把卵产在一年生的车前草（*Plantago erecta*）上，这种寄主植物构成了蝶幼虫的食物，幼虫取食 1 周或 2 周后便开始进入夏季滞育或休眠期。当 12 月至来年 2 月温度较低的雨季到来时便又重新恢复取食，接着便结茧化蛹。

车前草生长在美国加州北部的草原上，但草原是被蜿蜒曲折的山地地形和岩石露头分割为许多远近不同和大小不一的斑块，就是这些斑块为花斑蝶种群提供了潜在的定居点。栖息在这一区域的花斑蝶已被连续研究了 30 多年。

气候的波动可以破坏花斑蝶及其寄主植物在生活史上的同步化并引起局部灭绝。例如，在 1975—1977 年的严重干旱期间，至少已有 3 个花斑蝶种群灭绝。1986 年曾记录到一些很小的种群在空白斑块内成功地重新定居了下来。摩根山（Mongan Hill）栖息地是一个很大的斑块，斑块内的种群含有成百上千的花斑蝶。由于这个斑块面积很大而且地形多样，所以这个种群安全地度过了干旱期并成了其他空白斑块的一个定居者源。

花斑蝶联种群在某些方面与岛屿—大陆模型很相似，在这个模型中存在一个持久的外部定居者源。虽然我们提出的简单联种群模型都假定所有的斑块都是一样的，但这一假定显然不符合花斑蝶的实际情况。在越是接近摩根山种群的斑块内发现花斑蝶种群的可能性也越大，寄主植物的密度也很大。为达到自然保护的目的，首先应保护好摩根山的花斑蝶种群，因为它为其他斑块提供定居者，其重要性相当于岛屿—大陆模型中的大陆。

第五节　种间关系

从理论上讲，生物种间关系的形式很多。有的是对抗性的，一个种的个体直接或间接杀死另一个种的个体；有的是互助互利性的，两个种彼此作为对方的生存条件。这两个极端之间，还有多种其他形式。

但总的来讲，可以概括为两大类，即正相互作用与负相互作用。在生态系统的发育与进化中，正相互作用趋向于促进或增加，从而加强两个作用种的存活；而负相互作用趋向于抑制或减少。

种群间的这些相互作用类型在普通生物群落中都可以见到，对于两个具体的物种而言，相互作用的类型可能会在不同的条件下有所变化，也可能在其生命史的不同阶段中有不同类型。例如，两个物种在某一时间可能是寄生作用，在另一时间则成为偏利作用，而在后来还可能是中性作用。因此，在种间关系的研究中，利用野外调查和室内实验方法研究简化了的群落，有助于区分各种相互作用类型和定量研究。

一、种间竞争

种间竞争（interspecific competition）是指两种或更多种生物共同利用同一资源而产生的相互竞争作用。种间竞争的生态学研究工作很多，几乎涉及每一类生物。

（一）种间竞争的典型实例

1. 高斯（Gause）实验
高斯以三种草履虫作为相互竞争对手，以细菌或酵母作为食物，进行竞争实验研究时，发现三种草履虫在单独培养时都表现出典型的"S"形增长曲线。当把大草履（*Paramecium caudatum*）和双核小草履虫（*P. aurelia*）一起混合培养时，虽然在初期两种草质虫都有增长，但由于双核小草履虫增长快，最后排挤了大草履虫的生存，双核小草履虫在竞争中获胜。相反，当把双核小草履虫和袋状履虫（*P. bursaria*）放在一起培养时，形成了两种共存的结局。共存中两种草履虫的密度都低于单独培养，所以这是一种竞争中的共存。仔细观察发现，双核小草履虫多生活于培养试管中、上部，主要以细菌为食，而袋状草履虫生活于底部，以酵母为食。这说明两个竞争种间出现了食性与栖息环境的分化。

2. Tilman的硅藻试验

Tilman 等（1981）进行了两种硅藻对硅酸盐的竞争实验，他们发现，硅藻生长需要有硅酸盐作为其细胞壁的原料。当两种硅藻分别单独培养时，都能增长到环境容纳量，而硅则保持在一定低浓度水平上（在实验中不断地定期加硅于培养液中）。但两种硅藻在消耗硅资源上有区别，针杆藻（*Asterionella*）利用硅较淡水硅藻（*Synedra*）更多，从而使其保持的硅浓度低于淡硅藻所能生存和增殖的水平以下，竞争的结局是针杆藻取胜（图 3-10）。

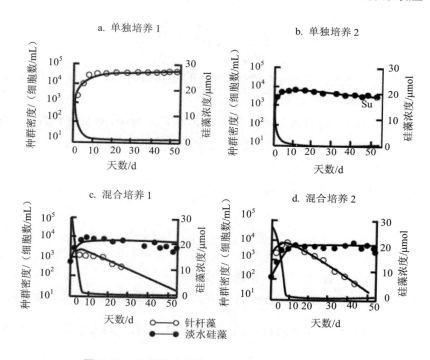

图 3-10 硅藻的竞争实验（引自 Begon，1986）

3. 高斯假说

高斯（Gause）假说（或竞争排斥原理）：生态位相近（如食物相同或利用资源的方式相同等）的两个种不能在同一地区长期共存。

所谓生态位是指生态学上相同的两个或多个物种。Gause 假说在草履虫实验中的解释是，当双核小草履虫和袋状草履虫共存时，说明两者在栖息环境和食性上的生态位发生了分化。

（二）竞争排斥及共存的数学基础

Lotka-Volterra 模型是 Logistic 方程的延伸，该模型是由两位数学家 Lotka 和 Volterra 于 1926 年各自独立提出的。按逻辑方程（单一种群的增长模型）：

$$\frac{\mathrm{d}N}{\mathrm{d}t} = rN\left(\frac{K-N}{K}\right)$$

如果将两个物种放置在一起，则它们要发生竞争，从而影响种群的生长。因而应在上述方程中再增加一项，以描述它们之间的竞争。

如前所述（$1-\frac{N}{k}$）项理解为尚未利用的剩余空间，而 $\frac{N}{k}$ 是已利用的空间。当考虑两物种 N_1 和 N_2 竞争或共同利用空间时，对于物种 N_1 而言已利用空间中，除 N_1 所占空间外还要加入 N_2 所占的空间。

$$\frac{\mathrm{d}N_1}{\mathrm{d}t} = r_1 N_1 (1 - \frac{N_1 + \alpha N_2}{K_1}) \tag{3-25}$$

式中：α 为竞争系数，它表示每个 N_2 所占的空间相当于 α 个 N_1 个体，即 α 是每个 N_2 对 N_1 所产生的抑制效应。

若 $\alpha = 1$，N_2 个体对 N_1 种群所产生的竞争抑制效应与 N_1 对自身种群所产生抑制效应相等。

$\alpha > 1$，N_2 的抑制效应比 N_1 大。

$\alpha < 1$，N_2 的抑制效应比 N_1 小。

同理：

$$\frac{\mathrm{d}N_2}{\mathrm{d}t} = r_2 N_2 (1 - \frac{N_2 + \beta N_1}{K_2}) \tag{3-26}$$

β 为每个 N_1 个体对 N_2 种群增长的抑制效应。

以上两个方程式为 Lotka-Volterra 的种间竞争模型。那么种群增长等于零时是什么样的情形呢？即 $\frac{\mathrm{d}N_1}{\mathrm{d}t} = 0$ 时，有两个极端：$N_1 = K_1$ 或种群 N_1 的空间为种群 N_2 所占满时的极点，即 $N_2 = K_1/\alpha$ （此时 $N_1 = 0$）。而 $\frac{\mathrm{d}N_2}{\mathrm{d}t} = 0$ 时也有两个极端：$N_2 = K_2$ 或种群 N_2 的空间为种群 N_1 所占据时的极点，即 $N_1 = K_2/\beta$ （此时 $N_2 = 0$）。

种群 N_1 连接 $N_1 = K_1$ 和 $N_2 = K_1/\alpha$ 两点可得图 3-11（a），对种群 N_2 连接 $N_2 = K_2$ 和 $N_1 = K_2/\beta$ 两点可得图 3-11 （b）。这两条线分别为种群 N_1 和种群 N_2 的零增长线。当种群数量位于线的左方时，种群增长，而位于线的右方时种群下降。

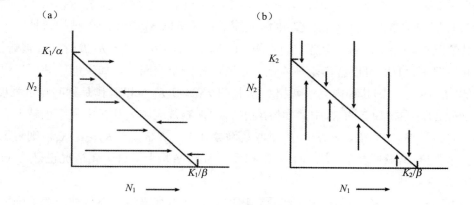

（a）物种 1 的平衡线，线下和线左 N_1 增长，线上和线右 N_1 下降；（b）物种 2 的平衡线

图 3-11　Lotka Volterra 竞争方程所产生的物种 1 和物种 2 的平衡线

将图 3-11（a）和（b）互相叠合起来，就可以出现四种情况（图 3-12），反映了该模型可能出现的四种竞争结局，而其结果是取决于 K_1、K_2、K_1/α 和 K_2/β 的相对大小。

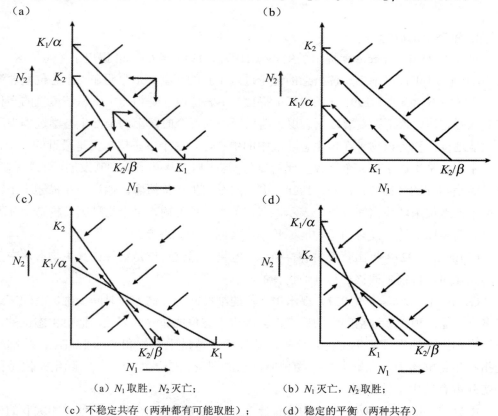

（a）N_1 取胜，N_2 灭亡；　　　　　（b）N_1 灭亡，N_2 取胜；

（c）不稳定共存（两种都有可能取胜）；　（d）稳定的平衡（两种共存）

图 3-12　Lotka-Volterra 模型所产生的四种可能的结局

①当 $K_1 > K_2/\beta$，$K_1/\alpha > K_2$ 时，N_1 取胜[图 3-11（a）]。直观地说，在 $K_2 \sim K_2/\beta$ 线右面，N_2 已超过环境容纳量而停止增长，N_1 则能继续增长，所以 N_1 取胜，N_2 被排挤掉。

②其情况正好相反，N_2 取胜[图 3-11（b）]。即 $K_2 > K_1/\alpha$，$K_1 < K_2/\beta$ 时，N_1 被排挤掉。

在此情况下，$1/K$ 可以看作是种内竞争强度，在一个空间中，如果能"装下"更多的同种个体（K_1 越大），则其种内竞争就相对越小（$1/K_1$）。β/K_2 可以看作是种间竞争强度（物种 1 对物种 2），在物种 2 的 K_2 中，如果 β 对 N_2 的抑制效应越大其竞争强度也越大。

如（a）图，$K_1 > K_2/\beta$，$K_1/\alpha > K_2$，取其倒数 $1/K_1 < \beta/K_2$，$1/K_2 > \alpha/K_1$，则表示：N_1 的种内竞争强度小，种间竞争大；而 N_2 则相反，因此 N_1 取胜。（b）图情况正好与（a）图相反，所以 N_2 取胜。

③当 $K_1 > K_2/\beta$，$K_2 > K_1/\alpha$ 时，即两个物种都是种内竞争强度小，间竞争强度大，两个物种彼此都不能排挤竞争的对方，两个物种都有可能取胜，因而出现不稳定的平衡[图 2-12（c）]。

④当 $K_1 < K_2/\beta$，$K_2 < K_1/\alpha$ 时，即两个物种的种内竞争强度都大，种间竞争小，从而出现稳定的平衡，即共存的局面[图 2-12（d）]。

（三）生态位

1. 生态位的概念

早在 1894 年，Streere 就提出了生态位的思想。1917 年 Grinell 提出了生态位这一词汇。自 20 世纪 90 年代以来生态位概念的讨论进入了新的高潮。张光明在"生态位概念演变与展望"（《生态学杂志》1997 年第 6 期）提出，生态位概念是指一定生态环境里的某种生物在其入侵定居、繁衍、发展以至衰退、消亡历程的每个时段上的全部生态学过程中所具有的功能地位，称为该物种在该生态环境中的生态位。这个生态位定义是最近的一个。

生态位是生态学中一个比较重要的概念，这个概念从其形成到其发展，有过许多定义，最早的是 Grinell（1917，1924，1928）提出的空间生态位概念。他认为在描述一个物种在环境中的地位用环境空间单位来表示，在这个空间单位内，每个物种因其构造上和本能上的界限而得以保持，没有两个种能够长期占有同一个生态位。

C. Elton（1927）提出营养生态位概念。他将生态位看作是物种在其生物群落中的地位和功能作用，特别强调该种与其他物种的营养关系。

G. E. Hutchinson（1957）提出生态位的维度问题。例如，时间一维，空间三维，营养多维。他以种在多维空间中的适应性去确定生态位的边界。因此，他对生态位的定义主要是指多维（超立体）生态位。此外，他提出了基础生态位和实际生态位：基础生态位是指在生物群落中，能够为某一物种所栖息的理论上的最大空间；实际生态位是指该物种实际占有的生态位空间。

R. H. Wihittake（1970）指出生态位是在一个群落中，一个种与其他种相关联的位置为其生态位，即每一个种群在一定生境的群落中都有不同于其他种的自己的时间、空间位置，也包括在生物群中的功能作用（营养位置）。目前公认 Wihittake 的生态位定义。

生态位的概念常与竞争相联系。如 Gause 等（1934）的研究表明，由于竞争的结果，生态位接近的两个种，很少能长期稳定地共存。这就涉及生态位重叠和资源分享的数量问题，生态位重叠明显的是引起资源利用性竞争的一个条件（但重叠并不一定导致竞争，前提是资源供应充足）。

面对资源限度，长期生活在一起的种，必然具有自己独特的生态位。Gause 在双核小草履虫与袋状草履虫的竞争实验中，获得了两种同时共存的结局。这两种草履虫虽然同食一种食料，但它们处的空间位置不同，一种聚于培养皿的底部和周壁摄取杆菌，而另一种在培养皿的空间中摄食悬浮于溶液中的食物。由此表明，如果竞争的两个种占有不同的空间，或者在生态要求上有分化，那么两个种也可以在某种平衡中共存。

对其他多细胞物种的研究亦获得类似的结果，例如，Crombie（科隆白，1947）报道，将杂拟谷盗（*Tribolium confusum*）和锯谷盗（*Oryuzaphilus surinamensis*）共同饲养于面粉中，锯谷盗在竞争中被消灭。但如果在面粉里放一根管子，则体型小的锯谷盗就能逃脱杂拟谷盗的攻击，于是两个种可以占据不同的生态位而共存。

2. 生态位的应用

20 世纪 60 年代后，生态位已经越来越与资源利用谱等同。一个物种所利用的各种资源总和的幅度，被称为生态位宽度。生物在某一生态位维度上的分布，如果用图表示，常呈正态曲线（见图 3-13）。这种曲线称为资源利用曲线，它表示物种具有的喜好位置（如喜食昆虫的大小）以及分布在喜好的位置周围的变异度。

比较资源利用曲线（图 3-13）可得出两点结论：①曲线完全分开，生态位不重叠。扩充利用范围的物种将在进化过程中获得好处；同时生态位宽度狭的物种其种内竞争更将促使其扩展资源利用范围。进化将导致两种物种的生态位靠近，重叠增加，种间竞争增加。②生态位重叠多，种间竞争激烈，按竞争排斥原理，将导致某一物种灭亡，或者生态位分化而得以共存。

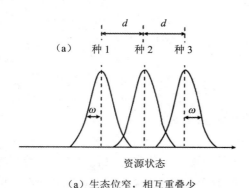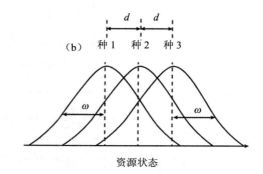

（a）生态位窄，相互重叠少　　　　　　　（b）生态位宽，相互重叠多

d：平均分离度（在资源谱中喜好位置之间的距离）　　*ω*：变异度（生态位宽度的1/2）

图 3-13　三个共存物种的资源利用曲线

在实践中，当资源可利用性较小时，生态位宽度就增加（如在食物供应不足的环境中，消费者也吃许多次等猎物），生态位泛化。反之，资源多时，易造成生态位特化。

从植物群落的角度而言，一些近缘种占据着不同的地区或不同的群落，从而减少竞争。此外，两物种的生态位还可由于两者的营养选择吸收、个体大小、根系深浅、物候等的不同而彼此分隔开来。根据生态位的概念，那么一个稳定的植物群落遵循以下原则：

①如果两个种在同一个稳定的生物群落中占据相同的生态位，一个种终究要消灭。

②在一个稳定的生物群落中，由于各种群在群落中具有各自的生态位，种群间能避免直接的竞争，从而又保证了群落的稳定。

③群落乃是一个相互作用的，生态位分化的种群系统，这些种群在它们对群落的空间、时间、资源的利用方面，以及互相作用的可能类型，都趋向于互相补充而不是直接竞争。因此，由多个种组成的生物群落，就要比单一种的生物群落更能有效地利用资源，维持长期较高的生产力，并具有更大的稳定性。

（四）Tilman 植物的种间竞争模型

生态位分化是竞争物种共存的基础，而植物的情况是资源十分接近，如 N、P、K 等，所以资源利用出现分化的可能性较小，不易研究。Tilman 资源使植物生态位分化的情况比较清晰地展现；Tilman 模型的主要特点是同时分析竞争种群和资源的动态。

Tilman 以零增长线（zero net grouth isoline，ZNGI）为出发点，ZNGI 表示一种植物利用两种必需的营养元素（如 N、P，可以用 x、y 表示）时，该种植物能存活和增殖的边界线（图 3-14）。如图 3-14 所示，ZNGI 线以上和以右的各种 x—y 组合，植物能生存和增殖；以下和以左则不能存活。因此，ZNGI 线是代表两维的生态位中的边界。

图 3-14　两维营养生态位的边界

分析种间竞争时，要将两个物种的 ZNGI 线叠合在同一个图上（图 3-15）。两个物种对资源的消耗率不同，而供应率只有一个。种间竞争的结局取决于供应点的位置。再看资源的消耗率，物种 N_a 对 x 与 y 的消耗都大，而物种 N_b 则相反[见图 2-15（a）]，因此，在物种 N_a 与物种 N_b 的种间竞争中 N_b 取胜。在图 3-15（b）中，当资源供应点落在①区内，两物种均不能生存；资源供应点落在②区内，N_a 能生存，N_b 不能生存；资源供应点落在⑥区内，N_b 能生存，N_a 不能生存；供应点落在③区内，N_a 将排斥 N_b；资源供应点落在⑤区内，N_b 将排斥 N_a；资源供应点落在④区内，N_a 受资源 x 的限制较大，N_b 受资源 y 的限制较大，两个物种共存的结局出现。

这就是说，无论对 N_a 或 N_b，消耗率较大的资源正好是限制其生存和增殖程度更大的那种资源（限制 N_a 的资源是 x，限制 N_b 的资源是 y）。故此，当资源供应点落在④区内，系统将在 $ZNGL_a$ 线及 $ZNGL_b$ 线的交叉点上平衡，而且，这种平衡是稳定的。这是两物种生态位分化的结果。但植物种间竞争中出现这种生态位分化，不是两个物种利用的资源不同，而是 N_a 由于其对 x 资源的消耗率高，而被 x 资源所限制，N_b 则被 y 资源所限制。

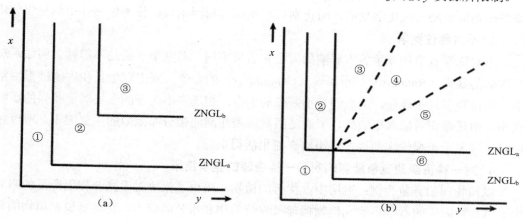

图 3-15　两个物种的 ZNGI 线叠合

Tilman 的竞争模型在他的藻类实验中基本上得到证实。在两种硅藻[*Asterionella Formosa* 和小环藻（*Cyclotella meneghinana*）]对磷和硅两种资源的竞争实验中，他观察了这两种硅藻对磷和硅的消耗率，并测定了它们的零增长线 ZNGI，然后根据 Tilman 模型预测在各种组合（供应点）下的竞争结局，证明了大部分实验结果与模型是一致的。只有两个点没有落入预测的范围内，但位于范围内外的交界线附近。所以，实验结果较为理想，证明了 Tilman 模型的有效性。

总之，Tilman 模型的特点是同时分析竞争对手种群和所竞争资源的动态，研究结果证明两个物种共存的条件：

①在生境中（资源供应点），一个物种的存活受一种资源限制，而另一物种易受另一种资源的限制。

②每一物种消耗更多的资源正好是其易受限制的那一种。因此在种间竞争中，共存局面的出现同样可以在生态位分化（更确切地说是资源利用的分化）的基础上进行的分析。与其他的种间竞争研究一样，通过生态位分化出现共存产生在两个物种的种内竞争强度大而种间竞争小的时候。

（五）竞争类型及其一般特征

竞争类型有多种，以下简单介绍几种：

1. 资源利用性竞争

两种生物之间无直接干涉，只有因资源总量减少而产生的对竞争对手的存活、生殖和生长的间接影响，前面所列举的三种草履虫和两种硅藻的竞争都属于这类。

2. 相互干涉性竞争

不仅有资源的竞争，而且竞争对手间有相互干涉的现象。例如，杂拟谷盗和锯谷盗（*Oryzaephilus*）在面粉中一起饲养时，不仅竞争食物，而且有互相吃卵的直接干扰。另外，某些植物能分泌一些化学物质，阻止别种植物在其周围生长，称为他感作用或克生作用。

3. 不对称性竞争

不对称性竞争指竞争各方影响的大小和后果不同，即竞争后果的不等性。例如，潮间带生活的藤壶（*Balanus*）与小藤壶（*Chthanalus*）的竞争。藤壶在生长和生殖过程中常覆盖、压挤和窒息小藤壶，从而剥夺小藤壶的生存；相反，小藤壶的生长对于藤壶的影响则较小。但是藤壶对缺水很敏感，干燥是限制藤壶在潮间带分布上限的主要因素。所以在潮间带上部易于干燥缺水的地方，小藤壶能生活得很好。

4. 对一种资源的竞争能影响对另一种资源的竞争结果

以植物间的竞争为例：冠层中占优势的植物，减少了竞争对手光合作用所需的阳光辐射。这种对阳光的竞争也影响植物根部吸收营养物和水分的能力。这就是说在植物的种间竞争中，根竞争与枝竞争之间有相互作用。为了区分根竞争和枝竞争的相对影响，有的学者设计了下列实验，车轴草（*Trifolium subtteraneum*）和粉苞苣（*Chondrill juncea*）的竞争（图 3-16）：①单独生长；②冠分开，根间竞争；③根分开，冠间竞争；④根和冠同时竞争。竞争的结果是：根间竞争使粉苞苣的干重为单独生长时的 65%，枝间竞争降为 47%，而根和冠竞争的联合影响是下降 31.6%（≈65%×47%）。因此，在植物的种间竞争中，冠间竞争（主要是光）和根间竞争（营养和水）的影响都是重要的。

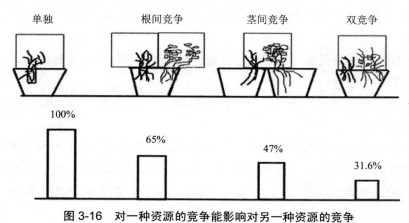

图 3-16　对一种资源的竞争能影响对另一种资源的竞争

5. 他感作用（克生作用）

某些植物能分泌一些有害化学物质，阻止别种植物在其周围生长，其实质是一种不对称性的竞争作用，即某些植物能够通过他感（克生）在竞争中获胜。例如，菊科植物 *Encelia farniosa* 是一种生长于美国加州南部半荒漠的多年生灌木，其叶分泌的一种苯甲醛物质对相邻的番茄、胡椒和玉米的生长有强烈的抑制作用，但对大麦、燕麦和向日葵的影响却很微弱。

二、捕食作用

一种生物攻击、损伤或杀死另一种生物，并以其为食，称为捕食作用（Predation），前者称为捕食者（Predator），后者称为猎物或被食者（Prey）。对捕食作用的理解，有广义和狭义两种。广义的捕食作用包括四类：①典型捕食作用，指食肉动物吃食草动物或其他动物，如狮吃斑马。狭义的捕食作用就指这一类。②食草作用（herbivory），指食草动物吃绿色植物，如羊吃草。③寄生作用（Parasitism），指寄生生物从宿主获得营养，一般不杀死宿主。④拟寄生（Parasitoid），如寄生蜂将卵产在昆虫卵内，一般会缓慢地杀死宿主。

（一）典型捕食作用

捕食者与猎物的相互适应非一朝一夕形成的，而是长期协同进化的结果。捕食者通常具锐利的爪、撕裂用的牙、毒腺或其他武器，以提高捕食效率。相反，猎物常具保护色、警戒色、假死、拟态等适应特征，以逃避被捕食。蝙蝠的"捕食武器"是十分"先进"的，它能发放超声波，根据回声反射来确定猎物的位置，而一些蛾类能根据其腹基部"双耳"感受声呐逃避蝙蝠的捕食。实验证明，能接收声呐的夜蛾，被捕率比不能接收声呐的低40%。不仅如此，某些灯蛾科（Arctiidae）种类能发放超声波对付蝙蝠的超声波，使其堵塞或失灵。更有趣的是，为了对付蛾类这种"先进"的防卫系统，蝙蝠还能通过改变频率，避免发放蛾类最易接收的频率，或者停止回声探测而直接接收蛾所产生的声音以发现猎物。捕食者与猎物的相互适应是进化过程中一场真实的"军备竞赛"。

根据捕食的方式，可以分为追击和伏击两类。犬科兽类多为追击者，具细长四肢，善于奔跑，猎豹（*Acinonyx jubatu*）最高的跑速记录达每小时 100 km。猫科兽类多为伏击者，有机动灵活的躯体和复杂的行为，潜伏隐蔽于暗处，伺机突然袭击。追击者多分布于草原、荒漠等开阔生境，伏击者则多出现于森林等封闭生境。昆虫中石蝇是追击者，而一些半翅目昆虫是伏击者。

在捕食者与猎物相互的协同进化过程中，有害的"负作用"倾向于逐渐减弱。捕食者如有更好的捕食能力，它就更易得到后裔，因此自然选择有利于更有效地捕食。但过分有效的捕食可能把猎物种群消灭，然后捕食者也因饥饿而死亡。因此"精明"的捕食者不能对猎物过度捕食。Errington 通过对麝鼠（*Ondatra zibethicus*）种群动态的多年研究发现，捕食者北美水貂（*Mustela viso*）很少捕食具有繁殖领域的成鼠，而被捕杀者多为没有领域受气候影响而暴露在外的、受伤的、有病的、年老的和无家可归的"游荡者"。他称之为种群中由于其他各种原因（尤其是种内竞争）注定要死的部分，而捕食者则是执行的"刽子手"。

人们对于捕食者（如狼）往往容易产生憎恨，而不易做客观的评价。捕食者确实杀死不少猎物，但它对猎物种群的稳定效应恰易被忽视。美国亚利桑那州曾为保护黑尾鹿捕杀美洲狮和狼等捕食者，不到 20 年由于鹿数量过高而使草场严重破坏，大批鹿因饥饿和寒冷死亡而久久不能恢复。同样挪威为了保护雷鸟，于 19 世纪末奖励捕打猎食雷鸟的猛禽和兽类，结果球虫病和其他疾病在雷鸟种群中广泛传播，造成雷鸟 20 世纪初一次又一次的大量死亡。原来猛禽捕食的主要是病的弱鸟。这些事实说明，捕食者与猎物的相互关系是生态系统长期进化过程中形成的复杂关系，它们是一对"孪生兄弟"，作为天敌的捕食者有时变成了猎物不可缺少的生存条件。

（二）食草作用

食草作用是广义捕食的一种，其特点是被食者只有部分机体受损害，植物也没有主动逃脱食草动物的能力。植物并没有被动物吃尽，其解释有二：①食草动物进化中发展了自我调节机制，防止作为其食物的植物都毁灭掉；②植物在进化过程中发展了防卫机制。这样，在植物和食草动物之间，在进化过程中出现了一场进化选择竞赛。

植物受食草动物"捕食"危害的程度，随损害部位和植物发育阶段的不同而异。就植物本身而言，它们有补偿生长的作用。例如，植物在一些枝叶受损害后，自然落叶会减少，整株的光合率可能提高。另外植物也不是完全被动的，食草动物的"捕食"还可能引起植物的防卫反应，主要是机械防御和化学防御。例如，被牛捕食后的悬钩子的皮刺较未啃食过的长而尖，这是植物的机械防卫反应；遭过锯蜂和树蜂危害的松树改变代谢，产生新的化学物。植物的这些防御证明是有效的。例如，当落叶松受到松线小卷蛾侵害后，小卷蛾由于吃生长延缓、变硬、纤维素含量增加和含氮减少的叶子，其成虫存活率和出生率都明显地降低，这种后果可持续 4～5 年。同样，荆豆顶枝在受到美洲兔的严重危害后，其枝条中会积累更多的毒素，变成兔所不可食的，这种化学保护可延续 2～3 年。这些是植物的化学防御反应。

正如典型的捕食作用一样，植物和食草动物是协同进化的。植物发展了防御机制，如有毒的次生物质，而食草动物亦在进化中产生了相应的适应性，如形成特殊的酶进行解毒。

三、寄生（Parasitism）作用

寄生物以寄主的身体为定居空间，并靠吸收寄主的营养而生活。因而寄生物对寄主的生长有抑制作用，这种抑制作用在动物之间表现明显，以下主要介绍植物之间的寄生现象。

1. 植物致病
如细菌或病毒常引起植物死亡。

2. 半寄生物
如小米草（*Euphrasia*）、槲寄生，它们仅仅保留含叶绿素的器官，能进行光合作用，

但是水和矿物质从寄主上获得。

3. 全寄生物

全部器官退化。如大王花是有花植物的典型例子，它们仅仅保留花，身体的所有器官都变为丝状的细胞束，这种丝状贯穿到寄主细胞的间隙中，吸取寄主的营养。

同动物之间的寄生关系一样，植物寄生物具有强大的繁殖力和生命力。植物寄生物在没有碰到寄主前，能长期保持生活力而不死，一旦碰到寄主，立刻恢复生长。如寄生在很多禾本科根上的玄参独脚金属（*Striga*）植物，一株可产 50 万粒种子，可保持生命力 20 年不发芽，但一旦碰到寄主就生长。另外，寄生有专一性，即多数的寄生植物只限于一定科、属中。如菟丝子属（*Cuscuta*）和列当属（*Orobanche*）中的许多种类，常寄生在三叶草、柳树、大麻等上。所以寄生者和寄主常常是具共同进化的。

寄生物和宿主的共同进化，常常使有害的"负作用"减弱，甚至演变成为互利共生关系。寄生物在入侵宿主机体中形成了致病力，如果致病力过强，将消灭宿主，那么寄生物也将随之消灭。寄生物的致病力还遇到了来自宿主的自卫能力，如免疫反应。因此，寄生者和寄主的共同进化导致有害作用逐渐减弱。

四、偏利共生

仅对一方有利称为偏利共生。附生植物，如兰花生长在乔木的枝上，使自己更易获得阳光和根从潮湿的空气中吸收营养；藤壶附生在鲸鱼或螃蟹背上；鲫以其头顶上的吸盘固着在鲨鱼腹部等。这些都被认为对一方有利、另一方无害的偏利共生。

五、互利共生（mutualism）

对双方都有利称为互利共生。世界上大部分的生物是依赖于互利共生的。草地和森林优势植物的根多与真菌共生形成菌根，多数有花植物依赖昆虫传粉，大部分动物的消化道也包含着微生物群落。

两种生物的互利共生，有的是兼性的，即一种从另一种获得好处，但并未达到离开对方不能生存的地步；另一些是专性的，专性的互利共生也可分单方专性和双方专性。生物界中的互利共生具有各种各样的表现，下面选择几个主要类型加以介绍。

1. 仅表现在行为上的互利共生

鼓虾（*Alpheus*）营穴居生活，*Cryptocentrus* 鱼利用其洞穴作为隐蔽场所。鼓虾是盲的，当其离开洞穴时，以其细长的触角保持与鱼的接触，代替眼起报警系统的作用。裂唇鱼（*Labriodes*）专吃一些鱼类（*Lutijanus*）口腔和鳃部的寄生物，起着清洁工的作用，而 *Lutijanus* 则成为清洁站的"顾客"。现知有 45 种鱼为"清洁工"，它们具有领域，"顾客"游到清洁站让"清洁工"去除其体外寄生物。"清洁工"和"顾客"都有其特征性的行为，通过行为彼此相认。显然，这种相互关系是两物种间紧密协同进化的结果。

2. 包括种植和饲养的互利共生

人类与农作物和家畜的关系是一种典型的互利共生。世界人口自渔猎时代过渡到农业社会后的增长本身证明了从这种互利共生所获得的好处。虽然人类不能进行试验，但能意识到一旦稻、麦等作物消失对人类的影响。在生物界中同样有这种类型的互利共生。一些蚂蚁和白蚁以种植真菌为生。例如，切叶蚁（*Atta*）在土壤中挖掘容积达 2 000～3 000 cm³ 的坑，从附近的植物切下叶子铺在坑里以培植真菌，整群蚁完全以自己培育的真菌为食物，而真菌从共生中得到的好处是由切叶蚁"喂养"和传播。小蠹科甲虫在死亡的树茎中"挖掘"隧道，在其中培植真菌，以供其幼虫作为食物。

3. 有花植物和传粉动物的互利共生

大多数依赖动物传粉的植物的花可提供花蜜以吸引传粉动物。对植物而言，形成蜜是一种消耗，但植物由此获得了传粉的好处。许多植物在果实上投入相当大的能量，以吸引动物为其传播种子。参加传粉的动物不仅有昆虫，还有蜂鸟、蝙蝠，甚至小型鼠类和有袋类。依赖昆虫传粉的植物的花，有的是泛化种（generalists），对多种多样来采蜜的昆虫都接受，其花蜜很丰富，例如黑莓，其蜜之丰富足够采访者一次饱食。另一些是特化种（specialists），其花的构造很特化，只有少数具有特殊口器的昆虫才能采得到。然而毛茛科的花，具有从简单的泛化型，如匍枝毛茛（*Ranunculus repen*）的花瓣泌蜜区仅有一简单的活瓣所覆盖，到极特化的、具复杂的蜜距的花[如耧斗菜（*Aquilegia chrysantha*）]。特化型花在进化中的好处是：①相对应的传粉昆虫能"认识"这种花，通过它们在同种植物不同植株间的采蜜增加了种内远系繁殖的机会；②减少浪费在无关系植物上的花粉丢失；③通过学习和进化，昆虫对这种特化型花的采蜜更有效，从而能获得更好的传粉成效。

4. 动物消化道的互利共生

动物（鹿、牛、羚羊等反刍动物）消化道（瘤胃）中共生有密度很高的细菌（10^{10}～10^{11} 个/mL）和原生动物（10^5～10^6 个/mL）种群，有许多能分解纤维素、纤维二糖、木糖等动物所不能消化的物质，还能合成一些维生素。瘤胃中的 pH 相当稳定，它通过唾液腺分泌的碳酸氢盐和磷酸盐进行调节。胃中食物有很好的"搅拌"和混匀。常温动物的体温有良好的调节，废弃物得到不断地排出。因此，这个系统与制造啤酒进行连续发酵的系统完全相似，是一个真正的微生态系统。又如白蚁的肠道内有共生鞭毛类（*Hypermastigina*），它能消化木质素；人工去除白蚁肠道中鞭毛类，白蚁将会饿死。在白蚁蜕皮更换肠内上皮时、鞭毛类对蜕皮激素也有反应，变成囊孢，白蚁再吞下，重新感染鞭毛类。近来的实验证明白蚁肠内有固氮作用，喂以抗生素，其固氮过程停止。

5. 生活在动物组织或细胞内的共生体

例如，蟑螂的脂肪体中共生着许多细菌，它们通过母体传递，最初集中在卵母细胞周围，然后进入卵原生质内。因此，这种互利共生是"遗传"的。蚜虫具有特化的菌孢体（*mycetomes*），内有酵母一样的共生体，也是通过卵传递给下代的。这些共生体的代谢活动尚不清楚，目前还难以对这种共生体进行单独培养。用抗生素能去除"宿主"体内的这些共生体，但宿主因此而出现病症，因此共生体可能提供某些宿主需要的物质。

6. 高等植物与真菌的互利共生——菌根

真菌利用根的糖类，同时为根提供无机营养和植物生长素。菌根按两者结合紧密的程度分为三类（图 3-17）：①菌丝只辐射状深入土壤和根的周围，但不进入根内，称周边营养型菌根（peritrophic mycorrhizae）；②菌丝深入根内，但只到细胞之间，不进入根细胞内，称外营养菌根（ecdotrophicm）；③菌丝穿入根细胞内，称内营养菌根（endotrophicm）。

如果没有菌根，许多高等植物不能生长。多数藓类、蕨类、石松、裸子植物和被子植物，其组织多少与真菌的菌丝体紧密地交织在一起。全世界各种植被（森林、草地、石南灌丛等）的优势植物都具有明显的菌根。从这个意义上讲，多数植物没有"根"，有的是根组织与真菌互利共生在一起的菌根。只有少数像十字花科一样的植物没有菌根，这是例外。

根瘤菌和豆科植物的互利共生是植物互利共生的典型例子，而植物中互利共生最紧密的是藻类和真菌构成的地衣共生体（藻类和真菌的共生体）。值得一提的是，Matgulis（1975）提出的真核生物细胞进化的内共生学说，根据此学说，具三羧酸循环的真细菌（原线粒体）吞入发酵厌氧微生物，产生的拟变形虫是一切真核生物的起源，而吞入蓝藻形成叶绿体又是营自养生活植物的起源。

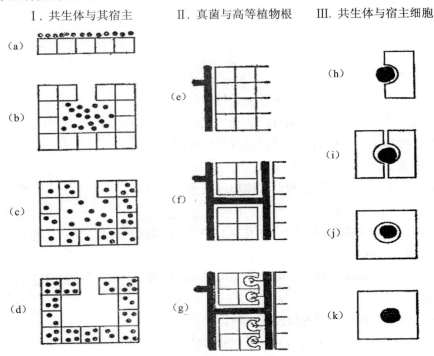

Ⅰ共生体（黑点）生活于宿主（方格）的体表（a）、体内腔中（b）、（一部分）在细胞外（c）、（全部）在细胞中（d）；
Ⅱ真菌与高等植物根：（e）周围营养型、（f）外营养型、（g）内营养型；
Ⅲ共生体与宿主细胞：（h）在细胞表面、（i）被细胞包围、（j）在细胞内，但周围为空泡、（k）在细胞内原生质中

图 3-17　共生体与其寄主在形态上结合的类型

从上面的介绍可以看到动植物界中的互利共生类型是很丰富的，从大部分时间仍营单独生物、仅有行为上联系（如鼓虾与丝段鱼），到瘤胃和盲肠中的微生物群落（在细胞和组织之外），到细胞内生活，如腔肠动物细胞内的虫黄藻（*Zooxanthellae*）和内营养菌根。

六、协同进化

Ehrlich 和 Raven 在 1964 年讨论植物与植食性昆虫相互作用对进化的影响时提出协同进化的概念。目前生态学中所使用的定义是指一个物种的某一特性由于回应另一物种的某一特性而进化，而后者的该特性也同样由于回应前者的特性而进化。可以说，协同进化概念本身就是研究进化论的一个有力工具，因为它提出了物种之间相互作用的思想。当然，这一概念以及由它衍生出的其他概念（如协调适应、协调特化等）必须是在描述相互作用的双方都发生进化的情况下才可以使用。协同进化论与普通进化论看问题的着眼点不同，在普通进化论或种群遗传学中，一个物种往往被孤立地看待，环境以及其他相关物种被视为一成不变的背景。而协同进化论则强调基因的变化可能同时发生在相互作用的物种间。因此，协同进化更强调物种之间的相互作用，可以说它是进化论与生态学的一个重要交叉点。

思考题

1. 简述种群和种群高于个体水平的特征。

2. 简述植物种群中基株与构件的统计方法。

3. 简述种群的空间格局特征及最简便数学检验方法。

4. 简述生命表的用途和类型。

5. 简述马尔萨斯方程与指数增长模型的关系。

6. 简述 λ 与 γ 的关系。

7. 已知：1949 年我国人口为 5.4 亿，1978 年增加到 9.5 亿。求：①根据模型求人口增长率；②用模型预测人口加倍的时间。

8. 简述逻辑斯谛增长模型（logistic growth model）、逻辑斯谛曲线和生物的理论最大可持续收获量。

9. 简述阻滞方程和阻滞曲线及其性质。

10. 简述生态对策（k-对策、r-对策）的特征。

11. 简述生物在种群水平对其所处的生境的适应方式。

12. 简述生态入侵与人类活动的关系。

13. 简述生物种群灭绝的条件。

14. 简述生态位理论。

15．简述密度效应、最后产量衡值法则、−3/2 自疏定律。

16．简述 Lotka-Volterra 的 4 种种间竞争结局及各项参数的生物学意义。

17．简述 Tilman 模型及其实验的意义。

18．简述种间关系与协同进化的意义。

主要参考文献

[1]　曲仲湘，吴玉树，王焕校，等．植物生态学[M]．北京：高等教育出版社，1983．

[2]　祝廷成，钟章成，李建东．植物生态学[M]．北京：高等教育出版社，1988．

[3]　孙儒泳，李博，诸葛阳，等．普通生态学[M]．北京：高等教育出版社，1993．

[4]　李博．普通生态学[M]．呼和浩特：内蒙古大学出版社，1993．

[5]　杨持，李博．生态学[M]．北京：高等教育出版社，2000．

[6]　内蒙古大学讲义．植物种群生态学[R]．呼和浩特：内蒙古大学，1988．

[7]　李振基，陈小麟，郑海雷，等．生态学[M]．北京：科学出版社，2000．

[8]　于水强，王文娟，B. Larry L．环境 DNA 技术在地下生态学中的应用[J]．生态学报，2015，35（9）：4969-4975．

[9]　Elizabeth Kebede. Response of *Spirulina platensis*（= *Arthrospira fusiformis*）from lake Chitu, Ethiopia, to salininty feom sodium salts[J]. Journal of Applied Phycology，1997，9：551-558．

[10]　华东师范大学，北京师范大学，等．动物生态学[M]．北京：人民教育出版社，1982．

[11]　赵淑文．阿拉善荒漠区种子植物区系特征分析[J]．干旱区资源与环境，2008，22（11）：166-174．

[12]　张绍丽，马洪钢，许恒龙，等．海洋纤毛虫——巨大拟阿脑虫的实验生态学研究Ⅳ.捕食竞争对种群生长的影响[J]．生态学报，2001，21（12）：2039-2044．

[13]　齐相贞，林振山，刘会玉．竞争和景观格局相互作用对外来入侵物种传播影响的动态模拟[J]．生态学报，2016，36（3）：569-580．

第四章　生物群落学

　　本章介绍了生物群落的静态和动态特征，生物多样性和生物灭绝与人类活动影响的关系以及拯救濒危物种的现代生态问题，植被及其分类和分布规律。通过学习，重点掌握生物群落的调查方法、不同类型群落的演替规律和特征，以中国植被分区为例掌握地带性植被和非地带性植被、水平地带性植被与垂直地带性植被的异同；了解遥感技术和分子生物技术的进步对生物群落的性质的有机性与个体性的判定。

　　群落学是研究生物群落内部关系及其环境相互关系的一门学科。生物群落（Biotic Community）是由一组生物种类在一定的环境条件下所构成的一个总体。在一个群落内，生物与生物之间、生物与环境之间都具有一定的相互关系，并形成一个特有的内部环境。

　　众所周知，生活在地球表面的各种植物，无论是栽培的或是野生的，都不是杂乱无章地堆积在一起，而是在一定的生境下相互作用，有规律地生长在一起，并与环境发生一定的相互作用，共同组成一个统一的整体，即植物群落。与不同的植物群落相伴的是不同的动物群落和不同的微生物群落，作用在地球的不同地带就有不同的生物群落，生物群落中以植被的特征最为显著，如森林、草原、农田等。生物群落中也以植物群落研究的最多，而植物群落并不是一些植物及其个体的简单相加，也不是拟有机体，更不是社会单位，而是具有自己特殊性质的系统，它是长期以来自然选择和历史发展的产物。在生物群落中植物群落起重要作用，动物群落和微生物群落对植物群落也具有重要的反作用。

　　植物种群的组合即植物群落在环境相似的不同地段有规律地重复出现。整个地球表面上全部植物群落的总和称为植被（vegetation，意为植物的被覆），或植被是地球表面的活的植物覆盖。一个地区的植被即是该地区所有植物群落的总和，也是由一个或多个植物群落组合而成的。那么，植物群落是构成植被的基本单元。综上所述，生物群落可定义为：在特定空间或特定生境下，具有一定的生物种类组成及其与环境之间彼此影响、相互作用，具有一定的外貌及结构，包括形态结构与营养结构，并具特定的功能的生物集合体。

　　应该指出，生物群落学的研究对象，并不局限于自然植被（natural vegetation），还应包括人工植被（artificial vegetation）或栽培植被（cultivated vegetation）。同种群的概念一样，生物群落的概念也具有具体和抽象两重含义。说它是具体的，是因为我们的确很容易找到一个区域或地段，在那里我们可以观察或研究一个群落的结构和功能；群落同时又是一个抽象的概念，指的是符合群落定义的所有生物集合体的总称。

研究这些自然的或人工群落的基本内容或范畴可归纳为五个方面：群落的结构、生态、动态、分类与分布。要搞清楚群落的以上性质，就得从群落的结构研究入手，同理首先的问题就是生物的种类组成及数量特征。

值得一提的是：群落的性质问题，长期以来存在着两种对立的观点。一派认为群落是客观存在的，是一个有组织的生物系统，就像有机体一样，即为有机论学派。个体论学派认为群落是自然界的实体，而生态学家为了研究的方便，从一个连续变化的植被中人为确定了一组物种的集合。任何有关群落与有机体相比拟都是欠妥的。因为群落的存在依赖于特定的生境与物种的选择性，但环境条件在空间与时间上都是不断变化的，因此群落之间不具有明显的边界，而且在自然界没有任何两个群落是相同或相互密切关联的。由于环境变化而引起的群落的差异是连续的。苏联的 R. G. Ramensky 和美国的 R. H. Whittaker 用梯度分析和排序的定量方法证明：群落并不是一个个分离的明显边界的实体，多数情况下是空间和时间上连续的系列。

虽然多数学者持群落有机论的观点，但近代的生态学研究，尤其是梯度分析和排序定量研究证明群落无论在空间和时间上都是连续的一个系列。这使得人们更倾向于个体论。以上两派观点的争论并未结束，因研究区域与对象不同而各抒己见。但是两派争论的焦点已淹没在由于人类活动引起的群落的变形问题上。因此，人们同时接受了这两个观点；人们认为两派的争论实质上是群落性质的两个侧面，即群落既有有机体的性质又有个体的性质；就像可见光既有红、橙、黄、绿、青、蓝、紫七色光质的性质，而七色光的电磁波的波长变化又是连续性的一样。

第一节　生物群落的特征

研究群落的特征是在知道其组成的各个种群的数量特征的基础上进行的，所以，首先要调查清楚群落的组成，之后调查各个种群的数量。

一、群落的种类组成

调查种类组成是在一个群落中进行的，然而在自然群落中，要查遍整个群落是不可能的。所以，登记群落的组成，首先要选择样地，即能代表所研究群落基本特征的一定地段或一定空间。所取的样地应注意环境条件的一致性与群落外貌的一致性，最好处于群落的中心部位，避免过渡地段。样地位置确定之后，还要确定样地大小，因为只能在一定的面积上进行登记。一般使用最小面积法确定样地的大小。

（一）最小面积和表现面积

1. 最小面积概念

最小面积是指至少要有这样大的空间，才能包含组成大多数植物种类。对植物群落研究所使用的，既然群落的结构是由各种植物的组合方式所形成，而最小面积上又包含了大多数植物种类，那么在这个面积上就能表现出群落结构的主要特征。因此，这个面积也称为表现面积。最小面积使用种—面积曲线方法求取，具体的可以用图 4-1 所列几种样地扩大方式。

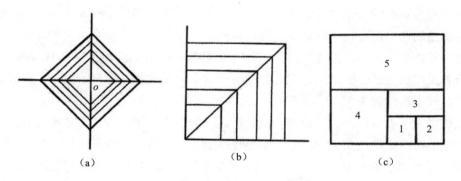

图 4-1　最小面积求法（巢式样方法）

（1）从中心向外逐步扩大法

通过中心点 *O* 作两条相互垂直的直线，在两条线上面依次定出距中心点为 0.71 m、1.00 m、1.41 m、1.73 m 等位置，各等距四点连接后即分别构成 1 m²、2 m²、4 m²、6 m²、8 m² 的小样地[图 4-1（a）]，随着样地面积的增大，内含的植物种类数也增多，作种—面积曲线。

（2）从一点向一侧逐步扩大法

通过原点作两条直角线为坐标轴，在线上依次取距原点为 1.0 m、1.41 m、2.0 m、2.4 m、2.8 m 的位置，各自再作轴的垂线分别连接成面积为 1 m²、2 m²、4 m²、6 m²、8 m² 的小样地[图 4-1（b）]，作种—面积曲线。

（3）成倍扩大样地面积法

按图 4-1（c）所示方法逐步扩大，每一级面积为前级面积的 2 倍，作种—面积曲线。

最小面积一般是从种—面积曲线中确定的，种—面积曲线（图 4-2）最初陡峭上升，而后水平延伸，开始平伸的一点处所指示的面积，即为最小面积。所谓最小面积就是说至少要有这样大的空间，才能包含组成大多数植物种类。既然群落的结构是由各种植物的组合方式，而最小面积又包含了大多数植物种类，那么在这个面积上就能够表现出群落结构的主要特征。

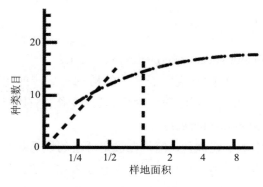

图 4-2　种—面积曲线

2. 最小面积与环境条件的关系

（1）对乔木而言

组成群落的植物种类越多，群落的最小面积相应地就越大。进一步研究可以发现，环境条件越优越，群落的结构越复杂，组成群落的植物种类一定也就越多。例如，我国西双版纳南部的热带雨林群落，它的最小面积至少为 2 500 m^2，其中包含了组成群落的主要高等植物 130 种左右。而东北小兴安岭红松林的一个群落，植物种类要少得多，它的最小面积约为 400 m^2，包含主要的高等植物 40 多种。这样，我们就可以从环境条件的优势程度、植物种类数目的多寡、群落结构的复杂程度和群落最小面积的大小等方面，找到一定相关性，它们之间都是一种正比关系。

（2）对草本植物群落来说

法国 CEPE 的生态工作组用标准化了的巢式样方研究世界各地不同草本植被类型的种类数目特征，所用的样方面积最初为 1/64 m^2，以后成倍加大。他们把含样地总种 84% 的面积作为群落的最小面积，结果如表 4-1 所示。

表 4-1　不同地区的表现面积

地区	表现面积/m^2
阿尔卑斯山海拔 2 200 m 草甸	1
温带典型草甸	4
温带草原	8
地中海地区草本植被	16
荒漠	128～256
撒哈拉沙漠	512

（二）组成植物群落的成分

1. 建群种（eddificator species或constructive species）

对群落的生境有明显的控制或影响作用的植物种群，即主要层的优势种（dominant species），种群在数量、盖度、频度和生物量等数量特征都具有优势的植物群落。

2. 亚优势种（subdominant species）

个体数量与作用都次于建群种，但是在决定群落的性质和对群落生境的控制或影响方面仍然起一定作用的植物群落。在复层群落中它通常在下层，如大针茅草原的小半灌木冷蒿层。

3. 伴生种

为群落的常见种，但是不起主要作用。

4. 偶见种

偶见种是群落中出现频度很低的种群，主要是由于种群数量少的缘故。偶见种可能是孑遗种也可能是生态指示种。

二、群落中种群数量指标

有了所研究的群落、完整的生物名录，只能说明群落中有哪些物种，想进一步说明群落特征，还必须研究不同种的数量关系。对种类组成进行数量分析，是近代群落分析技术的基础。

（一）多度（Abundance）

多度是表示一个种在群落中的个体数目。植物群落中植物种间的个体数量对比关系，可以通过各个种的多度来确定。多度的统计法，通常有两种：一是个体的直接计算法，即"记名计算法"；二是目测估计法。在我国一般采用 Drude 七级制多度，从极多到单株或个别七级（见表 4-2），多用于草本和灌木群落，而乔木群落多用"记名记数法"，是个实测数。

表 4-2　几种常用的多度等级

德鲁捷（Drude）	克列门茨（Clements）	布朗-布朗奎（Braun-Blanguet）	
Soc（Sociales）极多	D（Dominat）优势	5	非常多
Cop（Copiosae）很多	A（Abundant）丰盛	4	多
Cop^2 多	F（Frequent）常见	3	较多
Cop^1 尚多	O（Occasionl）偶见	2	较少
Sp（Sparsal）尚少	R（Rare）稀少	1	少
Sol（Solitariae）少	Vr（Very rare）很少	+	很少
Un（Unicum）个别			

（二）密度（Density）

密度是指单位面积上的植物株数，用公式表示为

$$d = \frac{N}{S}$$ （4-1）

式中：d —— 密度；

　　　N —— 样地内某种植物的个体数目；

　　　S —— 样地面积。

密度的倒数即为每株植物所占的单位面积。在群落内分别计算各个种的密度，其实际意义不大。重要的是计算全部个体（不分种群）的密度和平均面积。在此基础上，又可推算出个体间的距离：

$$L = \sqrt{\frac{S}{N}} - D$$ （4-2）

式中：L —— 平均株距；

　　　D —— 树木的平均胸径；

　　　N —— 样地内某种植物的个体数目；

　　　S —— 样地面积。

密度的数值受到分布格局的影响，而株距则反映了密度和分布格局。在规则分布的情况下，密度与株距平方成反比。但在集中分布情况下则不一定如此。一般对乔木、灌木和丛生草本以植株或株丛计数，根茎植物以地上枝条计数。样地内某一物种的个体数占全部物种个体数的百分比称为相对密度。某一物种的密度占群落中密度最高的物种密度的百分比称为密度比（density ratio）。

（三）盖度（Coverage）

一般来讲，盖度指的是植物地上部分占样地面积的百分比，盖度有多种。

（1）投影盖度

投影盖度是植物枝叶所覆盖的土地面积比，即植物地上部分垂直投影面积占样地面积的百分比。草本群落测法是：用 1 m^2 的木架，分 100 个格，以植物枝叶所占格数的百分数表示。乔木群落测法是：正午时植物地上部分垂直投影面积占样地面积的百分比。

（2）基盖度

对于草原群落常以离地面 2.54 cm（1 英寸）高度的断面计算；而森林群落则以树木胸高（1.3 m 处）的断面积计算。即 2.54 cm 高度的断面或 1.3 m 树木胸高断面积占样地面积的百分比，这两个高度的群落不会随着季节和动物的啃食的变化而变化，基盖度是一个较稳定的度量。

（3）分盖度

分盖度是指各个种群的盖度，可以是投影的分盖度也可以是基部分盖度。

（4）层盖度

种群的层盖度，即各个层次的盖度，可以是投影盖度也可以是基盖度。

（5）群落盖度

林业上称为郁闭度，可以是投影盖度也可以是基盖度。值得注意的是，由于层次的重叠使分盖度之和（分盖度之和等于总盖度）大于群落盖度。

（6）相对盖度

群落中某一种群的分盖度占所有分盖度之和（总盖度）的百分比，即相对盖度。

（四）频度（Frequency）

频度是调查一个种群在样地中分布的均匀与否的数量指标。

1. 频度

频度即某个物种在调查范围内出现的频率。常按包含该种个体的样方数占全部样方数的百分比来计算，频度用 F 代表。

$$F = \frac{某种出现的样方数}{样方总数} \times 100\% \qquad (4\text{-}3)$$

2. Raunkiaer定律

丹麦学者 C. Raunkiaer 在欧洲草地群落中，用直径为 35.6 cm 的小样圆（0.1 m²）任意投掷，将小样圆内的所有植物种类加以记载，就得到每个小样圆的植物名录，然后计算每种植物出现的次数与小样圆总数之比，得到各个种的频度。C. Raunkiaer 根据 8 000 多种植物的频度统计（1934 年）编制了一个标准频度图解（frequency dingram）。在这个图中，分五级，A、B、C、D、E 级，每 20% 为一个单位。凡频度在 1%～20% 的植物物种归入 A 级，21%～40% 者为 B 级，41%～60% 者为 C 级，61%～80% 者为 D 级，81%～100% 者为 E 级。在他统计的 8 000 多种植物中，由图 4-3 可知，频度属 A 级的植物种类占 53%，属 B 级的有 14%，C 级的有 9%，D 级的有 8%，E 级的有 16%，这样按其所占比例的大小，五个频度级的关系是：A＞B＞C≥D＜E。

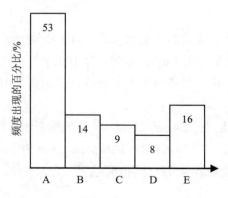

图 4-3　Raunkiaer 的标准频度图解

这个定律说明：在一个相对稳定的自然群落中，属于 A 级频度的种类通常是很多的，它们多于 B、C 和 D 频度级的种类。这个规律符合群落中低频度的种数目较高频度种的数目为多的事实。E 级植物种群是群落中的优势种和建群种，其数量较高因此所占比例较高。

实践证明，上述定律基本上适合于任何稳定性较高而种数分布比较均匀的群落，群落的均匀性与 A 级和 E 级的大小成正比。E 级愈高，群落的均匀性愈大。如果 B、C、D 级的比例增高，说明群落中种的分布不均匀，暗示着植被分化和演替的趋势。但是频度只是群落内部的一个度量，群落的性质还有诸多的度量指标。

3. 频度与密度的关系

频度是指某个物种在调查范围内出现的频率。种的频度不仅与密度有关，而且也受到分布格局、个体的大小以及样方的数目和大小的影响。一般来说，样方的数目越多，样方的面积越小，所得的结果能比较真实地反映种群的个体分布情况。在随机分布的情况下密度与频度有以下函数关系：

$$m = -\ln(1-F) \tag{4-4}$$

式中：m —— 密度；
　　　F —— 频度。

（五）高度（Height）

植物的高度有两种测法：测自然高度和绝对高度。通常自然高度比绝对高度更具有现实的意义，因为自然界对群落的风、雪、霜、雨的作用是从自然高度开始的而并非绝对高度。

（六）重量（Weight）

重量是用来衡量种群生物量（biomass）和现存量（standing crop）的指标，可分为鲜重与干重。在草原植被研究中，这一指标特别重要，单位面积或容积内某一物种的重量占全部物种总重量的百分比称为相对重量。

（七）体积（Volume）

体积是生物所占空间大小的度量。这一指标在森林植被研究中比较重要，在森林经营中，通过体积的计算可以获得木材生产量。单株乔木的体积等于胸高断面积（S）、树高（h）和树形（f）三者的乘积，即：

$$v = s \cdot h \cdot f \tag{4-5}$$

因此，在断面积乘以树高而获得圆柱体体积之后，必须按不同树种乘以该树种的形数（f 值在森林调查表中查到），就获得一株乔木的体积。草本植物或小灌木体积的测定，可用排水法进行。

（八）相对指标与指标比

相对指标是某物种指标与全部种指标之和的比，而指标比是某物种指标与该指标的最高种的比。例如：

$$相对盖度 = \frac{某种的盖度}{\sum 所有种的盖度} \times 100\% \tag{4-6}$$

$$盖度比 = \frac{某种的盖度}{最高盖度种的盖度} \times 100\% \tag{4-7}$$

（九）群落综合数量指标

1. 优势度与综合优势比

一块标准样地中有一个或几个种在群落中地位最为重要或作用最大，即为群落的优势种。一般来说，优势种在与其环境和其他种类的关系中是生态上高度成功的种，它们决定了群落内较大范围的生境条件，而这种条件是与之相结合的其他植物种类生长所必需的。

在大多数的群落研究中，确定优势度时所使用的指标主要是种的盖度与密度。诚然，盖度与密度影响是较大的，但频度、高度等也都是重要的。

虽然对优势度的具体定义和计算方法各学者意见不一，但采用的特征和方法不尽相同，其目的是一致的。日本学者提出综合数量指标，包括两项因素、三项因素、四项因素和五项因素，即在密度比、盖度比、频度比、高度比和重量比这五项指标中任意取，求平均值。例如：

两项综合优势比（SDR_2）：$SDR_3 = （密度比+盖度比）\div 2 \times 100\%$

三项综合优势比（SDR_3）：$SDR_3 = （密度比+盖度比+频度比）\div 3 \times 100\%$

四项综合优势比（SDR_4）：$SDR_4 = （密度比 + 盖度比+频度比+高度比）\div 4 \times 100\%$

2. 重要值

重要值是美国学派使用的优势度指标。它是相对密度、相对频度、相对盖度的平均值。在杨持主编的《生态学》（2000 年版）课本中为：重要值=相对密度+相对盖度+相对频度。而在曲仲湘主编的《植物生态学》（1983 年版）课本中为：重要值=（相对密度+相对盖度+相对频度）÷300。在科学论文中也有用相对重量（生物量）代替相对盖度的。总之，重要值是某一个种在群落中的重要程度的测量，一般使用 3 个量值。

（十）种间关联

种与种之间的关联程度在研究群落生态学中占有很重要的部分。在一个特定的生物群落中有些种群趋向于在一个生境中出现，呈现正相关，而另外的一些种群趋向于负相关，即有某种的生境中一定没有另外的一些种群。

群落中全部种对可能出现的关联类型有：必然的正关联、必然的负关联、部分关联和无关联（图 4-4）。必然的正关联可能出现在某些寄生物和单一宿主间，还有完全取食于一种植物的单食性昆虫。部分关联出现于只是部分地依存于另一物种生存的大多数物种，如昆虫取食若干种植物，捕食者取食若干猎物。部分依存关系看来是自然群落中最常见的，其出现频率仅次于无相互作用的。竞争排斥是群落中少数物种间的关联类型。

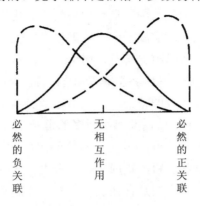

图 4-4　群落中各种群相关联的类型（引自 Kebs）

　　假如用三维立体的关系描述群落中各个种群的距离，最经典的是李博对内蒙古鄂尔多斯本氏针茅群落中的 12 个主要种群关系的立体描述（图 4-5）。图中 1 是本氏针茅，2 是糙隐子草，3 是羊草，4 是阿尔泰狗娃花，5 是山苦菜，6 是冷蒿，7 是达乌里胡枝子，8 是砂珍棘豆，9 是细叶远志，10 是菊叶委陵菜，11 是百里香，12 是地丝石竹。随着现代计算机的普遍使用，有人试图用更多的维数计算群落中各个种间的关系或距离。

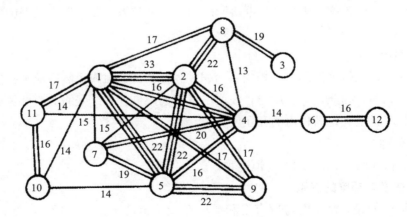

图 4-5　本氏针茅、百里香群落主要种群间 3 D 距离

　　事实上，群落内各个种群的关系不只是用 1D（一条线）、2D（一个平面）或 3 D（立体）能够解释清楚的，各个种群的生态位有多少维、种群的维数的关系，只不过人脑分析或想象不了超过四维的关系，尽管现代的电脑可以记录 N 个维数。

三、群落的综合特征

上述数量特征是用来分析同一群落内不同种类的数量多少、作用大小等情况，群落的综合特征是用于分析比较不同群落之间的相似程度及差别的。

植物群落的综合特征最先是法国—瑞士地植物学派用于群落分类的一组特征，它用于确定分析特征相似的群落是否确实属于同一类型以及它们之间彼此差别的程度如何。

植物群落分类的基本单位是植物群丛，属于同一群丛中的各个植物群落（称为群丛个体或群丛地段）。综合特征是群丛中各群丛个体的比较，即由各群丛个体分析特征记载中得到的概括和抽象，是统计比较的特征。

为了进行完整的综合对比，就需要有尽量多的群丛个体的资料。为了进行正确地综合，只能采用那些在发育和成熟度上在一种可以对比的阶段的植物群落（群丛个体），把在野外初步划分为同一类型的群落资料汇集成一张综合表。然后把各个群落类型的综合表加以比较，就可以得到各项特征。它们是存在度、恒有度、确限度和相似系数。

（一）存在度和恒有度

1. 存在度

存在度是指在同一类型的各个群落中，某一种植物所存在的群落数占被统计群落数的百分比。

存在度用于表明同一类型的不同群落之间，在种类组成方面的相似程度。把它作为综合特征，依据是种类组成是群落各项特征的基础，种类组成相近的各个群落必定有相同的性质。存在度大的植物种类愈多，群落间的相似程度愈大，这一群落类型的种类组成就更均匀一致。

2. 恒有度

恒有度是指在每个群落中取相同的面积，登记其种类组成，然后求某种植物在这些面积中出现的比率。因此，恒有度与存在度二者间的不同仅在于是否具有相同面积的限制。所以，恒有度就是一定面积内的存在度。

3. 恒有种

恒有度在 80%～100% 的种为恒有种。

4. 存在度与频度的差别

需要指出的是，存在度与恒有度和频度在应用范围上是不同的，频度只限于一个植物群落内，即植物群落内的特征；而存在度是植物群落间特征。三者的关系如图 4-6 所示。

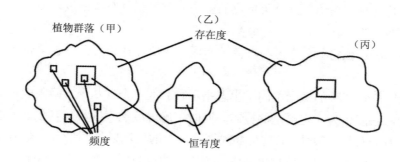

图 4-6　存在度、恒有度与频度的关系

（二）确限度（忠实度）

Braum-Blanquet 把植物种类对群落类型的局限性定义为确限度或忠实度，它指示一个种局限于某一类型植物群落的程度，它是一种植物对一种群落类型的集中或忠实程度。这一概念为法瑞学派所特有，他们根据确限度进行群落分类。

我们知道，各种植物的生态幅度是各不相同的，某些植物种类的生态幅度较广，可以存在于几种不同类型的群落中；而有些种类则具有较小的生态幅度，只局限生长在某一类型的群落中。

Braum-Blanquet 根据植物种与群落类型之间的关系，把确限度分为 5 级，并根据确限度把群落中的植物划分为下列群落成员型：

①特征种：确限度 5 级，确限种，完全或几乎完全局限于一个植物群丛之内（植物群落的单位）。

确限度 4 级：偏宜种，特别偏爱于某个植物群丛的种，但也可能在其他的群落单位中以相当低的存在度出现。

确限度 3 级：适宜种，在几个群落单位中可或多或少丰盛地生长，但在某一群落中占优势或生长最旺盛的种。

②伴生种：确限度 2 级，伴生种，是对任何群丛都无明显选择的种。

③偶见种：确限度 1 级，外来种，少见及偶尔从别的群落侵入进来的，或者从过去的群落中残遗下来的种。

确限度与优势度之间没有必然的联系。自然植被中，大多数植物属于确限度 1～3 级；少数植物属 4 级；而极少数进入 5 级。这就说明，大多数种是两个或两个以上群落类型的成员。

每个种对于某种植被类型的确限度并非在任何地区都是一成不变的，有其地理局限性，即种的确限度具有地理效应。Knapp（1971）提出了如下几种地理特征种：

①地方的特征种：确限度仅局限于某个地区，这个地区只是该群落的整个分布地区中的一部分。

②地区的特征种：在该群落分类单位的整个分布区都具有确限度，但这个分布区比群落分类单位分布范围大。

③一般特征种：植物各分布区与群落分布区相重叠，在该群落分类单位所有的分布区内具有确限性。

另外，确限度特征种的概念不同于生态指示种。在一个群丛中，确限度愈大的种就是最好的特征种，它能作为一定群丛的标志。同时，确限度愈大的种，其生态幅度愈小，但这主要指它现有分布的局限性，而这种局限性除现有的生境以外，还有其区系起源的原因。因此，植物群落学的确限度与植物生态学（狭义）的确限度，在概念上是有区别的，后者用于对某些生态因子复合体，对于一定的群落类型有决定性作用的话，则指示种将符合特征种，但二者在概念上是不一样的。

（三）群落系数（共有系数）

我们对群落进行调查之后，就得到许多样方资料。当我们对这些野外资料进行综合分析时，其中一项就是看其种类组成的相似性，即群落共有系数，也叫相似性指数。共有系数有许多种公式，其中以 Jaccard 系数和 Srensen 系数最为常用。

共有系数最早由瑞士科学家 Jaccard 提出（1901，1912，1928），最简单的群落系数仅与两个样方中的种的存在度有关，而与其他数量特征的多少无关，因此称为存在度—群落系数。它等于两群落中共有种的数量与种的总数的百分比。可用下面两种算式来表示（J 为 Jaccard）：

$$IS_J = \frac{c}{a+b+c} \times 100\% \qquad (4\text{-}8)$$

式中：c —— 两个群落共有种数量；

a —— 第一个群落独有种数量；

b —— 第二个群落独有种数量。

例如，有甲、乙两个群落，甲群落独有种数量为 10，乙群落独有种数量为 11，甲、乙两个群落共有种数为 18。则共有系数：

$$IS_J = \frac{18}{11+10+18} \times 100\% = 46\%$$

后来，人们又提出了一些其他相似性指数，但大都由 Jaccard 系数衍生而来。其中使用较广的是切卡诺夫斯基（Srensen）（1948）相似系数：

$$IS_S = \frac{2C}{A+B} \times 100\% \qquad (4\text{-}9)$$

式中：C —— 两个群落的共有种数量；

A —— 第一个群落的总种数量；

B —— 第二个群落的总种数量。

Srensen 存在度—群落系数所得值要比 Jaccard 系数大：

$$IS_S = 18 \times 2/(28+29) \times 100\% = 63\%$$

Srensen 对 Jaccard 系数进行修正的主要原因是：在 Jaccard 系数中，分子与分母两者会同时变动，而在 Srensen 公式中分母与分子无关。他认为，从理论上讲，在两地区每一个种都有同样的出现机会，即任何一个种在进行比较的两群落中，可能都出现，也可能只在一个群落中出现，因此（A+B）是从理论上说完全可能同时出现的总数，而分子 C 则代表事实上所遇到的同时出现的情况，所以该指示所表示的是实际测出的种同时出现情况与理论上可能同时出现情况之比。这在数学上较为合理。

后来，又有一些学者提出了包含种的数量特征在内的相似性系数。如 Ellenberg（1956）提出的：

$$IS_E = \frac{M_c}{M_a + M_b + \frac{1}{2}M_c} \times 100\% \tag{4-10}$$

式中：M_c——两个群落共有种生物量总数；

　　　M_a——第一个群落中独有种的生物量总数；

　　　M_b——第二个群落中独有种的生物量总数。

共有种生物量总数除以 2 是 Ellenberg（1956）提出的修改，因为在使用种的生物量数值时，共有种代表的是两组的值，但从存在度说，它们只应代表一组。

其他定量数值也可依次代入计算，如群落频度相似性系数，用频度值代替上式中的生物量值即可。此外，还有盖度—多度相似系数和重要相似性系数等。

第二节　群落的外貌和结构及其影响因素

一、群落的外貌和结构

群落的外貌、结构是群落中生物与生物之间、生物与环境之间相互关系的可见标志，也是我们用于识别和鉴定群落的两项重要的特征。群落的外貌取决于植物群落的生活型组成，不同的植物群落结构带来不同的动物和微生物的种群与结构，而群落的结构则包括垂直和水平结构两个方面。此外，群落也有时间结构，其包括季相（外貌）和年度的变化。

（一）植物群落的层片结构

一般，人们很容易根据外貌来区别不同的植被类型，如森林、灌丛、草地等。然而，当我们从群落学的角度来研究群落外貌的形成原因时，就会发现，群落的外貌是群落长期适应外界环境的一种外部表征。在一定地区的自然环境下，群落表现为一定的外貌；不同的群落类型之间，其外貌特征也是不同的。

植物群落的外貌取决于群落的层片结构，特别是取决于对群落生活起着重要作用的主要层片。层片这一概念是 H. Gams（1918）第一次发表的，他起初赋予这个概念以相当杂乱的内容。Gams 区分了三类层片：

一级层片：一个群落中一个种的个体的总体；

二级层片：一个群落中同一生活型的个体总体；

三级层片：不同生活型个体的总体即群落，一个群落为一个层片。

一般群落学中使用的概念相当于 Gams 的二级层片，即每一个层片都是群落中由同一生活型的所有植物种群所组成，层片是群落的生态结构部分。

（二）群落的垂直结构

植物群落在其形成过程中，由于环境的逐渐分化，导致对环境有不同需要的植物生活在一起。这些植物各有其生长型，其生态幅度和适应特点多少也是有差异的。它们各自占据一定的空间，并以它们的同代器官（枝、叶）、吸收器官排列在空中的不同高度和土壤的一定深度中；即使是在水生环境中，不同生活型的植物种群也是根据不同的生态要求在不同深度的水层中占据各自的位置。

1. 成层现象

群落中植物按高度（或深度）的垂直配置，就形成了群落的层次，即为群落的成层现象。群落的成层性保证了植物群落在单位空间中更充分利用自然环境条件。成层现象以陆生植物群落来说，包括地上部分和地下部分。决定地上部分分层的环境因素主要是光照、温度和湿度等条件；而决定地下分层的主要因素是土壤的物理和化学性质，特别是水分和养分。由此看来，成层现象是植物群落与环境相互关系的一种特殊形式。植物群落所在的环境条件愈好，群落的层次就愈多，层次结构也愈复杂。反之，则层次数愈少，层次结构也愈简单。

2. 基本层与层间层

在完全发育了的森林群落中，按植物的生长型，通常可以划分为乔木层、灌木层、草本层和地被层等四个基本结构层次。在各层中又可按同化器官在空中排列的高度划分亚层。在林业工作中，常常把高度相差不超过 10% 的所有树木划分为同一亚层。例如，某一林地中，有一批高度为 30 m，那么树高在 27~33 m 范围内的其他乔木，都列入同一亚层中；而另一些树高相距过大的树木，如平均树高为 20 m，则划为另一亚层。同样，在灌木层和草木层中也可以划分亚层。

植物群落中除了自养直立、独自支撑的植物所形成的层次以外，还有一些植物，如藤本、附生、寄生植物，它们并不独立形成层次，而是分别依附于各层中直立的植物体上，称为层间植物。随着水、热条件越丰富，层间植物也越多；层间植物在热带森林发育最为繁茂。粗大的木质藤本是热带雨林的特征之一，附生植物更是多种多样。藤本植物和附生植物（一部分苔藓植物除外）在生态习性上基本上都是喜光的，它们大多数在上层稍有空隙透光处生长，因而可以称为"填空植物"。但附生植物的附生高度则是与森林内湿度条件有关，在林内湿度很大的情况下，附生植物可以着生于树干很高的部位，而林内湿度稍小，则附生植物的高度也相应降低。当然，不同的附生植物种类，其生态习性还是多少具有差异的。

3. 分层次的原因

按照植物的生长型和高度（二者基本上是相应的或一致的）来划分层次，并不仅仅只有形态描述上的作用。群落内各个层次的形成，还有其生态上和动态上的原因。即如上述森林群落的地上分层，就是由于植物的稠密生长，导致了群落内部环境的逐渐分化而形成的，在森林群落内的不同高度其光照、温度和湿度条件的质和量都不相同，变动规律也不一样。只有能够适应于某种环境的植物种类，才能生活在群落的一定高度范围内，形成一个层次。这样，作为一个层次，都有一定的植物种类及其个体数量，每个层次各具有一定的小生境的特点。又如，在农作物群落中，在正常情况下，秋播小麦的单种群落中，几乎没有下层植株，但在秋季晚播的情况下，却会出现下层植株，播种越晚，下层植株越多。造成这个情况的第一个原因是秋季晚播因干旱而延长了种子的发芽时间，结果使播种地出现不同层次；第二个原因是，植株为寒冻所伤害，后来萌发的茎秆，就成为下层植株。因为这些下层植株中大部分不会成穗，对生产是不利的。

4. 主要层与次要层

在多层结构的群落中，各个层次在群落中的地位和作用各不相同，各层中植物种类的生态习性也是不同的。以一个郁闭的森林群落来说，最高的那一个层既是接触外界变化的"作用面"，又因其遮蔽阳光的强烈照射，而保持林内温度和湿度不致有较大幅度的变化，这就是说，这一层中在创造群落内特殊的小气候环境——植物环境中起着主要作用，是群落的主要层。这一层中的树种或者是阳性喜光的种类，或者是耐阴性较弱的种类。上层以下的各层次中的植物由上而下，耐阴性也增强。在群落底层光照最微弱的地方，则生长着阴性植物。植物耐阴程度愈强，就愈不能适应温度和湿度过大变化的环境；至于阴性植物，那就既不能忍受强烈阳光的直接照射，又不能忍受温度和湿度过大变化的环境；这些植物都程度不同地依附于主要层所创造的植物环境而生存，由于这些植物所构成的层次，在群落内植物环境的创造中起次要作用，它们是群落的次要层。次要层中植物种类个体数量及着生情况，常因主要层的结构（特别是疏密状况）而有较大的变化。它们之间的关系密切，而表现是多种多样的。

5. 层片与层次的差别

在概念上，层片的划分强调了群落的生态学方面，而层次的划分着重于群落的形态。在多数情况下，如按生活型类群的较大单位划分层片，则与层次有其一致性。例如，乔木层即为大高位芽植物层片，灌木层为矮高位芽植物层片等。但是，如果使用生活型较细的单位划分，则层片和层次就不一致了。常绿和落叶混交林中，落叶乔木和常绿乔木都处于同一层次，但二者却属于不同的层片；在这里，同一层次在水平方向上被划分为两个部分。落叶乔木在冬季落叶，而常绿乔木层片的物候进程则完全是另外一套。二者适应外界环境的方式不同，对植物的影响和作用是不一样的，但常常使林下有不同生态习性的植物分成小块生长从而形成镶嵌。

6. 地下成层现象

地下（根系）的成层现象和层次之间的关系和地上部分是相应的。一般在森林群落中，草本植物的根系分布在土壤的最浅层，灌木及小树的根系分布较深，乔木的根系则深入到地下更深处，地下各层次之间的关系主要围绕着水分和养分的吸收而实现。但是迄今为止，对天然森林地下分层的研究，还没有较为全面的资料。

草原群落中各种植物的根系密接，强烈郁闭，比地上分层更为复杂，草原群落变化发展的方向，在很大程度上取决于优势植物种类的根系分布特点。例如，当其他条件相似时，随着放牧强度的增加，或者土壤中可溶性盐类含量的增加，草原植物根系数量显著减少，且愈向土壤表层集中，这就是草原开始退化的标志。因此，要全面研究草原群落的生活规律，必须研究地下分层结构。

对人工群落地下分层的研究和应用较为广泛。禾本科与豆科混播的牧草，常常能比单一种获得高产，不仅因为这两类植物的地上部分能充分利用空间和日光，同时也由于地下部分能合理利用土壤的水分和养分。禾本科牧草的须根系入土较浅，豆科牧草的直根系入土较深，它们各处于土壤的不同深度。这样，在土壤的单位体积内，植物的吸收面积比单播时增大了很多。分布在土壤浅层的禾本科植物须根，主要利用由土表下渗的水分。豆科牧草的根系从土壤浮层吸收更多的钙，当其残体分解后，满足了禾本科植物对钙的需要，也成了禾本科牧草氮肥的供应者。

地下分层的研究方法一般是在草原植物群落中进行，主要是对各种植物根的深度和幅度加以研究。其方法，一般是采用形态法和重量法。形态法是挖掘一定深度的土坑，然后借助网格，把土坑壁上暴露出来的植物根系按比例描绘在方格纸上，重量法是在土坑壁上切出 20 cm×10 cm×5 cm（长×宽×厚）深处的砖形土块，由地表开始到 35 cm 深处连续切下七块，以后再在 40～45 cm，60～65 cm，90～95 cm 处各切一块，共 10 块。将每一土块中的所有根系洗出，分为粗根、中根、细根分别称重，然后制成地下部分分布图。在须根系禾本科植物所组成的群落中（如小麦，水稻群落），则用单位体积的次生根数和次生根总长度来表示植物吸收面积的大小。

（三）群落的水平结构

植物群落的特征不仅表现于垂直分层现象，而且也表现于水平方向上。关于种在群落中的分布格局，已在种群部分介绍，这里重点讲述群落的镶嵌性与复合体。

1. 镶嵌性

层片在二维空间（平面）中的不均匀配置，使群落在外形上表现为斑块相间，我们称之为镶嵌性。具有这种特征的植物群落叫作镶嵌群落，每一个斑块就是一个小群落，它们彼此组合，形成了群落的镶嵌性。每一个小群落由具有一定的种类成分和生活型组成。因此，它不同于层片（结构），而是群落水平分化的一个结构部分。而且，由于其形成在很大程度上依附其所在的群落。因此，在欧洲的群落学研究中，把它叫作从属群落（丛）。

镶嵌群落可以分为两类：融合型和轮廓型，融合型镶嵌群落在小群落间没有明显的边界，植物种类在生长型方面，创造小环境的能力方面有较小的差异。这反映了该群落内部环境的一致性较大，是群落趋于稳定的表现，而轮廓型群落恰好相反。自然界中群落的镶嵌是绝对的，均匀性是相对的（因为生境异质是绝对的）。

2. 复合体

它是不同群落之间水平分布格局的一个特征，群落复合体是由于环境条件（主要是地形、水分和土壤条件）在一定的空间地段有规律的交替，而使两个或两个以上的群落或群落片段多次的、有规律的重叠出现所组成的植被。复合体是普遍存在的植被结构格局，在自然植被的过渡地带表现得更为充分。

3. 复合体与镶嵌性的主要差别

①镶嵌群落是群落内部小群落间的结构格局，而复合体是各个不同群落之间的结构格局。

②构成镶嵌群落的层片和小群落都具有自己的生态小环境，小生境之间相互作用形成一个统一的群落环境。但是构成复合体的诸群落之间不仅不具有共同的环境条件，而且是以生境类型的不同为其存在前提的，一旦差异趋于一致，复合体也就消失了。

③组成镶嵌群落的不同层片或不同小群落间经常处于相互作用状态中，并且具有从属互依关系。但是复合体的构造单位之间的相互关系只出现在相邻空间的边缘，更主要的是相互替代和互相转化关系。另外，由于种群的分布格局不同，复合体也可以分为融合型和轮廓型。

4. 斑块、廊道和本底与群落水平结构的关系

关于这三者的概念在绪论中有介绍，这三者是现代景观生态学中最核心的词汇。景观生态学最基本的研究方法是尺度的缩放，在把地区作为景观的尺度上（在航片和卫片的范围内的水平配置），那么从景观生态专业上讲：本底（基底）是景观中最广、连续性最好、最大的背景；当研究的尺度缩小在群落的水平上时，本底就是建群种和优势种了；斑块是与周围环境在外貌或性质上都不同，但是具有一定内部均一性的空间部分，那么在群落的尺度上就是镶嵌群落（小群聚）；廊道是指景观中与两个相邻环境不同的线性或带性结构，在群落的尺度上就是繁殖体的通道了。

（四）群落的周期性和群落的季相

时间结构指群落结构在时间上的分化或在时间上的配置。它反映了群落结构随着时间的周期性变化而相应地发生更替，这种更替在很大程度上表现在群落结构的季节性变化和年度变化。

（1）群落的季相

其主要标志是群落主要层片的物候变化；季相是一种时间结构。

①季节层片：当主要层片的植物处于营养盛期时，往往对其他植物的生长和整个群落有着极大的影响。而有时当一个层片的季相发生变化时，甚至能影响到另一层片的出现与消灭，这种现象在北方的落叶阔叶林内最为显著。早春由于乔木层的树木未长叶，林内有很大的透光度，林下出现一个春季开花的草本层片；入夏乔木长叶，林冠荫蔽，这一早春开花的草本层片逐渐在林下消失。又如在荒漠或草原中，春季出现短生植物层片，形成春季季相，以后就被另一些草本层片所代替。这一类随季节而出现的层片，称为季节层片。由于生长季节中出现依次更替的季节层片，群落的结构也发生了季节性变化。这就是说，植物群落的结构不仅表现为植物的空间配置，而且也表现为植物的时间配置。群落季相则是这种季节性结构的表现形式。这一现象在草本植物中特别明显，而以热带雨林表现得最不明显。

②群落在时间上的成层现象：群落中由于物候更替所引起的结构变化。

③群落季相研究方法是对群落中主要种类的物候观察记载，物候总谱是一个群落季相变化的真实记录。

（2）植物群落的年变化

除了周期性的季相变更之外，在不同年度之间，生物群落常有明显的变动。这种变动也限于群落内的变化，不产生群落的更替现象，一般称为波动。群落的波动多数是由于群落在地区气候条件的不规则变动引起的，其特点是群落区系成分的相对稳定性、群落数量特征变化的不定性以及变化的可逆性。

（五）群落交错区与边缘效应

群落交错区又称生态交错区或生态过渡带，是两个或多个群落之间（或生态地带之间）的过渡区域。例如，森林和草原之间有一个森林草原地带；软海底与硬海底的两个海洋群落之间也存在过渡带；两个不同森林类型之间或两个草本群落之间也都存在交错区。因此，这种过渡带有的宽，有的窄；有的逐渐过渡，有的变化突然。群落的边缘有的是持久性的，有的在不断变化。

1987 年 1 月，在巴黎召开的一次国际会议上对群落交错区的定义是："相邻生态系统之间的过渡带，其特征是由相邻生态系统之间相互作用的空间、时间及强度所决定的"。可以认为，群落交错区是一个交叉地带或种群竞争的紧张地带，群落中种的数目及一些种群密度比相邻群落大。群落交错区种的数目及一些种的密度增大的趋势被称为边缘效应（edge effect）。在群落交错区往往包含两个重叠群落中所有的一些种以及交错区本身所特有的种，这是因为群落交错区的环境条件比较复杂，能为不同生态类型的植物定居，从而为更多的动物提供食物、营巢和隐蔽条件。我国大兴安岭森林边缘，具有呈狭带分布的林缘草甸，每平方米的植物种数达 30 种以上，明显高于其内侧的森林群落与外侧的草原群落。

目前，人类活动正在大范围地改变自然环境，形成许多交错带，如城市的发展、工矿的建设、土地的开发，均使原有景观的界面发生变化。这些新的交错带可看作半渗透界面，它可以控制不同系统之间能量、物质与信息的流通。

二、影响群落组成和结构的因素

（一）生物因素

1. 竞争对群落结构的影响

竞争的结果使生态位分化，群落中的物种多样性增加。目前，再没有生态学家会怀疑竞争在群落结构形成中的作用了，同样也不会有人认为群落中所有物种都是由种间竞争而联结起来的。问题是在影响群落结构的因素中，竞争起多大作用，在什么条件下作用大，在什么条件下作用小。最直接的回答可能是在自然群落中进行引种或去除试验，观察其他种的反应。例如，在 Arizona 荒漠中有一种更格卢鼠和三种囊鼠共存，其栖息的小生境和食性上彼此有区别。当去除一种，另三种中每种的小生境就有明显扩大。T. W. Schoener 和 J. H. Connell 等曾分别总结文献中报道的这类试验，平均有 90% 例证证明有种间竞争，表明自然群落中种间竞争是相当普遍的。分析结果表明，海洋生物种间竞争的例数较陆地生物多；大型生物间较小型生物多；而植食性昆虫之间的种间竞争比例甚少（41%），其原因是绿色植物到处都较为丰富。

2. 捕食对群落结构的影响

捕食对群落结构形成的作用，视捕食者是泛化种还是特化种而异。实验研究证明，随着泛化捕食者（兔）食草压力的加强，草地上的植物种数增加，因兔把有竞争力的植物种吃掉，可以使竞争力弱的种生存，所以多样性提高。但是捕食压力过高时，植物种数又随之降低，因为兔不得不吃适口性低的植物。因此，植物多样性与兔捕食强度的关系呈单峰曲线。另外，即使是完全泛化的捕食者，像割草机一样，对不同种植物也有不同影响，这就取决于被食植物本身恢复的能力。

具选择性的捕食者对群落结构的影响与泛化捕食者不同。如果被选择的喜食种是优势种，则捕食能提高多样性。例如，潮间带常见的滨螺（*Littorina littorea*）是捕食者，吃很多藻类，尤其喜食小型绿藻——浒苔（*Enteromorpha*），图 4-7 表示随着滨螺捕食压力的增加，藻类种数也增加，捕食作用提高了物种多样性，其原因是滨螺把竞争力强的浒苔的生物量大大压低了。这就是说，如果没有滨螺，浒苔占了优势，藻类多样性就会降低。但是，如果捕食者喜食的是竞争上占劣势的种类，则结果相反，捕食降低了多样性。

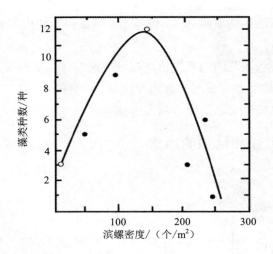

图 4-7　藻类种数与滨螺密度的关系

　　Paine（1966）在岩底潮间带群落中去除海星的试验，是顶极食肉动物对群落影响的首次实验研究。图 4-8 表示该群落中一些重要的种类及其食物联系，海星以藤壶、贻贝、帽贝、石鳖等为食。Paine 在 8 m 长、2 m 宽的试验样地中连续数年把所有海星都去除，结果几个月后，样地中藤壶成了优势种，以后藤壶又被贻贝所排挤，贻贝成为优势种，变成了"单种养殖"（monoculture）地。这个试验证明了顶极食肉动物成为决定群落结构的关键种（keystone species）。

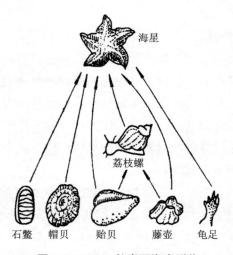

图 4-8　Paine 的岩石海岸群落

　　至于特化的捕食者，尤其是单食性（多见于草食昆虫或吸血寄生物），它们多少与群落的其他部分在食物上是隔离的，所以很易被食物种控制，它们是进行生物防治的可供选择的理想对象。当其被食者成为群落中的优势种时，引进这种特化捕食者能获得非常有效的生物防治效果。例如，仙人掌（*Opuntia*）被引入澳大利亚后成为一大危害，大量有用土地被仙人掌所覆盖。在 1925 年引入其特化的捕食蛾（*Chctoblastic cactorum*）后才使危害得到控制。

寄生生物和病菌对群落结构的影响通常在它们大发生时才可显示出来。例如，由于疟疾、禽痘等对鸟类致病的病原体被偶然带入夏威夷群岛，当地接近一半的鸟类死亡。

（二）干扰对群落结构的影响

干扰（disturbance，或译扰动）是自然界的普遍现象，就其字面含义而言，是指平静的中断，正常过程被打扰或妨碍。

生物群落不断经受着各种随机变化的事件，正如 F. E. Clement 指出的："即使是最稳定的群丛也不完全处于平衡状态，凡是发生次生演替的地方都受到干扰的影响"。有些学者认为干扰扰乱了顶极群落的稳定性，使演替离开了正常轨道。而近代多数生态学家认为干扰是一种有意义的生态现象，它引起群落的非平衡特性，强调了干扰在群落结构形成和动态中的作用。

1. 干扰与层盖度

干扰对群落中不同层和不同层片的影响是不同的。例如，一块云杉林在一次雪崩后 40 年内再未受到干扰，乔木层盖度稳步上升，林下禾草在干扰后前 5 年内盖度增加，随后逐渐减少，林下杂类草盖度在干扰后很快降低（图 4-9）。另一块云杉林第一次雪崩干扰后每 5 年遇雪崩一次，在相同的 40 年中，各层盖度与不受干扰地段显现出很大的差异（图 4-10）。

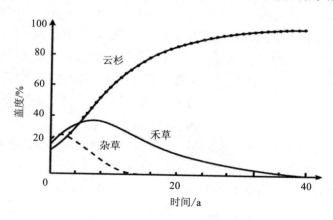

图 4-9 云杉林雪崩后 40 年未受到干扰生物多样性盖度

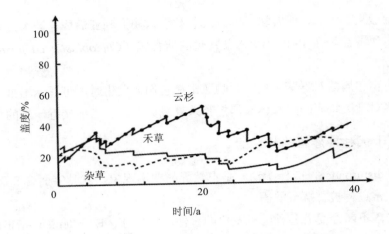

图 4-10　计算机模拟的雪崩对云杉林层盖度的影响

2. 干扰与群落的缺口

连续的群落中出现缺口（gaps）是非常普遍的现象，而缺口经常由干扰造成。森林中的缺口可能由大风、雷电、砍伐、火烧等引起；草地群落的干扰包括放牧、动物挖掘、践踏等。干扰造成群落的缺口以后，有的在没有继续干扰的条件下会逐渐地恢复，但缺口也可能被周围群落的任何一个种侵入和占有，并发展为优势者。哪一种是优胜者完全取决于随机因素。往往可称为对缺口的抽彩式竞争。抽彩式竞争（competive lottery）出现在这样的条件下：①群落中具有许多入侵缺口和耐缺口中物理环境能力相等的物种；②这些物种中任何一种在其生活史过程中能阻止后入侵的其他物种再入侵。在这些条件下对缺口的种间竞争结果完全取决于随机因素，即先入侵的种取胜，至少在其一生之中为胜利者。当缺口的占领者死亡时，缺口再次成为空白，哪一种入侵和占有又是随机的。

但是，有些群落所形成的缺口，其物种更替是有规律性的。新打开的缺口常常被扩散能力强的一个或几个先锋种所入侵。由于它们的活动，改变了条件，促进了演替中期种入侵，最后为顶极种所替代。在这种情况下，多样性开始较低，演替中期增加，但到顶极期往往稍有降低。与抽彩式竞争不同的另一点是参加小演替各阶段的一般都有许多种，而抽彩式竞争只有一个建群种。

缺口形成的频率影响物种多样性，据此 T. W. Conned 等提出了中度干扰假说（intermediate disturbance hypothesis），即中等程度的干扰水平能维持高多样性。其理由是：①在一次干扰后少数先锋种入侵缺口，如果干扰频繁，则先锋种不能发展到演替中期，因而多样性较低；②如果干扰间隔期很长，使演替过程能发展到顶极期，多样性也不很高；③只有中等干扰程度使多样性维持最高水平，它允许更多的物种入侵和定居。

在底质为砾石的潮间带，W. P. Sousa 曾进行实验研究，对中度干扰假说加以证明。潮间带经常受波浪干扰，较小的砾石受到波浪干扰而移动的频率明显地比较大的砾石频繁。因此，砾石的大小可以作为受干扰频率的指标。Sousa 通过刮掉砾石表面的生物，为海藻的再殖提供空的基底。结果发现，较小的砾石只能支持群落演替早期出现的绿藻（*Ulua*）和藤壶，平均每块砾石 1.7 种；大砾石的优势藻类是演替后期的红藻（*Gigartina canaliculata*）（平均 2.5 种）；中等大小的砾石则支持最多样的藻类群落，包括几种红藻（平均 3.7 种）。因此，中度干扰下多样性最高。Sousa 进一步把砾石以水泥黏合，从而波浪不能推动它们，结果表明藻类多样性不是砾石大小的函数，而纯粹取决于波浪干扰下砾石移动的频率。

草地在经受动物挖掘活动后也出现缺口，对其干扰频率与缺口演替关系的研究，同样证明了中度干扰假说的预测。

3. 干扰理论与生态管理

干扰理论对应用领域有重要价值。如要保护自然界生物的多样性，就不要简单地排除干扰，因为中度干扰能增加多样性。实际上，干扰可能是产生多样性的最有力的手段之一。冰河期的反复多次干扰，大陆的多次断开和岛屿的形成，看来都是对物种形成和多样性增加的重要动力。同样，群落中不断地出现断层、新的演替、斑块状的镶嵌等，都可能是维持和产生生态多样性的有力手段。这样的思想在自然保护、农业、林业和野生动物管理等方面起重要作用。例如，斑块状的砍伐森林可能增加物种多样性，但斑块的最佳大小要进一步研究决定，农业实践本身就包括人类的反复干扰。

（三）空间异质特征与群落结构

群落的环境不是均匀一致的，空间异质性的程度越高，意味着有更加多样的小生境，所以能允许更多的物种共存。

1. 非生物环境的空间异质性

Harman 研究了淡水软体动物与空间异质性的相关程度，他以水体底质的类型数作为空间异质性的指标，得到了正的相关关系，即底质类型越多，淡水软体动物种数越多。植物群落研究的大量资料说明，在土壤和地形变化频繁的地段群落含有更多的植物种，而平坦同质土壤的群落多样性低。

2. 生物空间异质性

R. H. MacArthur 等曾研究鸟类多样性与植物的物种多样性和取食高度多样性之间的关系。取食高度多样性是对植物垂直分布中分层和均匀性的测度。层次多，各层次具更茂密的枝叶表示取食高度多样性高。研究结果发现鸟类多样性与植物种数的相关程度，不如与取食高度多样性相关紧密。对于鸟类生活，植被的分层结构比物种组成更为重要。因此根据森林层次和各层枝叶茂盛度来预测鸟类多样性是有可能的。

在草地和灌丛群落中垂直结构对鸟类多样性就不如森林群落重要，而水平结构，即镶嵌性或斑块性就可能起决定作用。

（四）岛屿与群落结构

岛屿由于与大陆隔离，生物学家常把岛屿作为研究进化论和生态学问题的天然实验室或微宇宙。

1. 岛屿的种数—面积关系

岛屿中的物种数目与岛屿的面积有密切关系。许多研究证实，岛屿面积越大，种数越多（图 4-11），并可以用简单方程描述：

$$S=cA^z \tag{4-11}$$

取对数
$$\lg S = \lg C + z \lg A \tag{4-12}$$

式中：S —— 种数；

A —— 面积；

z、C —— 两个常数。

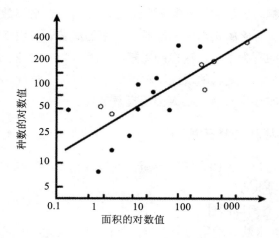

图 4-11 Galapagos 群岛的陆地植物种数

广义而言，湖泊受陆地包围，也就是"陆海中的岛"，山的顶部成片岩石是低纬度中的岛，一类植被或土壤中的另一类土壤和植被斑块、封闭林冠中由于倒木形成的林窗（缺口）都可被视为"岛"。根据研究，这类岛中的物种数与面积关系同样可以用上述方程进行描述，岛屿面积越大种数越多称为岛屿效应。因为岛屿处于隔离状态，其迁入和迁出的强度低于周围连续的大陆。D. Lack 还认为，大岛种数较多是含有较多生境的简单反映，即生境多样性导致物种多样性。

2. MacArthur的平衡说

岛屿上的物种数取决于物种迁入和灭亡的平衡。这是一种动态平衡，不断地有物种灭亡也不断地由同种或别种的迁入而补偿灭亡的物种。平衡可用图 4-12（交点表示平衡时的种数；Beongn，1986）说明，以迁入率曲线为例，当岛上无留居种时，任何迁入个体都是新的，因而迁入率高。随着留居种数加大，种的迁入率就下降。当种源库（即大陆上的种）所有的种在岛上都有时，迁入率为零。灭亡率则相反，留居种数越多、灭亡率越高。迁入率取决于岛与大陆距离的远近和岛的大小，近而大的岛其迁入率高，远而小的岛其迁入率低。同样，灭亡率也受岛的大小的影响。

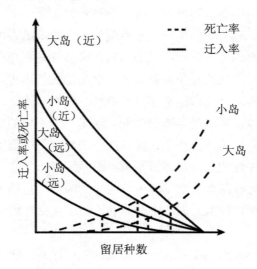

图 4-12 不同岛上物种潜入率和消失率

迁入率曲线与灭亡率曲线交点上的种数，即为该岛上预测的物种数。根据平衡说可说明下列 4 点：①岛屿上的物种数不随时间而变化；②这是一种动态平衡，即灭亡种不断地由新迁入的种所代替；③大岛比小岛能供养更多的物种；④随岛距大陆的距离由近到远，平衡点的种数逐渐降低。

首先，岛屿与大陆是隔离的，根据物种形成学说，隔离是形成新物种的重要机制之一。因此，如 M. H. Williamson 所言在岛屿的物种进化较迁入快，而在大陆迁入较进化快。不过有一点需要说明，生物的迁移和扩散能力是不同的，所以对于某一分类群是岛屿，而对另一类群可能是大陆。实际上大陆也是四面围海的"岛"。

其次，在离大陆遥远的岛屿上，特有种（即只见于该地的种）可能比较多，尤其是扩散能力弱的分类单元更有可能。

最后，岛屿群落有可能是物种未饱和的，条件是该岛进化的历史较短，不足以发展到群落饱和的阶段。

3. 岛屿生态与自然保护

自然保护区在某种意义上讲的是受其周围生境"海洋"所包围的岛屿，所以岛屿生态理论对自然保护区的设计具有指导意义。

4. 平衡说与非平衡说

英国的 C. Elton（1927）认为：群落中的种群数量不断地变化是因为其环境不断地变化，或是由一个种群变动导致另外一个种群的变动，如果环境不变或停止变动，群落则呈现稳定状态，这是著名的静态平衡说。美国的 R. H. MacArthur 提出动态平衡说，在其研究的岛屿生物地理群落中，物种数是一个常数，这是迁入与灭绝之间的平衡所取得的，因此构成群落的物种是在不断地变化之中的，而种类的总数是稳定的。

非平衡说则认为：组成群落的物种始终处于不断地变化之中，自然界的生物群落没有长期的或全群落的稳定，有的是群落的生态阈值（群落的抵抗力加恢复力）所维持的，是有时间范畴的稳定。早期的生态学者所做的实验和模型都是在相对封闭的系统中完成的，如果在开放的系统中就是组成成分少的群落要达到平衡的概率也是很低的，因为决定生物环境因子就不少于 10 项，每项都稳定是不可能的，环境不稳定，群落中的物种也就不可能稳定。从地球诞生至今，环境是不断变化的，这是一个不争的事实。

平衡说与非平衡说争论的焦点在于：前者注意的焦点在系统的平衡点时的性质，而忽略了时间和变量，后者注意的焦点在离开平衡点时系统行为的变化过程，特别强调时间和变异性。当然，认为自然群落有一个精确调节的平衡的看法是幼稚的，这也不符合平衡说的初衷。平衡说旨在表明：群落或大或小有波动，但是在稳定的环境中群落的发展是向着平衡点方向趋近的。

生态学发展到今天，我们不会苛求一个精确的生态平衡，研究生态的目的是确保人类的生存与发展，所以，现代用生态稳定比生态平衡更科学。关于生态稳定的特征在生态系统的章节有较详细的介绍。

三、生物多样性

生物多样性（biological diversity）是指生物中的多样化和变异以及物种生境的生态复杂性。它包括植物、动物和微生物的所有种及其组成的群落和生态系统。生物多样性包括三个水平：①遗传多样性；②物种多样性；③生态系统多样性。物种多样性是普通生态学研究的中心，以下以物种多样性为例讲解生物多样性及其测定的指标。

（一）物种多样性的定义

Fisher 等（1943）第一次使用物种的多样性名词时，他所指的是群落中物种的数目和每一物种的个体数目。后来人们有时也用别的特性来说明物种的多样性，如生物量、现存量、重要值、盖度等。通常多样性具有以下两种含义：

1. 丰富度（物种的数目）
丰富度指群落或生境中种群数目的多寡（注意群落的大小、面积、生活型、季节）。
2. 均匀度
均匀度指群落或生境中全部种群和各个种群的个体数目的分配状况，即分配的均匀程度。

（二）多样性的测定

多样性的测定公式有多种，以下两种分别是测定群落或生境中全部种群及各个种群的个体数目的分配状况。

1. 丰富度指数

由于群落中种群的总数与样本含量有关，所以这类指数应限定为可以比较的。

①Gleason 指数：在群落总面积的对数尺度上的相对出现度。

$$D = \frac{S}{\ln A} \tag{4-13}$$

式中：S——群落中种群的数目；

A——群落面积。

②Margalef 指数：在群落总体中的相对出现度。

$$D = \frac{S-1}{\ln N} \tag{4-14}$$

式中：S——群落中种群的数目；

N——观察到的个体总数。

2. 多样性指数

多样性指数是丰富度和均匀度的综合指标，也称为异质性指数或种的不齐性。

①辛普森多样性指数（Simpson's diversity index）：在无限大小的群落中，随机取样得到两个同样的标本概率有多大呢？例如，大兴安岭的寒温带针叶林中，随机取两株树标本属于同一个种的概率就很高，而在西双版纳的热带雨林随机取两株树标本属于同一个种的概率就很低。随机取两株树标本不属于同一个种的概率就为：

$$D = 1 - \sum_{i=1}^{s} P_i^2 \tag{4-15}$$

式中：D——辛普森多样性指数；

S——群落中物种数目；

P_i——某种个体数占群落中总个体数的比例；

P_i^2——在随机取的两个样中，两个体属于同种的概率。

假定我们取样的总体是一个无限总体（在自然群落中，这一假定一般是可以成立的），那么 P_i 的真值是未知的；它的最大必然估计量是 $P_i = N_i/N$；作为总体 D 值的一个估计量，它是有偏差的。辛普森多样性指数的最低值是 0，即全部个体均为一种时，最高值为 $(1-1/S)$，即每个个体分别属于不同种。

例如，甲群落中 A、B 两个种的个体数分别为 99 和 1，而乙群落中 A、B 两个种的个体数均为 50。即：

$$D_{甲} = 1 - \sum_{i=1}^{2} (N_1/N)^2 = 1 - [(\frac{99}{100})^2 + (\frac{1}{100})^2] = 0.019\ 8$$

$$D_{乙} = 1 - \sum_{i=1}^{2} (N_2/N)^2 = 1 - [(\frac{50}{100})^2 + (\frac{50}{100})^2] = 0.5$$

乙群落的多样性高于甲群落，造成这两个群落差异的主要原因是种的不均匀性。从丰富度来讲，两个群落是一样的，但均匀度不同。因此，应用多样性指数时，具有低丰富度和高均匀度的群落与具有高丰富度和低均匀度的群落，可能得到相同的多样性指数。

②香农－威纳指数（Shannon-Weiner index）：信息论中的熵的公式原来是表示信息的紊乱和不确定程度的，我们也可以用来描述种的个体出现的紊乱和确定性，这就是香农－威纳指数的设计原理。其计算公式如下：

$$H = -\sum_{i=1}^{S} P_i \log_2 P_i \tag{4-16}$$

公式中对数的底可取 2、e 和 10，但是单位不同，分别为 nit、bit 和 dit；H 为信息量（information content），即物种的多样性指数；S 为物种的数目；P_i 为属于种 i 的个体占全部个体中的比例。信息量 H 越大，不确定性越大，因此多样性也越高。仍以前面的例子计算：

$$H_甲 = -(0.99 \times \log_2 0.99 + 0.01 \times \log_2 0.01) = 0.81 \, \text{nit} / 个体$$

$$H_乙 = -(0.5 \times \log_2 0.5 + 0.5 \times \log_2 0.5) = 1.0 \, \text{nit} / 个体$$

可见，乙群落的多样性高于甲群落，这与辛普森多样性指数的计算结果是一样的。在香农－威纳指数中包含两个因素：①种类数目，即丰富度；②种类中个体的均匀度。特征基本与辛普森多样性指数一致。种类数目多，可增加多样性指数；同样，种类之间个体分配的均匀性也会提高多样性指数。当 S 个物种每一种恰好只有一个个体时，$P_i=1/S$，信息量最大，即：

$$H_{\max}=-S[1/S \log_2 (1/S)] = \log_2 S \tag{4-17}$$

当全部个体为一个物种时，则信息量最小，即多样性指数最小。

$$H_{\min}=-S/S \log_2 (S/S) = 0 \tag{4-18}$$

（三）多样性梯度

1. 多样性在地球上的变化规律

①纬度上的变化：多样性随纬度的变化而变化，从热带到两极随纬度的增加，物种多样性有逐渐减少的趋势。在乔木、海产瓣鳃类、蚂蚁、鸟、兽等许多类群中均有充分数据说明这一点，即无论在陆地、海洋和淡水环境都有类似趋势。当然也有例外，如企鹅和海豹在极地种类多，而针叶树和姬蜂在温带物种最丰富。

②海拔上的变化：多样性随海拔的变化而变化，如果在赤道地区登山，随海拔的增高，能见到热带、温带、寒带的环境，同样也能发现物种多样性随海拔增加而逐渐降低。

③水体深度的变化：在海洋或淡水水体物种多样性有随深度增加而降低的趋势，显然，在大型湖泊中，温度低、含氧少、黑暗的深水层，其水生生物种类明显低于浅水区；同样海洋中植物分布也仅限于光线能透入的光亮区，一般很少超过 30 m。

我国土地辽阔，南北跨越 49°30′（北起漠河以北的黑龙江江心——北纬 53°30′，南到南沙群岛南端的曾母暗沙——北纬 4°），由东南向西北干旱度逐渐增加，而西南则是高寒的青藏高原。对我国陆生哺乳类（除翼手目外）的种数作过统计比较，发现如下规律：①种数与纬度关系。在北纬 40°～45°，平均种数最低，由 40°往更低纬度地区，种数随纬度的降低而增加。②种数与内陆干旱地区的年降水量关系。随着年降水量由 50 mm 上升到 500 mm，平均种数亦随之增加。③青藏喜马拉雅—横断山脉地区的种数与海拔高度的关系。随着海拔由 850 m 上升到 4 750 m，平均种数随海拔的升高而降低。

2. 决定多样性梯度的因素

为什么热带地区生物群落的物种多样性高于温带和极地？这是由什么因素决定的？对此有不同的学说，简介如下：

①进化时间学说：热带群落比较古老，进化时间较长，并且在地质年代中环境条件稳定。很少遭受灾害性气候变化（如冰川期），所以群落的多样性较高。相反，温带和极地群落从地质年代上讲是比较年轻的，遭受灾难性气候变化较多，所以多样性较低。这就是说，所有群落随时间的推移其种数越来越多，比较年轻的群落可能没有足够的时间发展到高多样化的程度。有些事实能为此学说提供证据，如北半球白垩纪的浮游性有孔虫化石，也和现存有孔虫类一样，从热带到极地，物种多样性逐渐降低。

②生态时间学说：考虑更短的时间尺度，认为物种分布区的扩大也需要一定时间。根据这个学说，温带地区的群落与热带的相比是未充分饱和的。从热带扩展到温带不仅需要足够时间，有的种还可能被某种障碍所阻挡，另一些种可能已从热带进入温带。例如，牛背鹭就是从非洲经南美而扩展到北美的。

③空间异质性学说：当人们由寒带经温带到热带旅行时就能得到一个明显的感觉，环境的复杂性随之而增加。物理环境越复杂，或叫空间异质性程度越高，动植物群落的复杂性也越高，物种多样性也越大。空间异质性有不同的尺度，属于宏观尺度的如地形的变化，山区的物种多样性明显地高于平原区，因为山区有更多样的生境，支持更多样的物种生存。岩石、土壤、植被垂直结构的变化是微观的空间异质性，群落中因这些变化使小生境丰富多样，物种多样性亦高。支持这种学说的证据如群落的垂直结构越复杂，那里的鸟类和昆虫的种类就越丰富。

④气候稳定学说：气候越稳定，变化越小，动植物的种类就越丰富，在生物进化的地质年代中，地球上唯有热带气候可能是最稳定的。所以，通过自然选择，那里出现了大量狭生态位和特化的种类。热带有许多狭食性昆虫，有的甚至只吃一种植物。在高纬度地区，自然选择有利于具广适应性的生物。

⑤竞争学说：在物理环境严酷的地区，如极地和温带，自然选择主要受物理因素控制，但在气候温和而稳定的热带地区，如热带，生物之间的竞争则成为进化和生态位分化的主要动力。由于生态位分化，热带动植物要求的生境条件往往很狭窄，其食性也较特化，物种之间的生态位重叠也比较多。因此，热带动植物较温带的常有更精细的适应性。

⑥捕食学说：因为热带的捕食者比其他地区多，促使 Paine 提出捕食说。他认为，捕食者将被食者的种群数量压到较低水平，从而减轻了被食者的种间竞争。竞争的减弱允许有更多的被食者种的共存。较丰富的种数又支持了更多的捕食者种类，Paine 认为捕食者促进物种多样性的提高，对于每一营养级都适用。Paine 在具有岩石底的潮间带去除了顶极捕食动物（海星），使物种多样性由 15 种降为 8 种，实验证实了捕食者在维持群落多样性中的作用。

⑦生产力学说：如果其他条件相等，群落的生产力越高，生产的食物越多，通过食物网的能流量越大，物种多样性就越高。该学说从理论上讲是合理的，但现有实际资料有的不支持此学说。例如，云杉林在生产力水平最高的时候，其郁闭度（盖度）最大，林下的植物退出，物种减少。

热带地区的生物生长时间较长，所以热带群落的种类无论从时间上或空间上分隔环境资源的可能性都较大，从而使共存的种数更多。例如，热带森林鸟类较温带的多，这是因为生产力高的热带森林能提供更多的生存途径；温带森林中没有鹦鹉等食果鸟，没有只吃爬行类的鸟等。热带比温带有更丰富的食物来源和营养生态位。

上述 7 种学说，实际上包括 6 个因素，即时间、空间、气候、竞争、捕食和生产力。这些因素可能同时影响群落的物种多样性，并且彼此之间相互作用。各学说之间往往难以截然分开，更可能的是在不同生物群落类型中，各因素及组合在决定物种多样性中具有不同程度的作用。

（四）种群灭绝（extinct population）与生物多样性保护的意义

灭绝是指一个种群从地球上或某个地方消失，或者残存的个体已经不能通过繁殖来维持种群，消失只是在再稍后的时间。灭绝是进化的结果，也是进化的起点，引起灭绝的有生物本身的内在因素和外部生境的因素。生物的发生和灭绝是一个偶然和必然的规律，是生物种群自身的发生、发展、稳定、衰退和灭绝的规律。造成生物种群自身的灭绝因素一般是其繁殖后代的速度比种群中死亡个体的速度慢，换言之，种群的繁殖成问题的时候，造成生物种群外部的灭绝因素其生存条件的变化，如地质变迁、气候变化和偶然的灾害。例如，动物界大熊猫的濒危是由于大熊猫的种群自身走到了灭绝的边缘，其繁殖成功率低下，大熊猫出生率低，每胎一般只有一只幼仔，每只幼仔的重量和其亲本的体重比非常小，亲本分配给繁殖的能量小是大熊猫改变了其食性，食植物的能量比食肉的能量低造成其繁殖的小和少。加之，气候变迁使其栖息地收缩，人类对竹林的大量破坏更加剧了其灭绝的速度。在植物界，分布在内蒙古西南部鄂尔多斯高原的四合木起源于 1.4 亿年前的古地中海植物区系，是一种 7 000 万年前与恐龙同时代的植物，是当地的特有种，其濒危的自然原因是气候的逐步变干。四合木主要是以种子繁殖，平均正常开花植株占植株总数的 11%，由于干旱和盐碱，种子萌发和发育常常受到抑制，故其中只有 1%的种子能够成熟繁殖（极低），其自身的这些特性就决定了其繁殖和更新的速度都非常缓慢，在人类的放牧活动使牲畜的啃食和樵取的重度干扰下濒危是必然的。

生物多样性保护的意义在于：①维持生态系统的稳定，保护人类居住的生态环境；②提供衣、食和使用的生物材料；③潜在的价值，目前人类还没有认识到。

生物多样性保护的方法：①对濒危的生物就地建立保护区，保护区的大小根据需要保护的生物的性质，即在 k-r 对策的系统中所处的位置，属于 k-对策的生物，保护区就要大，反之亦然。另外，保护区的大小是根据需要和依据生物地理的岛屿理论来确定的。②将濒危生物迁移到人工环境或异地保护，在植物园或动物园、水族馆或建立专门的保护中心，人工帮助濒危种恢复种群的数量之后再放回其原栖息地，但是人工的种群在放野有成功率的问题。③对生物繁殖体或基因进行实验室保存，等待原栖息地的生态修复后在原地人工帮助种群复生。

第三节　群落的演替

生物群落的演替属于群落动态的范畴，而动态一词包含的含义很广泛。生物群落的动态至少包括三个方面：①群落内部（季节与年际间）的动态变化。②群落的演替。③地球上生物群落的进化。第一个方面的季节动态在前一节已做了简单的介绍，下面着重谈演替，对年际间的动态变化只做简单介绍。生物群落的演替主要取决于植物群落的动态变化，因此这里只讲植物群落的动态。而地球上生物群落的进化是从单细胞或更简单的生命形式开始的，经历了 3 亿多年的进化，在生物圈不仅发生了生物群落的进化，而且生物圈（如大气圈）的物质也发生了巨大的变化。

就群落内部（年际间）的动态变化而言，根据群落变化的形式，可将波动划分为以下三种类型：

①明显的波动：这种波动可能出现在不同年份的气象，水文状况一致的情况下，其特点是群落各成员的数量关系变化很小，群落外貌和结构基本保持不变，但是群落中的数量指标不会与上一年一样。

②摆动性波动：其特点是群落成分在个体数量和生产量方面的短期变动（1～5 年），它与群落优势种的逐年交替有关。例如，在欧亚草原上，遇旱年则旱生植物针茅（*stipa*）占优势，而气温较高降水丰富的年份，群落以中生植物占优势。

③偏途性波动：这是气象和水分条件的长期偏差而引起一个或几个优势种明显变更的结果。通过种群的自我调节作用，群落还可恢复到接近原来的状态。这种波动的时期可能较长（5～10 年）。例如，草原看麦娘占优势的群落可能在缺水时转变为匍枝毛茛群落占优势，以后又会恢复到看麦娘群落占优势的状态。

当群落内部的动态变化太大（变化幅度大、经历时间长）而恢复不到原有的群落时，即建群种发生更替，群落就发生了演替。

一、原生演替与次生演替

（一）演替的概念

一块农田弃耕休闲后，初期的一两年内出现大量一年生和二年生的田间杂草，随后多年生植物开始侵入，田间杂草开始消退。再随着时间的推移，如果处于草原带，这个群落就恢复到原生草原群落；若处在森林地带，它将进一步发展为森林群落。这样一个地段一种植物群落被另一种群落取代的过程为演替（Succession）。从以上例子和群落波动的概念可以给出群落演替较专业的概念：群落中的建群种或共建种发生更替时，群落就发生了演替。

地球上，无论是陆地还是水域，只要有植物生活所必需的环境条件，就有植物生长，并形成一定的植物群落。植物群落的形成，可以从裸露的地面上开始，也可以从已有的另一个群落中开始，但是任何一个群落在其形成过程中，至少要有植物的传播、植物的定居和植物的增殖，直到群落的形成，这是一个在时间上和空间上的动态过程，这个过程称为群落发生。换言之，演替必须有一个群落的发生。为了更好地理解，请看下面两个演替系列。

（二）原生演替

1. 原生演替

从原生裸地上开始的演替。原生裸地是指从来没有植物生长过的地面或者原来虽有植被生长，但是在形成裸地的过程中被彻底地消灭了，没有保留下原有植物的传播体和繁殖体，以及原有植被影响下的土壤。原生裸地上植物群落的形成只能依靠外地植物的种子或其他繁殖体。因此，群落形成的速度和进程相对慢些。

2. 原生演替系列

从原生裸地上开始，按顺序发生的一系列的原生演替群落。

3. 旱生演替系列

对于植物的生长来讲，裸露的岩石表面是一个极端恶劣的环境：①没有土壤，没有有机质；②光照强，没有一丝庇荫的物体；③干燥，不能保存水分；④所有生态因子变化幅度极大，如日照差、有无阳光的温差、有无雨的干湿差等。

4. 原生演替群落系列的两个模式例证

（1）旱生演替系列

①地衣植物阶段：在这样的"裸地"上，最先出现的是地衣，而且是壳状地衣首先定居，裸露的岩石表面有水分存在时壳状地衣生长，干旱时壳状地衣停止生长、休眠成壳；壳状地衣将极薄的一层植物体紧贴在岩石表面，从假根上分泌有机酸以腐蚀岩石表面，加之岩石表面的风化作用及壳状地衣的一些残体，就逐渐形成了一些极少量的"土壤"。在壳状地衣的长期作用下，环境条件首先是"土壤"条件有了改善，就在壳状地衣的群落里

出现了叶状地衣。叶状地衣可以涵养较多的水分，积聚更多的残体，因而使土壤增加得更快些。在叶状地衣将岩石表面遮没的部分，枝状地衣出现。枝状地衣较高，是可达几厘米的多枝体，生长能力更强以后就全部代替了叶状地衣群落。

地衣植物阶段是岩石表面植物群落原生演替系列的先锋植物群落。这一阶段在整个系列中需要的时间最长。一般越到演替后面，由于环境条件的逐渐改善，发展所需要的时间就越短。在地衣群落发展的后期，就有苔藓植物出现了。

②苔藓植物阶段：生长在岩石表面的苔藓植物与地衣相似，可以在干旱的状况下停止生长，进入休眠，待到温和多雨时，又大量生长。这类植物能积累的土壤更多一些，为以后生长的植物创造了更多的条件。

植物群落原生演替系列的上述两个阶段与环境的关系主要表现在土壤的形成和积累方面，至于对岩石表面生境的影响虽有，但很不显著。

③草本植物阶段：群落的演替继续向前发展，草本植物中首先是蕨类，然后是一些被子植物中的一年生或二年生植物，大多是低小和耐旱的种类，在苔藓植物群落中开始是个别植株出现，以后大量增加而取代了苔藓植物。土壤继续增加，生境也发生变化，多年生草本植物就出现了，开始草本植物全为 34 cm 以下的"矮草"，随着条件的逐渐丰富，"中草"和"高草"相继出现，形成群落。

在草本植物群落阶段中，原有岩面的环境条件有了较大的改变，首先在草丛郁闭下，土壤增厚，有了遮阴，减少蒸发，调节了温度和湿度变化，土壤中真菌和细菌及小动物也增多，生境再也不那么严酷了。

在森林分布的地区，在草本植物群落下创造了木本植物适宜的生活环境，演替继续向前进行。

④木本植物阶段：在草本植物群落发展至一定时期，首先是一些耐光的阳性灌木出现，它常与高草混生而形成"高草灌木群落"。以后灌木大量增加，成为优势的灌木群落。继而，阳性的乔木树种生长，逐渐形成森林。至此，林下形成荫蔽环境，使耐阴的树种得以定居。耐阴性树种增加，而阳性树种因在林内不能更新而逐渐从群落中消失，林下生长耐阴的灌木和草本植物复合的森林群落就形成了。

在整个原生演替的旱生系列中，旱生生境因群落的作用而变为中生生境。在这个演替系列中，地衣和苔藓植物群落阶段延续的时间最长，草本植物群落阶段演替速度相对最快，之后木本植物群落演替的速度逐渐减慢，这是由于木本植物生长时间较长所致。

（2）水生演替系列

这里主要是淡水湖沼中的群落演替。在这种情况下，最充足的是水，而最为缺乏的是光照和空气。在一般的淡水湖泊中，只有在水深 5～7 m 的湖底，才开始有较大的水生植物生长，在这一深度以下就是水底的原生裸地了。水生演替系列中有以下演替阶段。

①自由漂浮阶段：在这一阶段中，湖底有机质的聚积，主要是领先的浮游有机体的死亡残体，以及湖岸雨水冲刷所带来的矿质微粒。天长日久，湖底逐渐抬高。

②沉水植物阶段：在水深5～7 m处，首先出现的是轮藻属（*Chara*）植物，为湖底裸地上的先锋植物群落。由于它的生长，湖底有机质积累较快、较多，加之轮藻的残体在湖底缺少 O_2 的条件下，分解不完全，湖底进一步抬高。至水深2～4 m时，金鱼藻、狐尾藻、眼子菜、黑藻、茨藻等高等水生植物种类出现，这些植物生长繁殖能力更强，垫高湖底的作用也更强些。

③浮叶根生植物阶段：随着湖底变浅，浮叶根生植物出现，主要是睡莲科和水鳖科的一些种类，如莲（*Nelumbo*）、荇菜（*Nymphpides*）等。由于这些植物叶是在水面或水面以上，当它们密集后就将水面完全盖满，使得光照条件变得不利于沉水植物生长，它们就从这里消失而推向较深的地方去。浮叶根生植物的体形较高大，积聚有机质的能力也更大，湖底垫高的过程进行得更快了。

④挺水植物阶段：水继续变浅，挺水植物出现，并替代了前一阶段的群落。这类植物主要有芦苇、香蒲、白菖、泽泻等，其中以芦苇最为常见，其根茎最为茂密，常纠缠绞结，不仅使湖底迅速抬高，而且可以形成一些浮岛。

在湖底填平作用的这一阶段，原来被水淹没的土地开始露出水面与大气接触，开始具有陆生环境的特点。

⑤湿生草本植物阶段：从湖水中新升起的地面，含极丰富的有机质，而且有近似饱和的土壤水分。湿生的沼泽植物开始在这种生境中生长，主要是莎草科植物和禾本科中一些湿生性的种类。在草原地带，这一阶段并不能延续很长，因为地下水位的降低和地面蒸发的加强，土壤很快变得很干燥，湿生的草类也将很快地为旱生草类所代替。而在适于森林发展的情况下，群落演替继续进行。

⑥木本植物阶段：在湿生草木植物群落中，首先出现湿性的灌木；而后，随着树木的侵入，逐渐形成森林，地下水位降低，大量地被物也改变了土壤条件，湿生的生境改变为中生生境。

这样看来，水生演替系列也就是湖沼填平的过程。这个过程是从湖沼的周围向湖沼中央顺序发生的。因此，相当容易观察到，在离湖岸不同距离的不同水深处，同一演替系列中，不同阶段的群落呈环带状顺序分布着。每一带都为下一带的"进攻"准备了土壤条件。而且也很容易观察到，演替系列中每一阶段的群落，在随时间变化的同时也在空间上改变其位置。

上述群落原生性演替，只提供了一个群落演替的模式过程。它说明了植物群落的演替，实质上是群落的植物生活型组成和植物环境的更替。每一个阶段的群落总是比上一阶段群落结构复杂、高度增大，因此利用环境更为充分，改变环境的作用更强。这样，也就为下一个群落创造条件，使得新的群落得以在原有群落的基础上形成和产生。当然，并不是在地球上任何地带，都可以按照上述系列而达到森林群落阶段的。例如，北极地区及高山雪线附近，只能达到地衣群落阶段；干旱的荒漠地区，能达到短生草群落或稀疏灌丛阶段；草原地区能达到多年草本阶段；而只有具温暖、湿润季节的地区才能达到森林群落阶段。

（三）次生演替

1. 次生演替

在次生裸地上发生的植物群落演替为次生演替。次生裸地是指原来有植物生长的地段，在裸地形成过程中，原来的植被破坏而不复存在，但在原有植被影响下的土壤条件仍基本存在，或很少受到破坏，甚至还残留原有植物的种子或繁殖体。这样，次生裸地上植物群落形成或重建时，原有植物的种子或繁殖体很可能发育成长，而起着一定的作用。或者说，次生裸地植物群落的形成，必然地或多或少受到原有植被和土壤的影响，在这个意义上，群落形成的速度似乎较快些。

2. 次生演替的实例

原生植被受到破坏，就会发生次生演替，并由各种各样的次生植物群落形成一个次生演替系列。这样看来，次生演替的最初发生是外界因素的作用所引起的，外界因素除火烧、病虫害、严寒、干旱、长期淹水、冰雹打击等以外，最主要的和最大规模的是人为的经济活动，如森林采伐、草原放牧、割草和耕地等。各种各样的次生植被首先是在人为活动的作用下产生的。因此，对于次生演替的研究，具有很大的实际意义，因为在我们利用和改造植被的工作中，所涉及的绝大部分都是次生演替的问题，如森林的采伐演替。

森林被采伐后，依据森林群落的性质（如针叶林或阔叶林）和采伐方式，如皆伐（全伐）、择伐或渐伐（间伐），以及对于林内优势树种的苗木，幼树和地被物的破坏程度，都为群落的演替创造不同的条件，影响森林复生的全部过程。全面皆伐是改变森林群落最为彻底的方式，尤其是对于没有萌芽或树基萌蘖的针叶树种更是如此，因此在针叶林全面皆伐后，其复生过程要经历较多的发展阶段和较长的时间。以下是森林被采伐演替通常经历的几个阶段：

①采伐迹地阶段：采伐迹地阶段即森林采伐时的消退期。这个时期产生了较大面积的采伐迹地，原来森林内的小气候条件完全改变；地面受到直接的光照、挡不住风、热量很快升高又很快散发，形成霜冻等。因此，不能忍受日灼或霜冻的植物，就不能在这里生活，原来林下的耐阴或阴性植物消失了。而喜光的植物，尤其是禾本科、莎草科以及其他杂草到处蔓生起来，形成杂草群落。

②小叶树种阶段：云杉和冷杉一样，是生长慢的树种，它的幼苗对霜冻日灼和干旱都很敏感，很难适应迹地上改变了的环境条件，所以它们不能在这种条件下生长，可是新的环境却适合于一些喜光的阔叶树种（桦树、山杨、桤木等）的生长，它们的幼苗不怕日灼和霜冻。因此，在原有云杉林所形成的优越土壤条件下，它们很快地生长起来，形成以桦树和山杨为主的群落，当幼树郁闭起来时，开始遮蔽土地，一方面太阳辐射和霜冻开始从地面移到落叶树种所组成的林冠上；同时，郁闭的林冠也抑制和排挤其他的喜光植物，使

它们开始衰退，然后完全死亡。

③云杉定居阶段：由于桦树和山杨等上层树种缓和了林下小气候条件的剧烈变动，又改善了土壤环境，因此，阔叶林下已经能够生长耐阴性的云杉和冷杉幼苗。最初这种生长固然是缓慢的，但往往到了 30 年左右，云杉就在桦树、山杨林中形成第二层。加之桦树、山杨林天然稀疏，林内光照条件进一步改善，有利于云杉树的生长，于是云杉逐渐伸入到上层林冠中。虽然这个时期山杨和桦树的细枝随风摆时开始撞击云杉，击落云杉的针叶，甚至使一部分云杉树因此而具有单侧树冠，但云杉继续向上生长。一般当桦树、山杨林长到50年时，许多云杉树就伸入上层林冠了。

④云杉恢复阶段：过了一些时候，云杉的生长超过了桦树和山杨，于是云杉组成了森林上层。桦树和山杨因不能适应上层遮阳而开始衰亡。到了80～100年云杉终于又高居上层，造成严密的遮阳，在林内形成紧密的酸性落叶层；桦树和山杨则根本不能更新。这样又形成了单层的云杉林，其中混杂着一些留下来的山杨和桦树。

云杉的复生过程是这样（图 4-13）。可是，复生并不是复原，新形成的云杉与采伐前的云杉林，只是在外貌和主要树种上相同，但树木的配置和密度都不相同了。而且因为桦树、山杨林留下了较肥沃的土壤（落叶层较软，土壤结构良好），山杨和桦树腐烂的根系还在土壤中造成了很深的孔道，这使得新长出的云杉能够利用这些孔道伸展根系，从而改变了云杉浅根系所容易导致的倒伏性，获得了较强的抗风力。

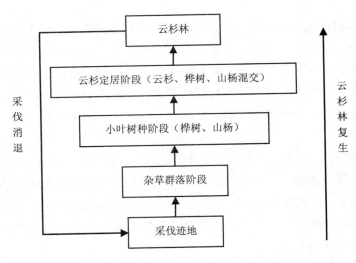

图 4-13　云杉林采伐迹地复生次生演替

当然，森林采伐后的复生过程，并不单纯取决于演替各阶段中不同树种的喜光或耐阴性等特性，还取决于综合的生境条件的变化特点。特别是引起森林消退的那种原因，它们的强度和持续时间，对森林采伐演替的速度和方向具有决定的意义。如果森林采伐面积过大，而又缺乏种源，如果采伐后水土流失严重发生，那么森林复生所必需的条件就不具备，群落的演替也就朝完全不同的方向进行了。

3. 次生演替的一般特点

由上述例子可知次生演替的速度、趋向及所经过的阶段取决于原生植被受到破坏的方式、程度和持续时间。

①次生演替的速度问题：正如前面所讲，大多数的次生裸地上，还多少保存着原有群落的土壤条件，甚至还保留了原来群落中某些植物的繁殖体。裸地附近也可能存在着未受破坏的群落。总之，具有一定的土壤条件和种子来源。因此，次生演替系列中的各个阶段，演替速度一般都较快。

②次生演替方向：当停止对次生植物群落继续作用时，次生植物群落的演替一般仍然趋向于恢复到破坏前原生群落的类型。什么是原生植物群落？前面讲到的云杉林就是我国东西山地，以及我国西部和西南地区亚高山的一种原生植物群落类型。每一个自然区域中，都有一定的原生植物群落的类型。它们为什么会具有复生的能力呢？这是由于它们与自然环境条件长期适应而形成的复杂整体，因而具有一定的相对稳定性。当然，原生植物群落的稳定性及其复生的能力是相对的。次生演替一般趋向于恢复到原生群落类型，但过去所有的各种比例当然不可能完全重复出现，这就是说，复生后所形成的群落，只是在类型上和原来的群落相同，但质量上已经完全不同了。

③次生演替所经历的阶段：这完全取决于外界因素作用的方式和作用的持续时间。云杉林采伐，一次就消退到次生裸地阶段，但同时也就很快地开始了复生的过程。

总之，原生植物群落的复生是有条件的，这些条件一个是土壤，一个是种子源。因此，如果原生群落在其整个分布区都受到破坏，而且因持续时间很长而破坏得很彻底。那么，虽然气候条件适宜，但群落的复生条件已不存在。在我国南方有这样的现象：当森林被反复砍伐后，加上长期放牧，最后形成稀疏的低草地，这种草地下土壤板结、干燥、有机质丧失殆尽。在这种情况下，群落的演替转向原生演替的某一阶段，已经不属于次生演替的范畴。

综上所述，次生植物群落是外界因素，首先是人类经济活动的产物。各类次生群落的性质及演替特点，至少取决于：①外界因素作用的性质、方式、作用的强度和持续的时间；②原生植物群落受破坏的面积；③次生群落中原生群落的植物成分和土壤特性的保留程度；④植物繁殖体的来源（种类、数量、距离）；⑤所在地的气候、土壤及地形状况。

当我们研究次生演替时，可以根据以上各点去鉴别它们的特性、类型和掌握它们的演替特点。上述各点，同样适用于对裸地或荒山地的性质和类型的鉴定。

长期以来，次生群落的利用和改造引起了学者的普遍注意。各类次生群落中都有一些可利用的植物，如含单宁的、含芳香油的、含油脂的、含生物碱的原料植物或其他用途的植物。因此，在研究次生演替的同时，对于各种次生群落，要按其可利用的价值分别对待。其中，对具有一定经济价值的，则采用人工播种或种植的方法，换用有经济价值的种类，即对原来的群落加以改造。而特别是在直接利用次生群落时，要掌握它生长速度较快、具有较大可塑性、容易加以改造这样一些特点，同时又要注意它的不稳定性。这就是说，任何次生群落只是次生演替系列中的一个阶段，如果利用不当，它会不断地继续消退，而且不大可能恢复到原来的类型。

二、演替顶极理论及控制演替的因素

美国和英国人有共同的语言，植物群落学动态观较为一致，美国人在其发展较短的国土上看出了顶极群落的趋势，提出了气候论，英国人很快就吸收并且发展为多元顶极论，之后美国人又进一步完善了顶极理论——格局顶极论。演替顶极理论成为美英学派的特点，以下介绍该学派的主要理论。

（一）演替顶极论

1. 顶极群落

顶极群落指由于群落经过长期（演替系列）的发育过程，在植被影响下，某一地区的大部分土壤达到了最中和的阶段，在这种土壤上覆盖着的群落其结构最为稳定或中和，即为顶极群落（演替顶极）。

2. 气候顶极说

气候顶极说也称单元顶极说（Climatic climax）。按照 Clements 的观点，在任何一个地区内，一般的演替系列的终点，取决于该地的气候性质，主要表现在顶极群落的优势种，能够很好地适应于地区的气候条件，这样的群落称之为气候顶极群落。只要是气候不急剧的改变，只要没有人类活动和动物的显著影响，或其他侵害方式的发生，它们便一直存在，而且不可能出现任何新的优势种群，这就是所谓的单元顶极理论。

根据这种理论的解释，一个气候区只有一个潜在的气候顶极群落，这一区域之内的任何一种生境，如给予充分时间，最终将有一种连续的和整齐一致的植被普遍地覆盖着。事实上，在一个气候区域中，总是有土壤的或地形的差异，这些局部环境因素的复合同普遍的气候环境有很大的差异，在这种生境中，虽然演替进展到稳定的和永久性的群落，但和典型的气候顶极不同，气候顶极可能永远也不会在这种生境中发生，单元顶极理论没有忽视这些极端的情况，但是比较强调那些预期的情况。对于各种特殊的情况，另外加以说明：

①亚顶极（Subclimax）：达到气候顶极以前的一个相当稳定的演替阶段。例如，特殊的土壤条件（如高度淋溶的灰壤），或者是特殊的地形（如陡坡），或是永久的沼泽，则发展中的植被可能停止在最后阶段之前的阶段上，也具有较长期的稳定性。那么，这种植被就为演替的亚顶极群落。

②前顶极（超顶极，Preclimax）：在一个特定的气候区域内，由于局部气候比较适宜而产生的较优越气候的顶极，如草原气候区域内，在较湿润的地方，出现森林群落就是一个前顶极。

③后顶极（预顶极，Postclimax）：在一个特定气候区域内，由于局部气候条件较差（热、

干燥）而产生的顶极，如草原内出现荒漠植物片段。

④干扰顶极（dis-climax）：自然群落长期用于放牧、割草等，它们基本处于长期人为控制或家畜干扰下，这一类为干扰顶极。

单元顶极论自提出以来，在世界各国特别是英美等国引起了强烈反响，得到不少学者的支持，但也有人提出了批评意见甚至否定态度。他们认为，只有在排水良好、地形平缓、人为影响较小的地带性生境上，才能出现气候顶极。另外，从地质年代来看，气候也并非是永远不变的，有时极端性的气候影响很大。例如，1930年美国大平原大旱，引起群落的变更，直到现在还未完全恢复原来真正草原植被的面目。此外，植物群落的变化往往落后于气候的变化，残遗群落的存在即可说明这一事实。例如，内蒙古毛乌素沙区的黑格兰灌丛就是由晚新世早期的森林植被残遗下来的。因此，学者提出了其他的顶极理论。

3. 多元顶极论（Polyclimax theory）

多元顶极论由英国的 A. G. Tansley（1954）提出。这个学说认为如果一个群落在某种生境中基本稳定，能自行繁殖并结束它的演替过程，就可看作顶极群落。在一个气候区内群落演替的最终结果，不一定都汇集于一个共同的气候顶极终点。除了气候顶极之外，还可有土壤顶极、地形顶极、火烧顶极、动物顶极，同时还可存在一些复合型的顶极，如地形－土壤顶极和火烧－动物顶极等。一般在地带性生境上是气候顶极，在别的生境上可能是其他类型的顶极。这样，一个植物群落只要在某一种或几种环境因子的作用下在较长时间内保持稳定状态，都可以认为是顶极群落，它和环境之间达到了较好的协调。

4. 种群格局顶极理论

种群格局顶极理论也称顶极群落配置说（Population pattern climax theory）。此理论认为：顶极群落是由种群格局所形成，受到生态系统中全部因素的综合影响（包括种的特性、散布能力、气候和土壤等生境因素）。顶极群落中种群结构、能量、物质循环和优势种替代都已达到稳定，而这种群稳定状况是通过生境的影响，种群已达到动态平衡时才形成的。

生境梯度决定种群的格局，因此，生境变化，种群的动态平衡也将改变。由于生境的多样性，而植物种类又繁多，所以，顶极群落与其用镶嵌来解释，不如用与环境梯度格局相应的逐渐过渡的群落格局来解释为好。格局的中心分布最广的（稳定状态的、未受干扰的）群落类型，就是占优势的或气候的顶极，它反映地区的气候。

5. 三个理论的关系

无论是单元顶极论、多元顶极论或顶极群落配置说，都承认顶极群落是经过单向的变化后，已经达到了稳定状态的群落，而顶极群落在时间上的变化和空间的分布，都是和生境相适应的。三者不同之处在于：

①单元顶极理论认为，只有气候才是演替的决定因素，其他因素是第二位的，但可阻止群落发展为气候顶极；其他两个理论则强调生态系统中各个因素的综合影响，除气候以外的其他因素，也可以决定顶极的形成；顶极配置学说认为，顶极的变化也会因一个新的种群分布格局而产生新的顶极。

②单元顶极说认为，在一个气候区域内，所有群落都有趋同性的发展，最终形成气候顶极；而其他两种学说都不认为所有群落最后都趋于一个顶极。

③单元和多元顶极理论都承认群落是一个独立的不连续的单位，而顶极配置说则不承认群落是独立的不连续的单位。

（二）控制演替的几种因素

概括地说，生物群落的演替是群落内部关系（包括种内和种间关系）与外界环境中各种生态因子综合作用的结果，到目前为止，人们对于演替的机制了解得还不够。要搞清楚演替过程中每一步发生的原因以及有效地预测演替的方向和速度，还有大量的工作要做。因此，下面列出的仅是部分原因。

1. 群落内部环境的变化

这种变化由群落本身的生命活动造成，与外界环境条件的改变没有直接的关系。群落内物种生命活动的结果是为自己创造了不良的居住和生活条件，使原来的群落解体，为其他植物的自下而上提供了有利条件，从而引起演替。比如，植物的根系可以直接分泌化学物质到土壤中，茎、叶表面的分泌物可通过雨水淋洗到土壤中，植物的枯枝落叶和动物、微生物的残体腐败及其分解的产物也都会在土壤中逐步积累起来，初期这些分泌物或残落物对植物并无多大影响，但随着时间的推移物质不断积累，以致最后对群落中的植物特别是对优势种产生足够强的抑制作用，使优势种群落衰退，而为另外的物种侵入或壮大创造了有利的条件。据研究指出，在草原弃耕地恢复的第一阶段中，向日葵对自身的幼苗具有很强的抑制作用，但对第二阶段的优势种的幼苗却不产生任何抑制作用，于是向日葵占优势的先锋群落很快为下一阶段群落所取代。

由于群落中植物种群特别是优势种的发育导致群落内光照、温度、水分状况的改变，也可为演替创造条件。例如，在云杉林采伐后的林间空旷地段上，首先出现的是喜光植物，但当在喜光的阔叶树种定居下来并在草本层上方形成郁闭时，喜光的草本便被耐阴草本所取代，以后当云杉伸入群落上层并郁闭时，原来发育很好的喜光阔叶树种便不能更新，随着群落内光照由强到弱，温度变化由不稳定到较稳定，发生了喜光草本植物阶段、阔叶树种阶段和云杉阶段的更替过程，也就是演替的过程。

2. 植物繁殖体的传播

植物的繁殖体主要指孢子、种子、鳞茎、根状茎以及能够繁殖的植物体的任何部分（如某些种类的叶）。植物之所以占满裸地，是由于它能借助各种方式传播它的繁殖体（果实、种子及其他），使植物能从一个地方"迁移"（migration）到新的地方。

在漫长的生物进化史上，由于自然选择的结果，植物的繁殖在形态结构、重量（较重的到极微）有很大的差异。例如，有的生有翅或冠毛，可随风飘扬，有的靠水传播种子，多具有气囊或气室；而靠动物或人传播的繁殖体或具钩刺或分泌黏液，很容易附着于动物或人的身上；至于那些重大且不易于移动的繁殖体，又具有寿命长、贮藏物丰富的特点，可以等待有利条件再萌发。

当植物繁殖体到达一个新的环境时，植物的定居过程就开始了，植物的定居包括植物的发芽、生长和繁殖三个方面。我们经常可以观察到这样的情况：植物繁殖体虽到达了新的地点，但不能发芽；或是发芽了，但不能生长；或是生长到成熟，但不能繁殖后代。只有当一个种的个体在新的地点上能够繁殖下一代时，定居才能成功。任何一块裸地上生物群落的形成和发展，或是在任何一个群落内开始的新群落的取代，都必然包含植物定居过程。因此，植物繁殖体的迁移和散布是群落演替的先决条件。

3. 种内和种间关系的改变

组成一个群落的物种在其内部以及物种之间都存在特定的相互关系。这种关系随着外部环境条件和群落内环境的改变而不断地进行调整。当密度增加时，不但种群内部关系紧张化了。而且竞争能力强的种群得以充分发展，而竞争能力弱的种群则逐步缩小自己的地盘，甚至排挤到群落之外。这种情形常见于尚未发育成熟的群落。

处于成熟、稳定状态的群落在接收外界条件刺激的情况下，也可能发生种间数量关系重新调整的现象，进而使群落特征或多或少地改变。

4. 外界环境条件的改变

虽然决定群落演替的根本原因存在于群落内部，但群落之外的环境条件如气候、地貌、土壤和火等可成为引起演替的重要条件。气候决定群落的外貌和群落的分布，也影响群落的结构和生产力气候的变化，无论是长期的还是短暂的，都会成为演替的诱发因素。地球表面形态（地貌）的改变会使生物群落发育直接相关的生态因子，如水分、热量的重新分配，反过来又影响群落本身。大规模的地壳运动（冰川、地震、火山活动）可使地球表面的生物部分或完全毁灭，从而使演替从头开始。小范围的地表形态变化（如滑坡、洪水冲刷）也可以改造一个生物群落。土壤的理化特性对置身于其中的植物、土壤动物和微生物的生活有密切的影响，土壤性质的改变势必导致群落内部物种关系的重新调整。火也是一个重要的诱发演替的因子，火烧可以造成大面积的次生裸地，演替可从裸地上重新开始；火也是群落发育的一种刺激因素，它可以使耐火的种类更旺盛的发育，而使不耐火的种类受到抑制。

当然，影响演替的外部环境并不限于上述几种。凡是与群落发育有关的直接或间接的生态因子都有可能成为演替的外部因素。

5. 人类活动

严格地说，人也是生物群落中的一员，但由于人在生物圈中的特殊地位，通常把人为因子提出来专门讨论。人对生物群落的演替影响远远超过其他所有的自然因子，因为人类社会活动通常是有意识、有目的地进行的。可以对自然环境中的生态关系起着促进、抑制和改造的作用；放火烧山、砍伐森林、开垦土地等都可使生物群落改变面貌。人还可以经营、抚育森林、管理草原和治理沙漠，使群落演替按照不同于自然发展的道路进行。人甚至还可以建立人工群落，将演替的方向和速度置于人为控制之下。

三、演替的基本类型

演替类型的划分可以按照不同的原则进行。

1. 按照演替发生的时间进行划分

①与大陆和植物区系的进化有关的世纪演替：苏卡乔夫（1942）也称之为"群落系统发育"。这一类演替占有很长的地质年代，在这一类演替中，群落的发育与植物种系的进化密切相关。群落的世纪演替是一个不间断的过程，总的来看，它的进程十分缓慢。但是，在地壳作用加强或气候变化迅速的条件下，它就会加快。

②长期演替（延长达几十年，有时达上百年的演替）：云杉林被采伐后，发生云杉与桦林或松林的演替，可以作为长期演替的例子。一般森林群落演替是相当长时间的。在北方针叶林中开垦的地方，云杉林的恢复更是一个漫长的过程。

③快速演替（在几年或十几年间发生）：地鼠的洞穴或草原上撂荒地上的演替，可以作为例子，但是，只有在撂荒地面积比较少，而且撒播种子的来源也邻近的条件下，才可能是快速演替。如果开垦的荒地占据广大的面积，而它的附近又没有其他撒播种子的来源，那么撂荒地演替的过程可能延长，甚至成为长期演替。

2. 按演替发生的起始条件划分

①原生演替：开始于原生裸地的群落演替。

②次生演替：开始于次生裸地上的群落演替。

3. 按基质的性质划分

①水生基质上的演替系列：演替开始于水生环境中，但一般都发展到陆地群落。再以水底基质的性质划分：黏土生演替系列、砂生演替系列、石生演替系列、水生演替系列。

②旱生基质上的演替系列：演替开始于陆地环境中。可分为黏土生演替系列、砂生演替系列、石生演替系列。

4. 按控制演替的主导因素划分

①内因生态演替：这类演替的一个显著特点是：群落中生物生命活动的结果首先使它的生境得到改造，然后被改造了的生境又反作用于群落本身。如此相互促进，使演替不断向前发展。一切源于外因的演替最终都通过内因生态演替来实现，因此可以说，内因生态演替是群落演替的最基本和最普遍的形式。

②外因动态演替：这种演替是由于外界环境因素的作用所引起的群落变化。其中包括气候发生演替（由气候的变动所导致）、地貌发生演替（由地貌变化所引起）、土壤发生演替（起因于土壤的演变）、火成演替（由火的发生作为先导原因）和人为发生演替（由人类的生产及其他活动所导致）。

5. 按发展的方向划分

①进展演替：植物群落的发展，趋向群落更完全地、更充分地利用环境条件。在程序上是一个植物逐渐增多和植物组合的建立的过程。

②逆行演替：在人为活动的影响下，群落的发展正好与上述的进展演替植物群落的发展方向相反。两种演替的特征见表 4-3。

表 4-3 进展阶段和逆行阶段的特征比较

进展演替	逆行演替
群落结构的复杂化	群落结构的简单化
地面利用最大	地面利用不充分
生产力利用最大	生产力利用不充分
群落生产率增加	群落生产率降低
新兴特有现象的存在	残遗特有现象的存在
群落中生化	群落旱生化和湿生化
对外界环境的强烈改造	对外界环境的轻微改造

第四节 生物群落的分类与排序

对植物群落的认识及其分类方法，存在两条途径。早期的一批生态学家，如苏联的 B. H. 苏卡乔夫（1910）、法国的 Braun-Blanguet（1913）、美国的 F. E. Clements（1916—1920）认为群落类型是自然单位，它们和有机体一样具有明确的边界，而且与其他群落是间断的、可分的，因此可以像物种那样进行分类，这一途径被称为群丛单位理论（Association unit theory）。

另外一种观点认为群落是没有明确边界的，它不过是不同种群的组合，而种群是独立的。早在 20 世纪初，苏联学者拉孟斯基就提出了这样的观点，1926 年 H. A. Gleason 发表了"植物群丛的个体概念"，这一观点的影响迅速扩大，并受到 Whittaker（1956，1960）与 McIntosh（1967）等人的支持。他们认为早期的这种群落分类都是选择了有代表性的典型样地，如果不是取样典型，将会发现大多数群落之间是模糊不清和过渡的。不连续的间断情况也有，它们是发生在不连续的生境上，如地形、母质、土壤条件的突然改变或人为砍伐、火烧等的影响。在通常情况下，生境与群落都是连续的，因此他们认为应采取生境梯度分析的方法，即排序（ordination）来研究连续群落的变化，而不采取分类的方法。

我们认为，生物群落的存在既有连续性的一面，又有间断性的一面。虽然，排序适于揭露群落的连续性，分类适于揭露群落的间断性，但是如果排序的结果构成若干点集的话，也可达到分类的目的，同时如果分类允许重叠的话，也可以反映群落的连续性。因此两种方法都同样能反映群落的连续性或间断性，只不过是各自有所侧重，如果能将二者结合使用，也许效果更好。

一、生物群落的分类

植物群落分类是生态学研究中争论最多的问题之一，由于不同国家或不同地区的研究对象、研究方法和对群落实体的看法不同，其分类原则和分类系统有很大差别，甚至成为不同学派的重要特色。

不管哪一种分类，其实质都是对所研究的群落按其属性、数据所反映的相似关系而进行分组，使同组的群落尽量相似，不同组的群落尽量相异。通过分类研究，可以加深认识群落自身固有的特性及其形成条件之间的相关关系。

群落分类可以是人为的或自然的，生态学研究中追求的是自然分类。在已问世的各种自然分类系统中，有的以植物区系组成为其分类的基础，有的以生态外貌为基础，还有的以动态特征为基础。因为有时它们是交织在一起的，所以不易把它们完全分开。但不管哪种分类，都承认要以植物群落本身的特征作为分类依据，并十分注意群落的生态关系，因为按研究对象本身特征的分类要比任何其他分类更自然。

（一）中国植被分类

1. 分类原则、单位与系统

我国生态学家在《中国植被》一书中，参照了国外一些地植物学派的分类原则和方法，采用了"群落生态"原则，即以群落本身的综合特征作为分类依据，群落的种类组成、外貌结构、地理分布、动态演替等特征及其生态环境在不同的等级中均作了相应的反映。

主要分类单位分三级：植被型（高级单位）、群系（中级单位）和群丛（基本单位）。每一等级之上和之下又各设一个辅助单位和补充单位。高级单位的分类依据侧重于外貌、结构和生态地理特征，中级和中级以下的单位则侧重于种类组成，其系统如下：

（1）植被型组（vegetation type group）

植被型组为最高级分类单位。凡建群种生活型相近因而群落外貌相似的植物群落联合为植被型组，如针叶林、阔叶林、荒漠和沼泽等。

全国共划出 11 个植被型组，它们主要是根据群落外貌划分的，如针叶林或阔叶林都由中生乔木组成，它们不但在生长季节各自具有相似的外貌，而且基本上都分布在湿润地区。

荒漠以其地上部分稀疏、不郁闭而具有相似的外貌而且是干旱地区而特有。沼泽与水分过多这一特别生境条件紧密相关等。但是同一植被型在所包括的各类型之间，对水、热条件的生态关系并不十分一致，如针叶林，在我国从寒温带一直分布到热带，尽管都分布在湿润地区，但对热量条件要求是非常不同的。因此在同一植被型组内，可存在适应途径各异的植物群落。

植被型组
　　植被型..... ....建群种的生活型相同
　　　植被亚型
　　　　群系组
　　　　　群系..... ....建群种相同
　　　　　　亚群系
　　　　　　　群丛组
　　　　　　　　群丛..... ....各层的优势种相同
　　　　　　　　　亚群丛

（2）植被型（vegetation type）

在植被型内，把建群种生活型（一级或二级）相同或相似，同时对水、热生态关系一致的植物群落联合为植被型，如寒温性针叶林、落叶阔叶林、常绿阔叶林、草原等。

建群种生活型相同或相似，反映了群落过程中对环境条件适应途径的一致，即其生态幅度和适应范围一致。就地带性植被而言，植被型是一定气候区域的产物（与气候相适应的气候顶极性植被——地带性植被）；就非地带性植被而言，它是一定的特殊生境的产物。据此确定植被型大致有相似的结构、相似的生态性质以及相似的发生和历史，从而在生态系统中具有相似的能量流动与物质循环特点。

（3）植被亚型（vegetation subtype）

植被亚型为植被型的辅助单位，在植被型内根据优势层片或指示层片的差异，进一步划分亚型。这种层片结构的差异，一般是由气候亚带的差异或一定的地貌、基质条件的差异引起的。例如，落叶阔叶林分出三个亚型：一是典型落叶阔叶林，以温性落叶乔木层片占绝对优势，为温带湿润地区的地带性代表类型；二是含常绿树种的落叶阔叶林，乔木层中除占优势的落叶阔叶乔木层外，出现了具有指示意义的常绿阔叶乔木层片，是温带与亚热带之间的过渡类型；三是荒漠河岸落叶林以耐盐，耐大气干旱的潜水旱中生落叶乔木层片占优势。又如，温带草原可分为三个亚型：草甸草原（半湿润）、典型草原（半干旱）和荒漠草原。

（4）群系组（formation group）

在植被型或亚型范围内，群系组是根据建群种亲缘关系相近（同属或相近的属）、生活型（三或四级）相近或生境相近而划分的。同一群系组的群系，其生态特点一定是相似的。例如，温性常绿阔叶林可分为栲类林、青冈林、石栎林、润楠林和木荷林等群系组；草原可以分出丛生禾草草原、根茎禾草草原、小半灌木草原等群系组；温性落叶阔叶灌丛可以分出山地旱生灌丛、山地中生灌丛、河谷灌丛、沙丘灌丛和盐生灌丛等群系组等。

（5）群系（formation）

群系中级分类单位。凡是建群种或共建种相同（在热带或亚热带有时标志是种相同）的植物群落联合为群系，如兴安落叶松林（*Larix gmelini*）、大针茅草原、羊草草原

（*Aneuloepidium*）、红砂荒漠和芨芨草（*Achnatherum*）草甸等。

由于建群种或共建种相同，一个群系的结构、区系组成、生物生产力以及动态特点都是相似的，因此采用建群种（或共建种）这一指标，就概括了群落各方面的特征。一般情况下，地带性群系主要分布在气候亚带范围内，非地带性群系则局限在某一特定的生态因子的一定梯度范围内。在类型等级上，群系还常局限在某一植被亚型内。但对少数广生态幅的建群种，也会遇到例外的情况。如马尾松林，从北亚热带一直分布到南亚热带，同时在几个气候亚带内出现，又如羊草草原和沟叶羊茅（*Festuca sulcata*）草原在草甸草原和典型草原内均可遇到。还有极个别的种，如芦苇，不但在地球上分布很广，而且可形成沼泽、盐生草甸等不同的植被类型；但在不同的生境中，其体态群落外貌和结构均有很大的变异。因此，按其最适生境将芦苇放入沼泽。

（6）亚群系

生态幅度比较广的群系内，根据次优势层及其种组所反映的生境条件的差异（这种差异超出植被亚型的范围）而划分亚群系，如羊草草原，可以分出羊草—中生杂类草、羊草—丛生禾草、羊草—盐中生杂类草等三个亚群系。对大多数群系来讲，并不需要划分亚群系。

（7）群丛组

凡是层片结构相似，而且优势层片与次优势层片的优势种或共优种相同的植物群落联合为群丛组，如在羊草+丛生禾草亚群系中，羊草+大针茅草原和羊草+丛生小禾草（糙隐子草）就是两个不同的群丛组。

（8）群丛

群丛是植物群落的分类基本单位（相当于植物分类中的种）。凡属于同一群丛的各个植物群落，在群落的种类组成方面应具有共同的正常成分，即标志群丛的共同植物种类；群落的结构和生态特征相同；反映在层片配置相同，季相变化生态外貌相同，以及处在更为相似的生境中，在群落动态方面，则是处于相同的演替阶段，具有相似的演替趋势。

（9）亚群丛

在群丛范围内，由于生态条件的某些差异，或因发育年龄上的差异，往往不可避免地在区系成分、层片配置、动态变化等方面出现若干细微的变化。亚群丛就是来反映这种群丛内部的分化和差异的，是群丛内部的生态—动态变型。

根据上述分类系统和各级分类单位划分标准，中国植被分为 11 个植被型组、29 个植被型，共包括 550 多个群系。群系以下的单位留待各地区进一步划分。

我国幅员广阔，自然条件和植物种类都极为丰富和复杂。植被类型因而也就非常多样。目前所采用的分类原则是综合性的，各级单位和系统虽可与国际上相同的单位对应，但仍有其本身的特点。

2. 群丛的命名方法

①凡是已确定的群丛应正式命名。我国习惯于采用联名法，即将各个层中的建群种或优势种和生态指示的学名按顺序排列，在前面冠以 Ass.（Association 的缩写），不同层之间的优势种以"—"相连，例如：Ass. *Larix gmelini* — *Rhododendron dahurica* — *Pyrola incarnata*

从该名称可知，该群丛乔木层、灌木层和草本层的优势种分别是兴安落叶松、杜鹃和红花鹿蹄草。定义为：由兴安落叶松—杜鹃—红花鹿蹄草群丛为各层优势种的群落联合。

②有时某一层具共优种，这时用"+"相连。

例如：Ass. *Larix gmelini* — *Rhododendron dahurica* — *Pyrola incarnata +carex* sp.

③当最上层的植物不是群落的建群种，而是伴生种或景观植物时，用"<"，或"（）"，或"‖"来表示层间关系。

例如：Ass. *Caragana microphylla*<*stipa grandis* — *Cleistogenses squarrosa*

或 Ass.（*Caragana microphylla*）— *stipa grandis* — *Cleistogenses squarrosa*

在对草本植物群落命名时，习惯上用"+"来连接各亚层的优势种，而不用"—"。

例如：Ass. *Caragana microphylla*<*stipa grandis* + *Cleistogenses squarrosa*

（二）法瑞学派群落分类

法瑞学派群落分类是群落分类中的归并法，法国蒙伯利埃（Montpllier）大学 Braun-Blanquet 于 1928 年提出植物区系—结构分类系统，被称为群落分类中的归并法，是影响比较大而且在西欧和某些其他国家被广泛承认和采用的一个系统。该系统的特点是以植物区系为基础，从基本分类单位到最高级单位，都是以群落的种类组成为依据（见表4-4）。

表4-4　J. Braun-Blanquet 分类系统的等级和命名

分类等级	字尾	例子
群丛门 division	-ea	Querco-Fagea
群丛纲 class	-etea	Querco-Fagetea
群丛目 order	-etalia	Fagetalia
群丛属 alliance	ion	Fagion
亚群丛属 suballiance	Enion（-esion）	Galio-Fgenion
群丛 association	-etum	Fagetum
亚群丛 subassociation	-etosum	Allietosum
群丛变型 Variant	—	Athyrium-Var
亚群丛变型 subvariant	—	Bromus-subvar
群丛相 facies	—	Mercuialis-Facies

该系统中的群丛门是指在大的植物区系地理范围内，具有共同分类特征的有关群丛纲

的联合。它的分类特征可以是种或属或者两者。它大体与英美学派的群系和我国的植被型相当。

群丛纲、群丛目、群丛属的确切定义还不大一致，但相同的群丛纲、群丛目、群丛属应具有类似的特征种和区别种。

群丛是具有一个或较多个特征种的基本单位。近年来的发展趋势是用区别种来区别群丛。

（三）英美学派群落分类

英美学派群落分类的特点是动态分类系统。Clements（美国）坚持主张：群落之间的动态关系，必须从一开始就予以考虑，从发展上看，这些群落是相关联的，他认为，这有几分像昆虫的幼虫、蛹和成虫的关系一样。因为主要植被类型原本就处于演替顶极的状态之中。然而在其他地区，植被已遭受到人类活动的强烈干扰，使原来的顶极模式已不复存在，现在研究时，可以利用的全部内容是遍途顶极或者是次生群落。在不少地区，作为参考地点的原生植物片段是可以利用的。以便根据顶极的部分潜力把受到干扰的、变化多端的那些演替系列的群落理出一条线索来。

因此他们对顶极群落和未达到顶极的演替系列群落，在分类时处理的方法是不同的，他们建立了两个平行的分类系统（表4-5）。

表4-5　英美学派的分类系统

顶极群落（climax）系统	演替系列（series）系统
群系型（formation type）	
群系（association）	
群丛（association）	演替系列群丛（associes）
单优种群丛（consociation）	演替系列单优种群丛（consocies）
群丛相（facition）	演替系列群丛相（facies）
组合（society）	演替系列组合（socies）
集团（clan）	集群（colony）
季相（aspect）	季相（aspect）
层（layer）	层（layer）

（四）美国 FGDC 植被分类系统

美国国家地理数据委员会（federal geographic data committee）为了在全国水平上获得一致的植物资源数据，以便准确地比较、集成并将在野外水平上支持定量的植被建模、制图与分析，于 1996 年制订了一个植被分类系统和植被信息标准，并建立了通用的植被数据库。该分类系统所遵循的原则是大面积适用；与地球覆盖、土地覆盖其他的分类系统一致；避免概念冲突；分类的应用前后一致并可重复；采用普通术语避免难懂的行话；分类单位边界明确；分类系统是动态的，能容纳附加信息；反映现实植被生长季节的状态；为等级系统，高级单位反映少量的一般类型，较低级单位反映大量的详细类型；高级分类单位以外貌即生活型、盖度、结构、叶型为划分基础，生活型指乔木、灌木、草本等；低级分类单位以实际种类组成为基础进行划分，数据必须用标准取样法在野外获取（见表4-6）。

表4-6 美国国家植被分类系统

水平	等级序列
区域水平	目 order
	纲 class
	亚纲 subclass
外貌水平	群 group
	亚群 subgroup
	群系 formation
植物区系水平	群属 alliance
	群丛 association

注：引自 FGDC，1996。

（五）群落的数量分类

数量分类的目标是对实体集合按其属性数据所反映的相似关系进行分组，使同组内的成员尽量相似，而不同组的成员则尽量相异。群落数量分类可能揭示出以下生态学现象：

①用植物种的数据（属性）去划分样方（实体），可以较客观地揭示出植被本身可能存在的自然间断。

②用土壤、气候等环境因素的数据去划分样方可能揭示出植被间断的环境原因。

③以植物种的分类与用土壤气候等环境因素分类的结果进行比较，可以反映出植被变化与环境变化的关系。

④用样方数据去划分植物种的集合结果会分成若干种组，它本身可能反映出种间相互作用的规律。

⑤用样方数据去分割环境因素的集合，结果会分成若干环境梯度，反映出不同环境因素之间的组合关系。

⑥以样方数据分割出的种组与环境梯度进行比较可能找到种组与环境因素的关系这样的种组被称为生态种组。

群落数量分类采用不重叠的等级。群落数量分类使用多元分析技术。

二、排序

（一）定义

排序就是把一个地区内所调查的群落样地，按照相似度来排定样地的位序，从而分析各样地之间以及生境之间的相互关系。

（二）排序的方法

①直接排序：利用环境因素的排序。又称直接梯度分析或者梯度分析，即以群落生境或其中某一生态因子的变化，排定样地生境的位序。

②间接排序：是用植物群落本身属性（如种的出现与否、种的频度、盖度等）排定群落的位序。又称间接梯度分析或者组成分析。

（三）排序的基本问题

排序的基础是一个几何问题，即把实体作为点在以属性为坐标的 P 维空间中（P 为属性）按其相似关系把它们排列出来。简单地说，若按属性排序实体，这叫正分析或叫 Q 分析；排序也可有逆分析或叫 R 分析，即按实体去排序属性。

为了简化数据，排序时首先要降低空间的维数，即减少坐标轴的数目。如果可以用一个轴（一维）的坐标轴描述实体，则实体点就排在一条直线上；用两个轴（二维）的坐标轴描述实体，点排在平面上，无论点排在一条直线上或平面上都是很直观的。如果用三个轴（三维）的坐标，可以勉强表现在平面的图形上，一旦超过三维就无法表示成直观的图形，因此，排序总是力图用二、三维的图形法表示实体，以便于直观地了解实体点的排列。

我们知道 N 个实体点占据的空间最多有 $N-1$ 维，当对 N 个实体调查过 $N-1$ 个属性 $[P>(N-1)]$ 的数据时，则 P 维空间必有多余的维数，去掉多余的维数并不损失原数据的信息是排序的关键所在，但在一般情况下，减少维数往往会损失一些信息，排序的方法应该使得由降维引起的信息损失尽量减少，即发生最小的畸变。

这种降维的简化，使原来要用 P 维原始数据描述的实体，在尽量保留原数据特征的条件下，利用最少数据（排序坐标）来描述，无疑有利于提示原始数据反映的规律。

通过排序可以显示出实体在属性空间中位置的相对关系和变化的趋势。如果它们构成分离的若干点集，也可达到分类的目的；结合生态学知识，还可用来研究演替过程，找出演替的客观数量指标。如果我们既用物种组成的数据，又用环境的数据去排序同一实体集合，以两者的变化趋势容易提示出植物种与环境因素的关系，从而提出生态解释的假说，特别是可以同时用这两类不同性质的属性（种类组成及环境）一起去排序实体，更能找出两者的关系。

第五节　植被分布的地带性规律

一、植被分布的概念

地球表面每一个地带或每一个地区，都有着一定的植被类型，但是为什么植被在各个地带或地区有这么大的差异？植物群落在空间上的分布遵循什么样的规律性？长期以来都是植物群落学研究的课题之一。

任何植物群落都与它们所存在的环境条件有着密切的联系，地球表面各地环境条件的差异是导致植被具有各式各样的类型及其分布特点的重要原因。

1. 地带性植被

地带性植被是气候顶极的植被类型，也称显域植被（能够显示出植被分布区的气候特征），在大陆上呈大面积分布的地带性生物群落型主要有下列几类：

①森林：热带雨林、常绿阔叶林、落叶阔叶林、北方（寒温带）针叶林（泰加林，Taiga）。

②草地：稀树草原（萨王纳）、草原。

③荒漠：主要是旱荒漠和寒荒漠。

④苔原：主要是寒冻造成的，分布在极地带。

2. 非地带性植被

非地带性植被是非气候顶极的植被类型，也称作隐域植被（不能够显示植被所在的气候特征），诸如由地形顶极、土壤顶极、动物顶极等因素所形成的稳定的植物群落。

二、影响陆地植物群落分布的因素

决定植被呈带状分布的是气候条件，主要是热量和水分以及二者的配合状况。地球上的气候条件按三个方向改变着，植被也沿着这三个方向按规律交替的分布着。这三个方向表现为：纬度、经度与高度，前二者构成植被分布的水平地带性，后者构成植被分布的垂直地带性。

1. 纬度

太阳辐射是地球表面热量的主要来源。在地球表面上，太阳辐射随着地理纬度的高低而有所不同。在低纬度地区（如赤道），地面全年接收太阳总的辐射量最大，其季节分配比较均匀，因而终年高温，长夏无冬。随着纬度的增高，地面受热逐渐减少，一年中季节差异也增大。到了高纬度地区（如北极），地面受热最少，终年寒冷，长冬无夏，这样，从南到北就形成了各种热量带，每一个带向东西两方延伸，又由南向北依次更替。与此相应，各种植被类型也呈带状从南向北依次更替。以北半球为例，在湿润的气候条件下，植被类型由南到北的顺序为：热带雨林→亚热带常绿阔叶林→温带落叶林→寒温带针叶林→极地苔原。以上为典型的纬度地带性植被表现。

2. 经度

海洋上蒸发大量水汽，通过大气环流输送到陆地，是陆地大气降水的主要来源。陆地上的降水量在同一纬度的不同地点往往是悬殊的，一般是从沿海到内陆依次减少。因此，在同一个热量带内，沿海地区空气湿润，降水量大，分布着森林植被；距离海洋较远的地区，大气降水量减少，干旱季节长，分布着草原植被；到了大陆中心，大气降水量最少，地面蒸发量大于降水量，气候极为干旱，则分布着干旱荒漠植被。植被因水分状况而由东到西（按经度方向）呈带状依次更替，即为植被分布的经度地带性。

3. 海拔

海拔对植被分布的影响主要表现在植被分布的垂直地带性规律上。这一点在第四节做详细的介绍。

三、陆地生物群落的水平分布

植被分布的地带性规律在我国有明显的表现（图 4-14 来自 1981 年东北林学院编写的《森林生态学》）。我国位于欧亚大陆的东部，东临太平洋，西连内陆。由于受海洋季风影响的程度不同，在我国从东到西具有水分条件从湿润到干旱的明显变化，依次分布着三个大的植被区域：湿润的森林区域、半干旱的草原区域和干旱的荒漠区域，反映了经度地带性。在湿润森林区域内，从我国最南端的南沙群岛到最北的黑龙江，跨越了 50 多个纬度，南北热量悬殊，从南到北依次分布着热带雨林、亚热带常绿阔叶林区、温带落叶林区和寒温带针叶林区，表现了明显的纬度地带性。我国草原区域的荒漠区域的北半部和西南部自然地理条件有明显不同。北半部为温带内陆，西南部为青藏高原，是海拔大多在 4 000 m 以上的高寒地理条件。因此，可分出温带草原区、高寒草甸草原区、温带荒漠区和高寒荒漠区。虽然它们也是一种南北的差异，但形成的原因，首先是高耸的高原地形条件，其次才是纬度差异的影响。

不少学者在研究世界植被分布规律中，在世界植被图的基础上，假定所有的大陆连成一块，而不变更它们的纬度，就会形成植被分布的模式图（图 4-15）。这张图在 H. Walter（1979 年）的"平均大陆"图的基础上做了修改和简化。在这张图上，可以观察到：在热带和北半球的温带、极地带（在南半球不存在相应的带）等各植被带大体沿纬度线伸展或与纬度线相平行的。然而，在南北 40°之间的东部一侧，受贸易风的加湿作用使得这里完全没有干燥的区域。在西侧情况复杂一些，西部的亚热带区域，荒漠延伸到海岸。在南半球，荒漠也正是以到达海岸为界。在理想大陆植被分布图上所反映的植被分布地带性规律，比在植被图上更容易看出。

因为从赤道到极地温度依次降低，从海洋到内陆雨量依次减少，即自然地带之间的热量和水分条件的变化不是截然的，而是逐渐的。所以，地带性植被也是逐渐改变的，也就导致在两个植被地带之间形成了过渡性的植被类型。

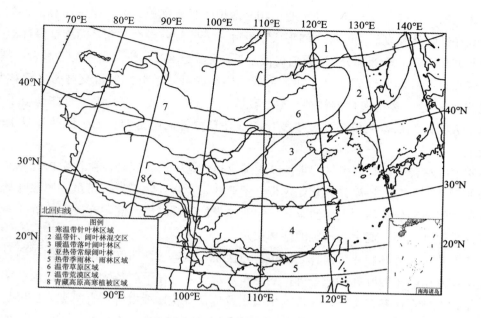

图 4-14 植被分区图（仿薛纪如）

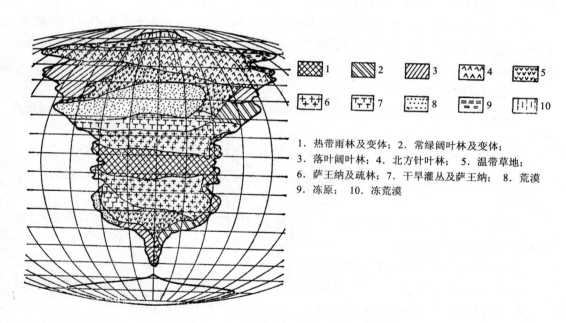

1. 热带雨林及变体；2. 常绿阔叶林及变体；
3. 落叶阔叶林；4. 北方针叶林；5. 温带草地；
6. 萨王纳及疏林；7. 干旱灌丛及萨王纳；8. 荒漠
9. 冻原；10. 冻荒漠

图 4-15 理想大陆植被分布模式（南北两半球非对称）

1. 从纬度地带性来看

以北半球欧亚大陆为例，从北向南出现以下过渡带：

①在冻原植被和北方针叶林之间就有着森林冻原这一植被类型，它的特征介于冻原和

针叶林之间，也就是针叶林中的主要植物分散地生长于冻原之内，呈现疏林的外貌。

②在针叶林和夏绿阔叶林之间形成了针叶—落叶阔叶混交林带（简称针阔叶混交林）。我国北方和苏联的欧洲部分，这类植被很常见，通常是落叶的栎类植物与各种针叶树混交。

③在夏绿林与常绿阔叶林之间，形成了常绿阔叶—落叶阔叶混交林带（简称常绿落叶混交林）。这一类过渡性的植被，见于我国长江流域一带（但其中也有些是由于原来照叶林受人为破坏后，生境条件发生变化，而使夏绿林向南延伸，处于照叶林复生的一个阶段上）。

④照叶林带中也有许多过渡带，以我国亚热带地区最为辽阔，在北纬22°～33°，在气候带的划分上，有人建议分为北亚热带、中亚热带及南亚热带，三带虽同属照叶林植被，但在种类组成和层片结构上显然有异。北亚热带的照叶林中，混生有一定的落叶层片，而南亚热带照叶林中，混生有一定的雨林层片。

⑤亚热带照叶林和热带雨林之间也有过渡带。这些过渡带在沿海区，如福建、广东等地建群层片中除了照叶林的成分外，混生有热带成分，在下层植物基本都是雨林常见的植物；结构上林冠已参差不齐，藤本附生植物发达，茎花、板根等均有所见，仅仅是不如热带地区发达。在云南地区，在亚热带和热带之间，过渡带也占有较宽的范围。植被的过渡性仍然表现在种类组成和层片结构的交错性上。

⑥在热带雨林本身，也有许多过渡情况。我国的热带雨林和东南亚的雨林比较起来，仍要通过一些过渡类型而得以联系。所谓"热带北缘雨林"，是指它属于东南亚亚热带雨林的最北端。

2. 从经度地带性看

过渡的植被地带也是显然的，以欧亚大陆从海边到大陆中心为例，就有以下过渡植被类型：

①森林带和草原带之间存在着一个众所周知的森林草原带。

②在草原带和荒漠带之间的半荒漠带或称草原化荒漠带，就其性质而言，也是一个过渡植被带。

在水分条件的递增或递减的情况下，植被的过渡性表现的最突出。例如，从草原到沼泽其间过渡类型大致如下：

荒漠化草原→真草原→草甸化草原→草原化草甸→沼泽化草甸→沼泽

③在热带地区，随着水分条件的递减，从热带雨林开始，可能依次出现以下植被类型：

热带雨林→季节性雨林→稀树乔木林→多刺疏林→稀树干草原。

地球表面各类植被之间的各种过渡类型，也正说明了植被在分布上的交错性，加以各地带间环境条件的变化，更促进各种植被类型分布界限的多样化。如果认为地球的水平地带性植被，可以单纯地、机械地按纬线或经线将它们划分开，并认为一切地带性类型间的界线都是平直的，那就是不正确的。

地球上植被的纬度地带性和经度地带性，在某一个地区中的表现程度是不同的。在某些地区内，纬度地带性起着主导作用，而在另一些地区内，则是经度地带性主要控制着植被的分布。在纬度地带性中有经度地带性的影响，反之亦然，两者是相互制约的，只有在决定植被分布中所起作用的主次不同而已。

四、植被分布的垂直地带性

1. 植被的垂直地带性

植被的分布除了上述纬度的和经度的地带性规律外，还有按高度交替变化的垂直带规律。从平地到高山山顶，气候条件差异很大，通常海拔每升高 100 m，气温大约要下降 0.5～1℃，湿度也随着海拔升高而增大，风、温度、光照和其他气候因子及其配合方式都会有很大变化。在高山的上部更为寒冷、湿润、多风、温差大和光照强，甚至顶部终年为冰雪所覆盖。当然山高度不同，山体所处的地理纬度和海陆位置不同以及朝向和坡度等不同所引起的气候垂直变化也并不一致。总的来说，气候条件的垂直变化也导致了植被垂直分布上的变化。在不同的山系上，各自形成了不同特点的植被垂直带谱。

早在 18 世纪末，A. VonHumboldt 就已描述了热带美洲安第斯山脉的植被垂直带的顺序性。以下就是他记的垂直带植被：

①从海面到坡地 600 m：分布着热带雨林，这种森林中有大量的棕榈、香蕉等热带植物；这里全年温度大约保持在 27℃。

②600～1 200 m：占优势的是亚热带森林；含有木本蕨类和榕树。

③1 200～1 900 m：以桃金娘科和樟科的乔木为优势森林。

④1 900～2 500 m：为常绿阔叶林所占据；这里全年均温大约为 19℃。

⑤2 500～3 100 m：分布着落叶阔叶林；这里年均温大约为 16℃。

⑥3 100～3 700 m：针叶林占优势，年均温大约为 13℃。

⑦3 700～4 400 m：杜鹃属植物为主的常绿和落叶的高山灌丛；年均温大约为 8.5℃。

⑧4 400～4 800 m：高山草地，年均温约为 4.5℃。

⑨4 800 m 以上：年均温约为 1.5℃，仅见低等植物，而且是永久积雪和冰川区。

在高山上，植物群落并不分布到任何一个海拔高度，随着海拔的升高，群落的结构愈来愈简单，种类减少，群落高度也降低。从以上描述，我们可以了解几条线的概念：

①树线：森林群落的乔木分布上限的海拔高度。

②植物分布线：往往和雪线高度一致的海拔高度；从该线以上一般没有植物分布。

③雪线：通常所指的雪线在一年中长年为冰雪所覆盖的界线，或称为永久雪线，其高度随纬度增高而降低，低纬度区常为 5 000 m。

④季节性雪线：一年中的一段时间里有积雪的海拔高度。

2. 植被的垂直带与水平带的关系

如果以赤道湿润地区的高山植被分带，与赤道到极地的水平植被分带作一比较，我们就可以看出：自平地至山顶和自低纬度至高纬度排列着垂直带与水平带顺序大体上相似的植被类型，即垂直带植被类型与水平带植被类型是相应排列着，在外貌上基本相似，其原因在于，低纬度和高纬度在热量递减方面有它们的相似之处。

但是，如果某一高山垂直带的水平起点不是在赤道地区，而是在赤道南北的不同纬度带上（中纬度或高纬度），这些纬度带上山地植被的带状分布，同样与该纬度带开始到极地止的水平植被带分布顺序相应（见图4-16）。

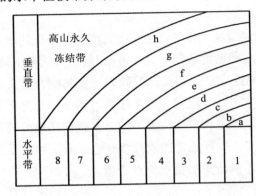

1. 热带雨林	a. 热带雨林
2. 季雨林	b. 山地雨季林
3. 常绿阔叶林	c. 山地常绿阔叶林
4. 落叶阔叶林	d. 山地落叶阔叶林
5. 针阔叶混交林	e. 山地针叶混交林
6. 北方针叶林	f. 山地针叶林
7. 森林冻原	g. 高山矮曲林
8. 冻原	h. 高山草原与高山草甸

图 4-16　植被带结构示意图

3. 经度的影响

在纬度位置相同的条件下，经度位置对山系的植被垂直带谱也有显著的影响。例如，我国东部吉林的长白山与西部新疆天山相比，这两个山系都位于北纬 42° 左右；长白山在东经 128°，离海岸很近，属于针叶—落叶阔叶混交林带，而天山中段在东经 86°，位于内陆，属荒漠带范围。以下比较一下这两座同纬度而不同经度山体植被的特点。

吉林长白山位于温带针叶—落叶阔叶混交林带（北纬 42°，东经 128°，海拔 2 744 m），其植被垂直带谱如下：

①300～500 m：蒙古栎林和落叶阔叶杂木林。

②500～1 000 m：针叶—落叶阔叶混交林。

③1 000～1 600 m：是山地针叶林（冷杉林和落叶松）带。

④1 600～1 900 m：是山地矮曲林（岳桦林）带。

⑤1 900～2 744 m：山地冻原带。

而天山中段的植被垂直带谱显然与长白山不同，该段山地在北纬 42°、东经 86°，海拔高度约 3 800 m，可分为下列各植被垂直带：

①500～1 000 m：荒漠带（白琐琐沙荒、假木贼砾质荒漠和蒿属荒漠）。

②1 000～1 700 m：山地荒漠草原和山地草原带。

③1 700～2 700 m：山地针叶林（云杉林）带。

④2 700～3 000 m：亚高山草甸带。

⑤3 000～3 800 m：高山草甸、高山垫状植被和雪线。

可以看出，同一纬度的不同经度位置上，不仅表现在植被垂直带谱的组成上的不同，而且，也表现在相似植被的带的高度上所占的海拔范围也不相同。

对于以经度地带性为转移的垂直与水平带的相应性，可以归结如下：经度起点的植被垂直带，向上首先变为纬度的海洋型植被（即近海洋同高度的植被类型），而后随着海拔的增高，出现与纬度地带性相应的植被带。这是因为经度起点植被，随着山地海拔的上升，在温度降低的同时，水湿条件增加，因而逐渐离开经度地带气候的影响，所以，山上部的垂直带和同纬度的其他山地是基本上相似的。

此外，不同纬度起点的山地植被带的多寡不同，越近赤道地区，高山上的垂直带越多，逐渐向极地推移，则山地的植被带的数目减少，极地带整个山体为冰雪封盖，只有近山麓处的一个植被带——冻原带。由此看出，植被分布的垂直地带性是以水平地带性为基础的。

4. 水平地带与垂直地带性植被的异同

从赤道到两极随着纬度的增高，大气的温度逐步下降；从山底到山顶，随着海拔高度的增高，山上的气温逐步下降，造成从赤道到两极和从山底到山顶植被类型的变化趋势相同或相似。

虽然植被分布的垂直带与水平带之间有着一定程度上的相似性，但是在它们之间仍存在很大的差异。引起形成水平带和垂直带植被分布的各个因素，并不完全都一样；从赤道到极地和从山麓到山顶，年平均温度都是依次降低的，但其他的气候因素及其这些因素的周期性变化都不相同。

（1）温度季节变化的进程

温度季节变化的进程是由赤道到极地逐渐变显著的；而山麓到山顶温度的变化年进程就不同。在赤道地带的高山，随着海拔的升高，温度越来越低，最后进入终年积雪地区。在低纬度地区，如果在平原没有冬季，那么在山体的某个海拔高度上就有冬季，例如台湾的玉山下部的平原是没有冬季的，但从山地到山顶依次分布着热带、亚热带、温带、寒带等不同海拔高度的植被类型，在温带植被类型分布的海拔高度就有冬季了；此外，如果平原有冬季的地区（温带），那么在其山上的冬季比平原长。

（2）光因子的变化在纬度带和海拔带完全不同

①光周期在纬度上体现，即随纬度增加，光周期变化也增加；而在海拔上随海拔增高，光周期在同一座山体上无变化。

②光的质量：冻原长而严寒的冬季，短而寒冷的夏季，最热月的平均温度不大于 10 ℃，夏季日光延续很长，冬季黑夜很长，云量很多，以散射光为优势；全年雨量小于 200～300 mm，冬季少雪，雨量以绵雨或小雪状态降落，因而雨日很多；冬季吹强风；由于气候因素不良的组合，冻原土壤十分寒冷，在很多地区不太深的地方就有永冻层，因此，尽管雨量不大，沼泽化的过程发展很强烈。高山条件则不同，虽然在这里与冻原一样，夏季寒冷而短，受日光照射的表面和非受光表面的温差很大，在夏季高山上时而下雨时而晴，温差也很大。此外，太阳光谱的成分在这里也是另一种状况，高山阳光所含的紫外光比低山

地区要多。在阿尔卑斯山3 000 m的高度，一年中空气的平均月温高于0℃的只有2～3个月。然而，随着海拔上升，由于强烈的日照，山上的土壤平均温度都比气温高，在海拔1 600 m处为2.4℃，在1 900 m处为3.0℃，在2 000 m处为3.6℃。

由高山和冻原的生态条件比较，证明了决定植物性质的因素，只有温度相似，而其他因素上是有差异的。因此，如果我们比较一下纬度与垂直带的特点，我们就可以得知，它们有以下不同的特征：

①引起纬度带形成的环境因素和引起垂直带形成的环境因素，在性质和数量上以及配合状况都是不同的。

②纬度带和垂直带的宽度不同：纬度带是以几百公里计算，很少是几十公里的；而垂直带的宽度以几百米计，很少是几公里的。

③纬度带的相对不间断性，垂直带有较大的间断性：纬度带伸展了很大的距离，绝大部分是连续成片的；而山地垂直带的植被经常为河谷、岩屑堆、岩石露头所间断呈带状的植被类型。而且在山上，随着坡向和山坡的斜度植被成分发生明显的改变；同一垂直带在山坡的不同坡向，占据着不同的高度；某一带的楔状现象广泛分布等。就是在同一座山上，因山地所处的山河位置、山体形态、海拔高低、坡度、坡向、中小地形变化等因素的影响，常使垂直带的分布界限并不是均匀整齐的，而是在一个较宽的海拔高度范围内变动，带间的交错和过渡现象常十分明显。

一般来说，北坡上北方类型的植被带占海拔高度比南坡低一些。这是因为北方气候受山体阻挡，北坡上接收了北方气候影响，对南坡影响小。所以南、北两坡上垂直带的海拔高度并不一致。

垂直带与水平带植被类型分布上相似，只是从植物群落分类的高级单位而言，也就是说，呈带植被的优势生活型和外貌基本相似。但是就相应的两个植被带本身而言，最大的差异表现在植物种类的成分和群落的生态结构上。例如，北方针叶林（Tiga，泰加林）和南方山地的高山针叶林相比，虽然在组成群落的科属上有若干相似之处（如建群种在两处可见到冷杉属和云杉属等），但是并非所有植物的科属都近似。即使是两处相同的科属，其植物种仍然不同。泰加林中主要为西伯利亚冷杉、西伯利亚云杉等。而在我国西南亚高山针叶林中，常见者则是长苞冷杉、青果冷杉、丽江云杉、紫果云杉等。就是草本植物中，也极少有相同的种类。此外，我国亚高山针叶林下，普遍存在着箭竹灌丛，这是泰加林所没有的。至于亚高山针叶林以上的高山杜鹃灌丛、高山草甸及砾石冻荒漠等植被类型，也显然与北方针叶林的极地冻原有着很大差别。高山上的沼泽远远不如极地冻原带发达。而极地的藓类冻原又是高山地区不易看见的。植物群落组成成分上的不同，除了与现有生境条件差异有关外，也还与地球植被的历史发展紧密联系。

综上所述，可见某一处山系上的植被垂直带谱是反映着该山系所处的一定纬度和一定经度的水平地带的特征，也就是说植被垂直带的性质是从属于水平地带的特征，在水平地带和垂直地带的相互关系中，水平地带性是基础，由它决定着山地垂直地带系统。

人工栽培的人工群落，它们的分布规律和天然群落相似，即主要受制于气候条件。当然，特别是某些一年生作物群落和作为一年生作物栽培的多年生作物群落，它们只栽培于一年中某一年生长期，因此，无论在水平带或垂直带上，它们的分布幅度较天然植被要大得多。

第六节　我国植被分区

我国幅员辽阔，地形十分复杂，气候条件更是多种多样，不但具有寒、温、热三带而且在同一地区也常因山体而有显著差异。因此我国的植物种类和植被类型也格外丰富。我国东南部因受海洋性季风影响夏季高温多雨，是我国主要的农林区域；西北部因远离海洋，大陆性气候极为强烈而以草原和荒漠为主，是我国主要的牧区。为了有效地利用再生资源，《中国植被》（1980）一书将我国植被划分为八个主要的区域。

一、寒温带针叶林区

（一）地理分布

位于大兴安岭北部山地。本区地貌呈老年期特征，山势不高，一般海拔在 300～1 100 m，整个地形相对平缓，全部呈丘陵状台地，几无山峦重叠现象，亦无终年积雪的山峰。由于气候条件比较一致从而大大减弱了植被的复杂性。

（二）气候

我国最冷的地区，年平均温度在 0℃以下，冬季长达 8 个月。生长期仅 90～110 d，全年降水量为 400～500 mm，大部分集中降落在 7 月、8 月。由于温度和水分条件配合较好，有利于一些耐寒林木的生长。本区较普遍的土壤是棕色针叶林土，低洼地为沼泽土，且常有岛状永冻层。

（三）植被

1. 典型植被

由于气候条件严酷，本地区植物种类较少，代表性的植被类型是以兴安落叶松为主所组成的明亮针叶林，兴安落叶松适应力很强，其分布几乎纵贯全区，可自山麓直达森林上限，广泛成林，但以 500～1 000 m 的山地中部，土壤较为肥沃湿润的阴坡生长最好，树高达 30 m，常常形成茂密的纯林，其主要特征是群落结构简单，林下草本植物不发达，下木以其旱生形态的杜鹃为主，其次为狭叶杜鹃、越橘等；乔木层中有时混生有樟子松林。在山地中部还有广泛分布的沼泽，其处生长有柴桦（*Betula fruticosa*），下层为薹草、莎草等草本植物。

2. 过渡类型

在本地区地势较低的东南部，在海拔 450~600 m 以下的山麓部分，深受毗邻的温带针阔混交林地区的影响，在以兴安落叶松为优势的林内常混生一些温带阔叶树种，其中以耐旱的蒙古栎为主，其次为黑桦、山杨、紫椴，这些阔叶树种数量不多，生长不良，构成第二层林冠；林下灌木和草本植物较发达，主要有胡枝子、榛子、苍术等。

在山地上部兴安落叶松的生长显著衰退，林内常混生有少量的花楸、岳桦以及红皮云杉的更新幼苗，林下藓类十分发达，盖度可达 90%以上，从而在外貌和组成上具有阴暗针叶林的一些特征，到了山顶落叶松已无法生存，而以偃松所组成的矮曲林为主，偃松多平卧地面匍匐生长，主干常蜿蜒达 5~10 m，树冠倾斜上升，高不超过 1.5~1.8 m。

3. 落叶松林皆伐或火烧迹地

多形成各类次生阔叶林，如蒙古栎、桦木或山杨林等；若再遭破坏则形成灌丛。在山的中部如经破坏则仅形成白桦与落叶混交林，并向落叶松纯林方向发展。

本地区是我国木材蓄积量较大林区之一，落叶松生长较快，但由于这里生长期短，且多沼泽化，因而生产力并不高。

二、温带针阔混交林区域

（一）地理分布

包括我国东北松嫩平原以东，松辽平原以北的广阔山地，南端以丹东为界，北部延至黑河以南的小兴安岭山地，全区成一新月形，本地区范围广大，山峦重叠，主要山脉包括小兴安岭、完达山、张广才岭、老爷岭及长白山。这些山脉大部分为东北至西南走向，海拔大多不超过 1 300 m，最高的长白山海拔高达 2 744 m，但其周围山峰多在 1 500 m 以下，而且坡度平缓。

（二）气候

因受日本海的影响，因而具有海洋性温带气候特征。但由于纬度较高，所以年平均气温较低，表现为冬季长而夏季短。冬季达 5 个月以上，最低温度-30~-35℃。生长期 125~150 d。年降水量一般多在 600~800 mm，由南向北逐步递减，降雨多集中在夏季（6—8月），占全年的 70%~80%，对植物生长十分有利。山地土壤以暗棕色森林土为主，低地则为草甸和沼泽土。

（三）植被

1. 典型植被

本地区地带性典型植被是以红松为主构成的温带针阔混交林，一般称为阔叶红松林。它与俄罗斯在远东的阿穆尔和沿海地区以及朝鲜北部相接，连成同一植被区，而以本地区为其分布中心。

这一类型在种类组成上相当丰富，针叶树种除占优势的红松外在靠南部的地区还有沙松（*Abies holophylla*）以及少量的紫杉和崖柏（*Thuja koraiensis*）。阔叶树种主要有紫椴、枫桦、水曲柳、花曲柳、黄檗、糠椴、千金榆、核桃楸、白皮榆以及各种槭树；林下灌木和藤本有毛榛子、刺五加、丁香、猕猴桃、山葡萄、北五味子等。草本植物也有不少本地特有种，如人参、山荷叶等。上述植物多属暖温带种类，从而使这类针阔混交林多少具有一些南方（亚热带）景色。

2. 本地区北部地带

虽说仍以红松为主组成了地带性的针阔混交林，但林内则混生有北方（亚寒带）的一些针叶树种，如鱼鳞云杉、红皮云杉、兴安落叶松、臭冷杉，而阔叶树种和藤本植物在种类上也较南部为少。与红松混交的阔叶树种主要是紫椴和枫桦等。

3. 山地

除上述地带性植被外，在小兴安岭（700～1 000 m）、张广才岭（900～1 500 m）、长白山（1 100～1 800 m）等山地还广泛分布着山地寒温针叶林，其树种组成非常单纯，以阴性常绿针叶树种云杉和冷杉为主。在这一带的下部，由于针阔混交林带的红松在垂直分布上能超越所伴生的阔叶树种而与鱼鳞云杉、红皮云杉和臭冷杉混生，构成独特的红松、云杉、冷杉混交林。由此再上红松不能生长从而又形成了冷杉、云杉混交林，林内阴暗，藓类植物特别发达。在山地寒温针叶林带之上即个别高峰上还有亚高山矮曲林带，组成这一林带的主要树种是岳桦（*Betula ermanii*），有时还常混生有偃松。岳桦是喜光和喜湿的树种，对土壤要求不严，且能自基部分枝，具有较强的抗风能力。

4. 谷地

本地区低温的谷地，均有小面积隐域性的落叶松存在（北部为兴安落叶松，南部为长白落叶松）。由于本地区其他树种难以适应这一生境，因此落叶松在这一地区还相当稳定。

5. 经济林植物

长白山至小兴安岭一带是我国的主要林区之一，也是我国木材的主要供应基地。高大通直的红松、云杉都是优良的建筑用材；水曲柳、色木、胡桃楸、黄檗、桦木、椴树等又都是制作家具和胶合板的上等材料。林内还有宝贵的毛皮兽类和人参、刺五加等名贵药材，从而更增加了这一森林地区的价值。

三、暖温带落叶阔叶林区域

（一）地理分布

本地区位于北纬 32°30′～42°30′，北与温带针阔叶混交林相接，南以秦岭、伏牛山和淮河为界，而自天水向西南经礼县到武都与青藏高原相分。本区东为辽东、胶东半岛，中为华北和淮北平原，西为黄土高原南部和渭河平原以及甘肃的成微盆地，大致呈东宽西窄的三角形。整个地区的西部高东部低，明显可分为山地、丘陵和平原。山地分布在北部和西部，高度平均超过 1 500 m，丘陵分布在东部包括辽东和山东丘陵，海拔多在 500 m 以下，少数如泰山、崂山超过 1 000 m，西部山地与东部丘陵之间就是华北大平原以及辽河平原，其海拔不到 50 m。山地和丘陵是落叶阔叶林的主要分布区，由于人为干扰而以次生林为主；平原是农业区，天然林已不存在。

（二）气候

华北区的气候具有暖温带的特点，夏季炎热多雨，冬季严寒而干燥，年平均气温一般为 8~14℃，年降水量平均在 500~1 000 mm。由于一年当中有 6 个月以上的温暖天气，而降水又多集中于 5—9 月，再加上受到海洋湿气的影响，这都给落叶阔叶林的生长和发展创造了有利条件。

（三）植被

黄河流域是我国文化发源地，长期的垦殖已使原有森林毁灭殆尽。现在除了高山深谷、庙宇等地外，大都是次生灌丛和灌丛草地。在平原低山区多散生和人工栽培的一些树种，如杨、柳、榆、槐、臭椿、泡桐、栾树、侧柏、梧桐、梓树、栎树等，经济林木有枣、桑、香椿、桃梨、柿、核桃、板栗、苹果、杏李、石榴、葡萄，且极普遍。

本地区森林群落的主要群种是栎属的一些落叶种类。由于地区不同，在种类上常有一些差异。辽东栎分布于辽东半岛的北部并沿燕山向西到冀、晋、豫、陕、甘各省；麻栎主要分布于辽东半岛南部以及鲁、豫、皖、苏等省；栓皮栎在西部各省多于东部；锐齿槲栎亦多见于西部海拔较高处，其他省亦零星分布。除栎类外，各地还有以桦木科、杨柳科、榆科、槭树科等树种所组成的各种落叶林。在次生林中松属往往形成纯林或与落叶阔叶树种混交，从而居于重要地位；赤松分布于辽东半岛南部、胶东半岛及南部沿海丘陵并达苏北云台山一带；油松分布于整个华北丘陵山地；华山松分布于西部各省；白皮松则多零星存在。组成针叶林另一树种为侧柏，此外在山区还可见到云杉、冷杉和落叶松所组成的针叶林。灌木草丛是森林破坏后出现的一种面积最大、分布最广的次生植被。灌木中以酸枣、荆条为主，草本则以黄背草、白羊草占优势。本地区人口比较集中又是少林地区，本地区山地应以恢复森林为主，并在已有基础上大力发展经济林木。

四、亚热带常绿阔叶林区域

（一）地理分布

此区范围特别广阔，北起秦岭淮河一线，南达北回归线，南缘附近与热带北缘相接，西止于松潘贡嘎山、木里、中甸、碧山、保山一带；东起东海之滨，包括台湾和舟山群岛一些弧形列岛在内；长江中下游横贯于本区中部。地势西高东低，西部包括横断山脉南部以及云贵高原大部分地区，海拔多在 1 000~2 000 m；东部包括华中、华南大部分地区，多为 200~500 m 的丘陵山地。

（二）气候

温暖湿润，无霜期为 250~350 d，土壤以酸性的红壤和黄壤为主。

（三）植被

1. 典型植被

常绿阔叶林：上层由常绿阔叶树种组成，其中以壳斗科、樟科、木兰科、山茶科、金缕科为主。在林内通常都有一至数个优势种，并常分为两个乔木亚层。

乔木：青冈属（*Cyclobalanopsis*）、栲属（*Castanopsis*）、石栎属（*Lithocarpus*）、桢楠属（*Machilus*）、楠木属（*Phoebe*）等为常见。

灌木：鹅掌柴属（*Schefflera*）、冬青（*Ilex*）、柃木属（*Eurya*）及杜鹃等。

草木：常绿的蕨类如狗脊（*Woodwardia japonica*）、瘤足蕨（*Plagiogyria japonica*）、金毛狗和薹草等；林内一般都有藤本和附生植物，在山地背阴或迎风面，树干上附生的苔藓非常普遍。

2. 特有属和子遗种

我国亚热带高等植物种类特别丰富，不但具有多种区系成分而且还富有热带起源的古老性以及含有一些特有种和子遗种（银杏、水松、水杉、银杉、珙桐等）。

3. 次生林

常绿阔叶林破坏后常为针叶林所代替，这在东部可以马尾松为代表，在西南则为云南松和思茅松。这些树种往往形成大面积次生纯林。马尾松在东部东南季风区分布最广，在丘陵低山其上限为 800~1 000 m，但在南岭山区可达 1 500 m，除纯林外亦常与栎类、木荷、化香、枫香等相混交。

针叶林中除上述松林外，在本带低中山还广泛分布或栽培着杉木、油杉、黄杉、柳杉（*Cryptomeria japonica*）、柏木、肖楠、福建柏、竹柏、水杉、水松林；中山有华山松、铁杉林；亚高山有以冷杉、云杉、落叶松所组成的天然纯林或混交林。这些亚高山针叶林在我国西南高山分布十分普遍，为木材重要供应基地，伴生的阔叶树种有高山栎（*Quercus*）、红桦等，下木有各种杜鹃、花楸以及箭竹等。

4. 竹林

在亚热带地区竹林也占有一定的比重和具有较高的经济价值。在南亚热带是以丛生竹类为主，且所属人工栽培，如慈竹属、刺竹属（*bambusa*）、单竹属（*Lingnania*）等的一些种类。中部和北部亚热带的东侧，则以散生、耐寒力较强的刚竹属（*Phyllostachys*）为主，以及苦竹属（*Pleioblastus*）、箬竹属（*Indocalamus*）的一些种类，其中毛竹在长江流域栽培最广，是本带价值最高的竹类。到了西部云贵高原和四川盆地则以丛生的慈竹栽培最普遍。西南山区有大面积的天然竹林，亦有小型散生的竹类。主要有方竹属（*Chimonobambmbusa*）、筇竹属（*Qingzhonea*）、华橘竹属、刚竹属和箭竹属的许多种类。

竹林是由竹类植物组成的单优群落。它由某些乔木状的竹类组成竹林，或由某些矮小灌丛状的竹类组成矮竹林。有天然的，也有人工的。野生的竹子常常与阔叶树种混生，形成混交林，或散生于林下，构成林的下木。

竹林具有独特的生活型，它有地上茎和地下茎之分；地下茎有越冬芽，相当于一般树木的树干。地上茎即竹竿相当于一般树木的分枝；一片竹林的许多竿并不都是独立的植株，其中不少是同一植株的"分枝"，共同生在相互联系的地下茎上。因此它和一般的森林和灌丛不同，而划分为独立的一个植被型。

全世界竹类植物共1 000多种，亚洲竹有700余种，我国有200多种，为亚洲之冠。竹类在我国的地理分布范围很广，南自海南岛，北至黄河流域，东起台湾岛，西至西藏的错那地区。在栽培条件下，可南北扩展。如在西沙群岛栽培有甲竹（*Lingnania fimbriligulata*）、幼叶甜竹（*Bambusa suvis*），辽宁省东部的辽东苦竹（*Pheioblastus suvis*），山东沂蒙山区南坡也有局部野生的寮竹（*Indocalamus longiauritus*）。但在长江以南中亚热带，海拔在100～800 m的低山谷及丘陵竹类分布最广，生长最旺盛。

毛竹（*Phyllostachys pubescens*）林是最重要的一类。它广布于中亚热带，其中长江流域分布面积较大，多数是人工栽培的。毛竹适生于气候温暖、湿润、土壤深厚、肥沃和排水良好的环境，在气候变幅小，降雨分配均匀的丘陵，低山地区生长最好，它多分布于海拔800 m以下，在南方可达千米左右。毛竹林高10～20 m，竿径粗8～16 cm。栽培的竹林覆盖度为75%～95%，林下灌木稀少、矮小。草本植物层一般高度在50 cm以下，覆盖度20%。在半野生或管理不良的人工林，也可混生一些阔叶或杉木，灌木层和草本层的种类盖度也较大。毛竹竿粗大端直，质地坚韧，是有用的建筑材料，可编竹筏、编织器物和制成工艺美术品，并可作造纸原料。

5. 硬叶常绿阔叶林（隐域植被）

我国川西、滇北和藏东南的中高山山地还分布着较大面积的以栎类为主的硬叶常绿林阔叶林。主要树种有川滇高山栎（*Quercus aquifolioides*）、黄背栎（*Q. pannosa*）、光叶高山栎（*Q. rehderiana*）、藏高山栎（*Q. semicarpifoia*）等。它们一般都分布于阳坡和土质瘠薄处，都具旺盛的萌蘖能力，故一旦遭受砍烧均呈萌生落丛或呈灌丛状。

五、热带季雨林、雨林区域

（一）地理分布

我国最南的一个植被区域。东起台湾省东部沿海的新港以北，最西达到西藏亚东以西，东西跨越经度达32°30′；南端位于我国南沙群岛的曾母暗沙（北纬4°），北面界线则较曲折；在东部地区大都在北回归线附近，即21°～24°，但到了云南西南部，因受横断山脉影响，其北界升高到北纬 25°~28°，而在藏东南的桑昂曲附近更北偏至 29°附近。在此带内除个别高山外，一般多为海拔数十米的台地或数百米的丘陵盆地。

（二）气候

年平均温度约在 22℃以上，没有真正的冬季。年降水量一般在 1 200~2 200 mm，典型土壤为砖红壤。

（三）植被类型

1. 热带雨林

在我国分布面积不大，仅见于台湾南部、海南岛东部、云南南部和西藏东南部。在垂直分布上由东部 500 m 以下向西到云南南部上升到 1 000 m 左右。到了西藏境内则又下降到 1 000 m 以下。雨林在我国一般不视为地带性的典型植被，特别是西部地区多数是在地形影响下局部生境的产物。一般仅出现于迎风坡面的丘陵低地或坡脚沟谷地段。又因地势北高南低，河流向南开口，因而雨林又常呈犬牙状顺河谷延伸向北方。云南可到北纬 25°，西藏可达北纬 27°~28°。

我国热带雨林也是我国所有森林类型中植物种类最为丰富的一种类型。在区系上与东南亚热带雨林有一定联系，并具有东南亚典型热带雨林的结构特征。但是木本附生植物很少；具滴水叶尖的植物也不多；龙脑香科树木的种类和数量都有限；一些常绿树种在干季有一短暂集中的换叶期，而这种旱生反映具有从东到西逐步加重的趋势。这一切说明，我国的雨林是东南亚热带雨林，是北缘的一种特殊类型。

2. 热带季雨林

在我国热带季风地区有着广泛的分布。在广东它分布于湛江、化州、高州和阳江一线以南，其中以海南岛北部和西南部的面积最大；在广西分布于百色、田东、南宁、灵山一线以南全部低海拔地区。在云南主要分布于 1 000 m 以下的干热河谷两侧山坡和开阔的河谷盆地，以德宏自治州和南汀河下游面积最大，是具有地带性的一种类型，分布区的年平均温度为 20~22℃，年降雨量一般在 1 000~1 800 mm，但有干湿季之分。每年 5—10 月降雨量占全年总量的 80%，干季雨量少，地面蒸发强烈，在这种气候条件下发育的热带季雨林是以阳性耐旱的热带落叶树种为主，并且有明显的季相变化。

季雨林中最常见的落叶树种约有 60 多种，它们或零星分布于林中，或以优势种出现，其中最常见的有攀枝花（木棉）（*Gossampinus malabarica*）、第伦桃属（*Dillenia*）、带季合欢属（*Albizzia*）、黄檀属（*Dalberiga*）等。目前，在人口比较集中的低平地面，热带雨林大部分被毁或辟为农田或沦为次生植被即次生灌丛或草地，其中有时可见有季雨林中某些旱生耐火和落叶的残存树种。

3. 珊瑚岛乔木林

见于我国南海诸岛，组成树简单，只有 13 种，不同岛屿或同一岛上的不同地段，常有自己的优势乔木树种。目前，生长较好的和比较完整的是麻风桐（*Pisonia grandis*）和海岸桐（*Guettarda speciosa*）单纯林。

麻风桐高 8～10 m，最高达 14 m，胸径多在 30～50 cm，最大达 87 cm。海岸桐林高 6～8 m，最高达 9 m，胸径一般在 10～15 cm，最大达 25 cm，海岸桐的材质较好，抗风力强，是珊瑚岛绿化的一个良好树种。

4. 红树林

红树林在植物生态学上是甚为显著的植被类型之一，它主要是分布在热带海滩上的一类常绿木本植物群落。由于这类群落的主要种类是由红树植物所组成，故称为红树林。

红树林与气候因素的关系密切，特别是受气温和水温的影响更大。温度的高低对红树林的组成种类、结构和生长状况等都有密切的关系。以我国海南岛和广东地区比较普遍，但可见到明显差异。在海南岛，由于温度较高，组成种类丰富，群落的重要种类有 18 种，而在广东地区由于温度较低，因而重要的组成种类仅 9 种。

红树林适宜于风浪平静的淤泥深厚的海滩，因此多见于海湾内或河口地区。背风的地形有利于海泥和冲积物的积累，并有利于红树植物的固定和发展。在沙质土的海岸，则不见红树林的发育。

红树林下的土壤为滨海盐土，土壤含盐较高，在 3.5%左右。土壤质地、含盐量的浓度以及潮水淹浸时间的长短，影响着红树林在海滩上的呈带性分布。在我国广东通常是由红树（*Rhizophora apiculata*）、红茄苳（*R. mucronata*）等组成的群落分布在海滩前段，它们适应土壤含盐量较高的生境；而海莲（*Bruguiera sexangula*）等组成的群落分布在海滩的较内缘，它们适应土壤含盐较低的生境；而桐花树（*Aegiceras corniculatum*）、水椰（*Nipa fruticans*）等组成的群落，则分布于咸淡水相交的河口滩地。

红树林最为引人注目的特征之一是发育着密切的支柱根。支柱根多自树干基部生出，逐渐下伸，最后插入土中形成一个弓状的可抗浪的稳固支架，它们纵横交错，高度过人，往往使人难以通行。此外，木榄属（*Bruguiera*）、角果木（*Ceriops tagal*）和木果栋（*Xylocarpus granatum*）均有明显的板状根，高可达 30～50 cm。支柱根和板状根都是抵抗海岸风浪作用的一种生态适应。

在土壤通气状况不良的条件下，许多红树林植物都发育着各种突出于地面的呼吸根，这些呼吸根的外表有粗大的皮孔，便于通气，内有海绵状的通气组织，可贮藏空气。呼吸根具有很强的再生能力。

红树植物另一个特殊的现象，就是所谓的胎生。这在红树科植物中尤为普遍。它们的种子在还没有离开母树的果实中就开始萌发，长出绿色棒状的胚轴，长 13～30 cm，下端粗大，顶端渐尖，到一定时候便和果实一起下落或脱离果实坠入淤泥中，数小时内即可扎根生长成为独立的植株。如幼苗下落时被海水带走，则因胚轴组织疏松，含有空气，可长期漂浮海上，而不丧失生命力，一旦到达海滩便扎根生长。胎生现象是幼苗对淤泥环境及时扎根生长的适应，也是使植物体从胚胎时就逐渐增加细胞浓度，以适应过浓的海水盐此外，红树植物具有各种不同的盐生适应，如具肉质叶和具高的渗透压，发育着可排盐的腺体等。

六、温带草原区域

（一）地理

草原是温带气候下的地带性植被类型之一，它是属于夏绿旱生性草本群落类型。它在世界上分布有两个大的区域。即欧亚草原区和北美草原区。草原在不同地区，在当地往往有专用的称呼，如 Steppe、Prairie、Pampas 等。在欧亚大陆，草原从欧洲匈牙利和多瑙河下游起，往东经过黑海沿岸进入苏联境内，沿着荒漠以北的地域，向东进入蒙古国，一直延伸到我国的黄土高原，内蒙古高原和松辽平原，全长 8 000 余 km，东经 28°～128°，其最北达北纬 56°，往南一直伸到我国西藏高原南部属高寒草原，达北纬 28°，南北约跨 28 个纬度。这一广大的草原区域，处于大陆腹地荒漠区与其外围各森林之间，一般称为欧亚草原区。

（二）气候

由于草原区域的气候是介于荒漠和夏绿阔叶林区域的气候之间，所以草原气候条件比荒漠湿润，但是比夏绿阔叶林干旱。如果在更干旱的条件下，草原就向荒漠过渡。我国温带植被自东向西分布，就是随着水分条件的逐渐减少而依次出现森林—草原—荒漠地带。我国草原区的水热条件大体保持温带半干旱到温带半湿润的指标。年均温为–3～9℃，≥10℃积温为 1 600～3 200（d·℃）。最冷月平均气温为–7～–29℃。年降水量为 150～500 mm，大多为 350 mm，干燥度 1～4。由此可见，草原地区的气候干燥，雨量大而变量大，并多集中在温暖的夏季，冬季寒长，无霜期在 120～200 d。

（三）草原的一般特征

草原区发育的是黑钙土或栗钙土，生长多年生低温和中温旱生丛生禾草植物占优势的草本植物群落。草原植被的区系特征是以禾本科、豆科和莎草科植物占优势。此外，菊科、藜科和其他杂类草也占有重要的地位。在禾本科植物中，丛生禾草针茅属（*Stipa*）最为典型。该属不同的种类在不同的草原中总是起着重要作用。

草原的群落外貌呈暗绿色，高度不大，植物体具有抵抗夏季干旱的某些适应。草原上的生活型以地面芽植物（包括丛生禾草）为主。针茅属、狐茅属（*Festuca*）、拂子茅属（*Calamagrostis*）、冰草属（*Agropyron*）和早熟禾属（*Poa*）的种类以及包括双子叶草本植物均属此种生活型。地下芽植物的数量也不少。此外，还有一年生植物（包括短生植物）、半灌木和小灌木以及草原的特殊类型风滚草等。

在草原植物中，旱生结构是普遍存在的，如叶面积缩小，叶片内卷，气孔下陷，机械组织和保护组织发达。这些特征在建群植物针茅属的一些种中，表现尤其明显。此外，植物的地下部分也强烈发育，其郁闭程度远远超过地上部分，这是对干旱环境的一种适应。多数植物根系分布较浅，集中在 0～30 cm 的土层中，细根的主要部分位于地下 5～10 cm 内，雨后可迅速吸收水分。

草原植物的发育节律与草原气候呈明显的适应。草原上主要建群植物的生长，发育盛期都在 7—8 月，此时雨水较多、热量充沛，有利于植物的生长。不少植物的发育节育随降水情况不同有很大差异。

草原的另一重要特征是具有明显的季相更替，在整个生长期内，可有多个以不同种类优势种植物开花的时期，并出现不同的季相。我国的草原主要有以下三个大类型：

1. 草甸草原

草甸草原是草原群落中最湿润的类型。建群种是由典型旱生或广旱植物组成，其中以丛生木草为主，可伴生不同数量的中旱生杂类草以及旱生根茎薹草，有时还混生灌木或小灌木。

草甸草原又称杂类草草原，集中分布在东北平原和内蒙古的东北部，位于草原向森林过渡的地区，此外草甸草原还见于草原地带的阴坡和低洼地，即水湿条件较为优越的地点。气候上处于半湿润区。优势土壤类型为草甸黑土或暗栗钙土。

草甸草原种类组成丰富，覆盖度大，生产量较高，草群中含有大量中生杂类草。主要建群种有贝加尔针茅（*Stipa baicalensis*）、吉尔吉斯针茅（*S. kirghisorum*）、白羊草、羊草、日阴薹草（*Carex pediformis*），在中生杂类草层片中，经常起优势作用的有裂叶蒿（*Artemisia laciniata*）、地榆、野豌豆（*Vicia* spp.）、歪头菜（*Vicia unjiuga*）、斜茎黄芪、山黧豆（*Lathyrus* spp.）。除上述群系外，还有小尖隐子草草原、窄颖赖草（*Leymus angustus*）草原以及线叶菊草原。

2. 典型草原

它在草原区占有最大的面积，在草原生态系统中居中心位置，在内蒙古高原和鄂尔多斯高原，东北平原南部和黄土高原中西部，均为大面积的典型草原群落所占据。在气候上属半干旱区，年降水量为 250～300 mm，优势土壤类型为栗钙土。

它是草原中的典型类型。建群种是由典型旱生或广旱生植物组成，其中以丛生禾草为主，它在群落中占了很大优势。可伴生不同数量的中旱生杂类草以及旱生根茎薹草，有时还混生灌木或小半灌木。

与草甸草原相比，典型草原的种丰富度明显下降、盖度减小、生产量降低，草群中以旱生丛生禾草占绝对优势。主要建群种有大针茅、克氏针茅（*S. krylovii*）、长芒草（*S. bungeana*）、羊茅（*Festuca oina*）、沟叶羊茅（*F. sulcata*）、糙隐子草（*Cleistogenes sqarrosa*）、冰草（*Agropyron cristatum*）、冷蒿（*Artemisia frigida*）及百里香（*Thymuns serpyllum*）等。上述列举的种类均可构成一种植物命名的草原群系。整个典型草原可划分为 14 个群系。

3. 荒漠草原

它处于草原的西侧，以狭带状呈东北—西南向分布，往西逐渐过渡到荒漠区，主要分布在内蒙古中部及宁夏一带。气候上处于干旱区和半干旱区的边缘地带，发育的优势土类为淡栗钙土与棕钙土。它是草原中最旱生的类型。建群种由旱生强度较高的丛生禾草组成，经常混生大量旱生小半灌木，并在群落中形成稳定的优势。在一定条件下，强旱生小半灌木可成为建群种，一年生植物和地衣，藻类的作用明显增强。

在种的丰富度、草群高度、盖度以生产量等方面，都比典型草原有明显降低。群落中以旱生丛生禾草为主，但也出现大量旱生的小半灌木。主要建群种有戈壁针茅（*Stipa gobica*）、短花针茅（*S. breviflora*）、沙生针茅（*S. glareosa*）、东方针茅（*S. orientalis*）、高加索针茅（*S. caucasica*）以及丛生的多根葱（*Allium polyrrhizum*），小半灌木中主要有菊状亚菊（*Ajania achilleoides*）、驴驴蒿（*Artemisia dalailamae*）、女蒿（*Hippolytia trifida*）等。

七、温带荒漠区域

（一）地理分布与气候

本地区包括新疆的准噶尔盆地、塔里木盆地，青海的柴达木盆地，甘肃与宁夏北部的阿拉善高原以及内蒙古自治区鄂尔多斯台地的西端，约占我国国土面积的 1/5。整个地区是以沙漠与戈壁为主。荒漠地区的中央远离海洋，均在 2 000～3 000 km 以上，还有高原、大山阻隔，因此，气候极端干燥，冷热变化剧烈，风大沙多，年降水量一般低于 200 mm，气温的年较差和日较差也是我国最大的地区。

本地区地貌的基本特点是高山与盆地相间。盆地之间或其边缘具有五列大体上呈东西走向的山系，即：阿尔泰山、天山、昆仑山、阿尔金山、祁连山。

（二）植被

植被主要是由一些极端旱生的小乔木、灌木、半灌木和草本植物所组成，如梭梭、沙拐枣、柽柳、胡杨（*Populus euphratica*）、泡泡刺、骆驼刺、霸王、猪毛菜、沙蒿、薹草、针茅等。由于一系列巨大山川的出现，在山坡上也分布着一系列随高度而有规律更迭的植被垂直带，从而也丰富了荒漠地区植被。

垂直带植被：天山北坡即北路天山，自西向东绵延千余公里，山脊多在 3 000 m 以上，主峰高 5 000 m 左右，由于受西来湿气流影响气候比较湿润，并随海高度上升而降水量逐步增加。在 2 000～2 500 m 范围内降水最为充沛，可达 600～800 mm，森林带出现在海拔 1 500～2 700 m 的坡面上，是由雪岭云杉构成的山地寒温性针叶林带。在西部较干旱的博乐—精河一带，山地草原极为发达，云杉林带与草原群落相结合，形成山地森林草原带，天山北坡最东端的哈尔里克山地，由于受蒙古—西伯利亚高压气旋的影响，也较其西部山地为干燥，森林带升高于 2 100～2 900 m 的范围，下部为雪岭云杉占优势的暗针叶林，中部（2 400～2 600 m）为云杉—落叶松混交林，到了上部则为西伯利亚落叶松纯林。

伊犁山地，由于水温条件较好，低山区有以新疆野苹果和野杏等为主所组成的落叶阔叶林及残留的野胡桃丛林，中山带（1 500～2 600 m）以雪岭云杉为主，林分生产率很高。

祁连山海拔高度一般都为 3 500 m 以上，最高峰达 5 564 m。由于山系高大，植被垂直带十分明显。在东部海拔 2 500～3 300 m 阴坡、半阴坡比较湿润的生境下，分布着寒温性针叶林，阳坡则以草原为主，二者组合成特殊的森林草原景观。

八、青藏高原高寒植被区域

（一）地理与气候

青藏高原位于我国西南部，平均海拔 4 000 m 以上，是世界上最高的高原，包括西藏自治区绝大部分、青海南半部、四川西部以及云南、甘肃和新疆部分地区；青藏高原主要由高山山塬、湖盆和谷地组成，各大山脉多呈东西走向，山峦重叠，多 6 000～7 000 km 以上的高峰。东南部的横断山山脉作南北走向，山高谷深，相对高度多在 800～1 500 m。本地区东北部呈宏大的山原地貌，地形起伏不大，河谷宽平，还有不少盆地，藏南谷地海拔高度为 3 500～4 500 m，宽谷地貌发良较好。总的来说，青藏高原海拔高，气候寒冷干旱。

（二）高原植被的地带性

高度达到对流层一半以上的青藏高原，在其上出现的植被自然与低海拔的水平地带植被有所不同，而是属于垂直带性的高寒植被类型。但是，由于来自东南太平洋季风和西南印度洋季风的水汽首先到达高原东南部，使高原上水自东南向西北减少，因而植被在与同纬度的山地有明显差别。相似类型的植被在高原上分布的海拔界限远比在同纬度的山地高；植被的大陆性（旱生性）也比同纬度的山地强烈。特别是高原面上的各种植被呈带状按水平方向由东南向西北更替，当然也叠加了垂直变化的影响，但不是按山地垂直带更替。这种高原上的地带性称为"高原地带性"，以区别于一般的水平地带性和山地垂直地带性。青藏高原上，植被带由东南向西北的递变如下：

1. 高原东南部山地峡谷寒温性针叶林

位于受到西南季风湿润影响的横断山脉南部和雅鲁藏布江中游的高山峡谷中，以云杉或冷杉为主构成山地寒湿性针叶林，具有湿润的亚热带山地森林的特征。该类型上不到高原面上，不属于"高原地带性"植被。因为云杉或冷杉林是山体上的植被，只出现在山体的某一个海拔高度上（形成山地的针叶林植被），在青藏高原上没有该类型的植被，所以该类型的植被上不到高原面上，属于隐域植被类型。

2. 高原南部雅鲁藏布江中上游谷地的灌丛草原带

处于喜马拉雅山脉北坡的雨影带，由于梵风的效应谷地中发育着旱生的山地灌丛草原植被。

3. 高原东南部高寒灌丛与草甸带

由于高原东南部是高原面上的多雨中心，气候较湿润而寒冷，植被以小叶型杜鹃的高寒灌丛与小蒿草的高寒草甸为主。

4. 高原中部高寒草原带

羌塘高原上与黑河西部高原是青藏高原的主体部分，处于"青藏高压"控制下，暖季风受切变线低涡影响而略有降水，地带性植被为高寒旱生的紫花针茅与硬叶薹草为主的高寒草原。

5. 高原西部（阿里）山地荒漠带

高原西部年降水减少至 50 mm 左右，为夏季热低压区，发育着中亚类型的山地荒漠与草原化荒漠植被，以驼绒藜（*Ceratoides latens*）与沙生针茅为建群种。

6. 高原西北部高寒荒漠带

它包括昆仑山与喀喇昆仑山之间的藏北高原与帕米尔高原，纬度偏北，地势又升高，因气流辐散而降水稀少（＜50 mm），气候干旱而寒冷，存在多年冰土层与溶冻泥流作用。以十分稀疏的垫状驼绒藜、藏亚菊或粉花蒿构成的高寒荒漠植被与无植被的高山石质坡地为景观。

思考题

1. 何为群落？何为植被？简述群落的研究方法。
2. 简述最小面积及其求取方法，最小面积与环境条件的关系。
3. 简述研究群落的各种数量特征、优势度及求取方法。
4. 简述生物多样性（物种多样性）概念及求取方法。
5. 简述决定生物多样性梯度的因素。
6. 简述生物多样分布的理论。
7. 简述存在度、恒有度与频度的关系。
8. 简述确限度和群落系数的用途。
9. 简述群落层片结构与层次结构及其关系。
10. 简述镶嵌群落与复合群落的类型及其关系。
11. 简述生物群落交错区与边缘效应。
12. 简述竞争与捕食对群落组成与结构的影响。
13. 简述干扰对群落组成与结构的影响。

14．简述群落组成与岛屿理论。

15．简述群落的时间结构群落的演替及其演替系列。

16．简述原生演替与次生演替及其特征。

17．简述进展演替与逆行演替及其特征。

18．简述群落的 3 种演替的顶极理论（顶极群落、3 种顶极理论的异同）。

19．简述决定演替的因素及演替的类型。

20．简述平衡说与非平衡说。

21．简述中国植被分类的原则、系统和单位。

22．简述群丛的命名原则。

23．简述群落排序（直接排序与间接排序）。

24．简述地带性植被与非地带性植被。

25．简述影响陆地植被分布的主要因素。

26．简述植被垂直地带性分布与水平地带性分布的异同。

27．简述垂直带的树线、雪线（季节性雪线与永久性雪线）。

28．简述理想大陆植被分布的 10 种植被类型及特征。

29．简述中国植被分区和各区的植被特征。

主要参考文献

[1]　曲仲湘，吴玉树，王焕校，等．植物生态学[M]．北京：高等教育出版社，1983．

[2]　祝廷成，钟章成，李建东．植物生态学[M]．北京：高等教育出版社，1988．

[3]　孙儒泳，李博，诸葛阳，等．普通生态学[M]．北京：高等教育出版社，1993．

[4]　李博，普通生态学[M]．呼和浩特：内蒙古大学出版社，1993．

[5]　杨持，李博，生态学[M]．北京：高等教育出版社，2000．

[6]　武吉华，张坤．植物地理学[M]．北京：高等教育出版社，1983

[7]　张坤，吴章钟，周秀佳．植物地理学[M]．北京：高等教育出版社，1987．

[8]　东北林学院．森林生态学[M]．北京：中国林业出版社，1981．

[9]　徐化成．景观生态学[M]．北京：中国林业出版社，1996．

[10]　傅伯杰，陈利项，马克明，等．景观生态学原理及应用[M]．北京：科学出版社，2001．

[11]　杨持．生态学实验与实习[M]．北京：高等教育出版社，2003．

[12]　梅安新．遥感导论[M]．北京：高等教育出版社，2001．

[13]　郑师章．普通生态学[M]．上海：复旦大学出版社，1994．

第五章　生态系统生态学

本章介绍了生态系统的一般特征，在生态系统中能量单向流动的规律和物质循环的特征，以及生态系统的发展规律。通过学习，重点掌握生态系统的实质，生态系统的类型，Lindeman 的能量流动的规律，各种类型的食物链和食物网及其在生态系统中的作用，能量流动和物质循环对信息流的影响，生态系统稳定的主要因素；了解生态系统发展的各个时期的主要表现。

第一节　生态系统的基本特征

一、生态系统的概念

1. 系统

系统一词源自系统论的创始人——奥地利理论生物学家贝塔朗菲（L. V. Bertelanffy，1901—1972），他认为，系统是相互联系的诸要素的综合体。

我国科学家钱学森给出了一个完整的定义：系统是由相互作用和相互依赖的若干组成部分结合而成的具有特定功能的有机整体。该定义认为，构成系统至少要有三个必要条件：首先，有两个以上的组成成分；其次，各组成成分相互联系、相互作用，具有一定的结构；最后，具有独立的、特定的功能。例如，消化系统、财贸系统、光合系统、金融系统等。

2. 生态系统（ecosystem）

生态系统是在一定空间和时间内生物成分和非生物成分通过不断的物质循环和能量流动互相作用、互相依存的统一整体，它是生物系统与环境综合作用所构成的一个生态学功能单位。

值得注意的是，生物部分是生态系统的核心，而绿色植物（植物群落）又是核心的重心，另外它也作为其他生物环境的一部分起作用。

3. 生态系统的共性

①所有的系统都服从热力学第一、第二定律。任何一个系统凡是涉及能量和使用能量的其内部的能量转化与能量传递以及与系统外部的能量交换，均服从热力学第一、第二定律。

②系统的大小是由实验和生产边界以及人脑识别范围所定的，无严格限定。一般而言，系统的大小是没有严格限制的，所有的系统都需要人们的识别或想象。例如，系统可以小到鱼缸，甚至一滴含有生命的水，大到整个生物圈系统。

③所有的系统中又都包括其他系统。任何系统都是由更小一级的单位组成的，这就是系统的组分，系统是由多个子系统构成，而子系统又由多个子子系统（亚系统、亚子系统）构成。例如，一株大树作为一个系统时，其枝条则为子系统，叶为子子系统。

4. 生态系统的类型

（1）从物理角度划分

①隔离系统：系统有严格的边界，系统的边界阻止物质和能量的输入、输出，即系统与外界不存在物质与能量的交换。

②封闭系统：系统有较严格的边界，系统与外界物质交换被其边界所阻止，但系统的边界允许能量的输入与输出。

③开放系统：系统有边界，但是系统的边界既不阻止物质的输入和输出也不阻止能量的输入和输出，物质与能量均可通过系统的边界顺利进行，因此系统的行为常常受到外界的影响。自然生态系统均属于开放系统。

（2）根据生态系统的结构复杂程度划分

①简单系统：系统组分少，任何组分的变化都可导致一个即时和可预测的反应。

②控制系统：系统组分较多，由于系统内各部分之间相互联系、相互作用，外来作用不能立刻表现出来或完全不表现。子系统可通过自己的行为加强或减弱反应，控制系统具有反馈机制。

（3）根据人类的影响划分

①自然生态系统：按自然环境和植被类型分类，如森林、草原、荒漠生态系统等。

②经济生态系统：按经济管理分类，如果园、农场、林场生态系统等。

（4）按生境性质分

水生生态系统 { 含盐分的：海洋、深海、浅海等

淡水与盐水过渡的：海口湾

淡水的：淡水湖、河流、塘等 }

陆生生态系统 { 荒漠生态系统

草原生态系统

森林生态系统

冻原生态系统 }

（5）以能量来源划分（E. P. Odum）

①无外力的自然太阳供能生态系统：主要或全部的能量来源于太阳辐射面获得能量。自然的海洋、森林、草原、荒漠、湖泊生态系统等。

②自然补加的太阳供能生态系统：主要或绝大多数的能量来源于太阳辐射面获得能

量，还有一部分自然补加的能量。例如，河口湾生态系统，因不断流动的水带来食物，潮汐运走废物；还有热带雨林生态系统也是此类型的生态系统，因为自然闪电的高温、高压将氮气转化为植物根可吸收的氨类并以降雨的形式赠给雨林生态系统。

③人类外加的太阳供能系统：主要或绝大多数的能量通过太阳辐射面获得能量，除太阳辐射能源外，还有人工外力做功补加的能量。如农田的灌溉、施肥，水体的养殖等。

④燃料供能的城市工业生态系统：这是一个不完全的、有依赖性的生态系统，燃料是其主要的能量来源。在这个生态系统中缺少生产者、分解者，只有消费者。一个城市生态系统需要很多农田生态系统来维持。

5. 生态系统简史

1935 年英国植物群落学家 A. G. Tansley 在《植被概念与术语的使用和滥用》文章中提出："生物与环境形成一个自然系统"。而生态系统的思想在人们中很久以前就有了。例如，在 1887 年，Stephem A. Forbas 在湖泊学的古典论文中指出，湖泊是宇宙的缩影，提出小宇宙的概念。意思是稳定系统中的生命和非生命的动态相互关系。这种例子很多，生态系统的概念也是繁多的，但为大家所承认的是我们现在所使用的 A. G. Tansly 的生态系统概念。在 20 世纪 40 年代后，生态系统的发展已由概念的争论发展到实验研究。最突出的是美国的动物学家 R. L. Lindeman 在 Minesan 州进行的泥炭湖（一个衰老的湖泊）中生物量、营养关系食物链和能流过程的研究，其主要的功绩是：①建立了营养级理论；②在一定时间内测定营养级的通用生物当量来测定每个营养级的能量；③不自觉地使用了热力学第一、第二定律。他的著作《生态学中营养动态状况》（1942）轰动了全世界生态学界，具有划时代的意义，使生态学研究从定性走向定量。

几乎在同一个时代，苏卡乔夫（苏联，俄国）提出了"生物地理群落"概念，他认为"生物地理群落是地球表面的一个地段，在一定的空间内，生物群落和其他所在的大气圈、岩石圈和土壤圈都是相适应的，它们之间的相互作用具有同样的特征，即生物地理群落等于生物群落加生物生境。土壤环境和气候环境为该生物群落所处空间的土壤地段和大气圈部分。他强调说：所有这些综合研究的基本任务，在于有可能更加清楚地理解某个生物地理群落中个体成分之间和各生物地理群落之间以及和自然现象之间的物质和能量的交换与转化过程。其生物地理群落的基本单位是"生物地理群落型"。因此，生物地理群落和非生物环境是互相影响、彼此依赖的统一体，所以，1965 年在丹麦的哥本哈根会议上，决定生态系统与生物地理群落为同义语。

当代生态学家中，对生态系统贡献较大的，首先是奥德姆兄弟（E. P. Odum 和 H. T. Odum），E. P. Odum 的《生态学基础》是美国的教科书，已被翻译、改写多次，最近的一版在 1997 年，被译成二十几种文字。其弟 H. T. Odum 关于 Flora 的银泉的研究是在生态系统水平上能量分析的卓越例子。奥德姆兄弟的最大贡献是包装了生态学。

6. 生态系统的研究方法

系统分析法，即将系统分析运用于生态学中。系统分析源于工程系统学，把数学的控制论以及电子计算机的原理引进生态中，这样形成了一支新的学科。系统生态不同于生态系统学。系统在生态学中的应用有两条途径：①用数量、统计建立系统的模拟模型；②运用最优化原理来控制和管理生态系统。实际上，系统生态的意思是：在任何特定的时间，一个生态系统的状态能够被定量地表示，同时系统中的变化，可以用数学表达来描述。系统分析的目的是建立模型。模型的运算主要靠电子计算机进行工作。模型能够帮助我们对系统进行预测（控制）和最优化设计。

从以上对生态系统的概述，我们可以看出生态系统不是一个实体而是研究生态的一种方法，生态系统是从能量流动和物质循环以其所携带的信息水平研究各个层次的生态学的规律和法则。具体而论，生态系统不是一个有机的个体，也不是一个种群更不是一个群落，但是，生态系统的研究可以在任何一个生物和群体的层次水平，小到一滴水大到整个生物圈。

二、生态系统的组成与结构

1. 组成成分

让我们从生态系统的定义来看：生态系统=生物群落+生物环境，即有生命的成分加无生命的物质和能量。从营养关系着眼，又可分为生产者、消费者和分解者。所以生态系统的基本成分有四个：生产者、消费者、分解者和生物环境。

（1）生物环境

能量因素有辐射波、热能、机械能、核能等。

物质因素中的无机物质有 C、N、O_2、CO_2 和矿物质 P、K、Ca、Mg、S、Fe、Cu、Na、Zn、B、Mn、Mo、Co、Cr、F、I、Br、Se、Si、Sr、Ti、V、Sn 等。

物质因素中的有机物质有糖类、蛋白质、脂类、腐殖质、DNA 和 RNA 等。

（2）生命成分（或生活有机体）

生产者：自养成分主要为绿色植物，也包括化能细菌和热能细菌。

消费者：异养成分，根据食性划分：①植食动物，初级消费者，吃植物的动物，如马、牛、羊、啮齿、线虫等主要以植物为食的动物。②肉食动物，第Ⅱ级消费者，第Ⅰ级肉食动物，吃植食动物的动物，如蜘蛛、主要吃虫的鸟等。③第Ⅲ级消费者：第Ⅱ级肉食动物，如狐、狼、蛇等，既能吃植食动物，也吃第Ⅰ级肉食动物。④第Ⅳ级消费者：Ⅲ级肉食动物，如鹰、狮、虎等顶极消费者。

杂食动物：如熊、鲤、大部分鸟类，既吃虫也吃植物，还有吞噬营养者。

（3）分解者（还原者）

有广义的分解者和狭义的分解者。其作用正好与生产者相反，把大分子有机物分解为生产者能重新利用的简单化合物，并释放出能量。

广义的分解者：原生动物、蚯蚓、壳虫、蜗牛、蜈蚣、蚂蚁和小型无脊椎动物等。

狭义的分解者：异养细菌（微生物）和真菌。

2. 生态系统的结构

生态系统好像一台有生命的机器，其各个构件都是生物。这台机器以二氧化碳和水为原料，以阳光为能源，经过机器内部进行的能量流动和物质循环，制造出各种各样的产品。其中生物种类、种群数量、种的空间配置（水平和垂直分布）、种的时间变化（发育、季相、波动）等，决定着各种类型生态系统的结构特征。根据生态系统结构的属性，可分出三类结构，即空间结构、时间结构与营养结构。

（1）空间结构

空间结构是生态系统的垂直分化和成层现象，如对光照强度适应性不同的生产者在生态系统内部占据着不同的垂直位置，出现在地面以上不同的高度；而不同植物由于对水分、营养物质的需要不同而在土壤中占据着不同的深度，它们的种类组成、种群数量特征和层次各不相同。同样，与之相配合的动物和微生物在生态系统中也占据不同的垂直空间，如不同的鸟类在森林中占据着不同的垂直空间，在不同的垂直高度位置上寻食和建巢。各种不同的节肢动物分布在从林冠向下直到草本植物层和地面以下的不同深度。

（2）时间结构

一日之中，每个枝、每片叶的投影位置不同；同一种植物在不同的时间里其物候也是不同的，因此形成了季相；不同年份里，同一个群落的结构和数量特征也不完全相同，表现出年度间的波动；这样就构成了生态系统的时间结构。

（3）营养结构

生态系统中的营养结构是以营养关系为纽带，把生物和非生物紧密地结合起来，构成以生产者、消费者、还原者为中心的三大功能类群。可以看出，环境中的营养物质不断被生产者吸收，在光能的作用下，转变成化学能，通过消费者的取食，使物质循环传递，再经过还原者分解成无机物质归还给环境，形成了生态系统的营养结构模式（图5-1）。

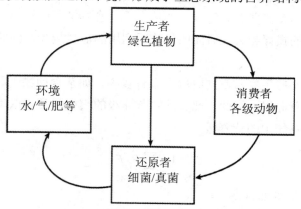

图5-1 生态系统营养结构模式

营养结构是生态系统重要的结构特征，其基础是各种不同的食物链。每一个生态系统都有其特殊的、复杂的营养结构关系，能量流动和物质循环都必须在营养结构的基础上进行。

①食物链（food chain）：生态系统中，植物固定的能量和物质，通过一系列食与被食的关系在生态系统中传递，生物这种以食物关系排列的链状顺序称为食物链。食物链是生态系统中能量流动的通道。绿色植物光合作用所固定的能量，沿着食物链单向地进行传递流通，即一种生物被另一种生物所食，然后又被第三种生物所食，接着被第四种生物所食，从而形成以食物为枢纽的链条关系。

自然生态系统中，食物链主要有三种类型：

a. 捕食食物链（predatory food chain）或牧食食物链（grazing food chain）：是以活的自养有机体（植物）为起点的食物链。如绿色植物→草食动物→肉食动物→顶极消费者；浮游植物→浮游动物→草食性鱼类→肉食性鱼类。

b. 腐屑（碎屑）食物链（detritus food chain）：以动、植物残体为起点的食物链。如动植物残体→腐食性动物→肉食性动物→顶极消费者。腐食性动物主要指在土壤中的螨类、线虫、蚯蚓、千足虫等。

在同一个生态系统中，腐屑食物链与捕食食物链可以同时存在，但以其中一种为主。腐屑食物链的成分与过程比捕食食物链复杂，大部分需要分解者参加，分解后才能被进一步利用，因此其运转速度一般要慢于捕食食物链。在陆地上，森林系统以腐屑食物链为主，草原生态系统以生食食物链为主。在水体中，海洋生态系统以捕食食物链为主，浅水池塘生态系统则以腐屑食物链为主。

c. 寄生食物链（parasitic food chain）：以活的动、植物有机体为起点的食物链。其特点是寄生物以活有机体作为寄主，随着营养级增加，生物个体越来越小，数目越来越大。如动物→跳蚤→螨；蔬菜→线虫→菌；树叶→尺蠖→寄生蝇→寄生蜂。

②营养级（trophic level）：食物链每个环节上的所有生物的总和，称为营养级。通常有初级生产者（绿色植物）、一级消费者（草食动物）、二级消费者（一级肉食消费者）、三级消费者（二级肉食消费者）等。一般情况下，食物链不超过 4～5 个营养级。食物链越长，能量流动中的损耗越大，后面的生物所利用的能量越少，因此，环节越多，利用效率越低。

在自然界中，某些生物常常同时取食多种食物，如杂食动物既取食植物又捕食动物，它们同时占有多个营养级。因此，此类动物营养级的归属常常难以确定。一般可用下面的公式计算其在生态系统中的营养级：

$$N = 1 + \sum P \cdot F \tag{5-1}$$

式中：N —— 生物所处的营养级；

P —— 某种食物占该生物全部食物的百分比；

F —— 食物种群所归属的营养级。

③食物网：生态系统中的食物链常常彼此交错联结，形成一个网状结构，这就是食物网。这是由于在生态系统中，任何生物的食物都不只是一种，而其本身亦可成为其他多种

生物的食物，所以，同一条食物链常常由多种生物组成，而同一种食物也常常出现于不同的食物链中。这样，生态系统中的食物链就呈现相互交错联结的食物网。环境条件越优越，食物链所具有的营养级也可能越多而形成复杂的网状形式。一般而言，食物网复杂的生态系统比较稳定，而食物网简单的生态系统稳定性较差。例如，在苔原生态系统中，食物链的基础是地衣，对 SO_2 非常敏感，当大气 SO_2 超标时，就会导致生产力毁灭性破坏，整个生态系统出现崩溃。

三、生态系统的生产和分解过程

（一）初级生产（primary production，第一性生产）

生态系统的生产过程指的是生物有机体通过能量代谢，将各种有机物、无机物转化为生物有机体组织的过程。生物有机体通过光合作用或化能作用，把无机物转化成复杂有机物，并把能量固定在有机物中的过程。由于它是生态系统能量输入的初始阶段，因此，叫作初级生产或第一性生产。

1. 初级生产的几种形式

①光合作用（photosynthesis）：生产者（主要是绿色植物）在光的作用下利用无机原料生产有机物的过程。

$$6CO_2 + 12H_2O \xrightarrow{\text{光能}} C_6H_{12}O_6 + 6H_2O + 6O_2 \tag{5-2}$$

②化能合成作用：一些不含色素的细菌（化能合成细菌）可利用 H_2S、H_2、NH_3 等氧化时释放的化学能同化 CO_2，该过程叫作化能合成作用。化能合成细菌均为好气性细菌，如硝化细菌。

$$2NH_3 + 3O_2 \longrightarrow 2HNO_2 + 2H_2O + 661.5\,J \tag{5-3}$$

$$2NO_2 + O_2 \longrightarrow 2HNO_3 + 180.9\,J \tag{5-4}$$

$$CO_2 + 2H_2S \xrightarrow{\text{化学能}} CH_2O + H_2O + 2S \tag{5-5}$$

③细菌光合作用：含有色素的光合细菌在光照下可利用硫化氢、异丙醇等有机或无机还原剂把 CO_2 还原为有机物的过程，称为细菌光合作用。光合细菌大多为嫌气性细菌。

2. 初级生产力（primary productivity）

初级生产过程中，能量固定或有机物形成的速率，叫作生态系统初级生产力。可分为总初级生产力（gross primary productivity，有机物的合成速率，包括自身呼吸消耗）和净初级生产力（net primary productivity，形成生物体组织的有机物积累速率）。

3. 生产量（production）

一定时间内生产者进行光合作用或化能作用生产的有机物质的总量或固定的总能量，这是总生产量（gross production），扣除生物体自身呼吸消耗剩余的部分叫作净生产量（net production）。

4. 现存量（standing crop）

一定空间内，某观察时刻实际存在的活生物体积累量。去除生物体自身呼吸消耗量、动物的采食量和生物体自身的残死量。

（二）次级生产（secondary production，第二性生产）

次级生产指的是异养生物的再生产过程。狭义的次级生产指的是草食动物利用初级生产的同化过程，而广义的次级生产是指生产者以外的其他生物（包括各种消费者和还原者）利用其他生物有机体的同化过程。因此，广义的次级生产即消费者和还原者利用初级生产量进行同化作用，表现为动物和微生物的生长、繁殖和营养物质的贮存。次级生产积累的有机物的数量称为次级生产量，次级生产量积累的速率则称为次级生产力（secondary productivity）。

次级生产的实质是生态系统内部能量与物质的传递过程。生态系统以第一性生产为基础，通过次级生产延长了生物量与能量在生态系统中的传递时间。但在次级生产过程中，由于以下五种形式的损失，初级生产并未全部形成次级生产。

①消费者不可及部分：生态系统中存在一些消费者无法到达的地方，这些地方的初级生产未能被草食动物利用。

②不可利用的植物或动物部分：植物体本身具有一些草食动物根本无法利用的部分。例如，植物体的刺、芒、毛等大多数动物无法食用或不喜食用；位于土壤中的根系，牛、马、羊等食草动物无法采食。大型兽类粗大的骨骼也无法被食肉动物食用。

③无法同化的部分：无论是植物还是动物，在被其他动物食用的时候，有很大一部分无法被食用者消化吸收。这些未被消化吸收的部分被消费者以粪便的形式排出体外。

④呼吸消耗：动物在维持其正常生理代谢活动以及捕食、交配、哺幼、嬉戏、躲避天敌等各种日常活动时，需要通过呼吸作用消耗大量能量，最后以热的形式散发到环境。

⑤分泌物：动物在正常的生活中，常常会将一些分泌物或代谢产物排出体外，如汗、尿等。

（三）分解过程

生态系统中的分解作用（decomposition）是死有机物质的逐步降解过程，它是初级生产的逆过程，是复杂有机物分解成简单无机物质的异养代谢过程，同时也是一个释放能量的生物氧化过程。其化学通式如下：

$$CH_2O + O_2 \xrightarrow{\text{放能}} CO_2 + H_2O \qquad (5\text{-}6)$$

分解过程大体上可以分为三个过程，它们在有机物的分解过程中相互交叉、互相影响：

①物理或生物作用阶段：这是有机物的碎化过程，即把动植物遗体、残渣分解成颗粒

状的碎屑。参与此过程的既有生物因素（如食碎屑的无脊椎动物），又有非生物因素（如风化、结冰、解冻、干湿作用等）。

②有机质的矿化过程：这是有机物的降解过程。在微生物的作用下，有机物质被彻底分解，释放出简单矿物质和 CO_2、NO_2、N_2、NH_3、CH_4（甲烷）、H_2O 等，这种过程称为矿化过程，它与光合作用固定无机营养元素的过程正好相反。

土壤微生物分解有机质的同时，一些中间产物又在微生物的作用下合成出新的具有相对稳定性的高分子多聚化合物——腐殖质，这个过程称为腐殖化过程。腐殖质的分解比动、植物残体更为困难，因此，腐殖质的分解过程非常缓慢。同位素 ^{14}C 定年代法测定结果表明，腐殖质在灰壤土的保存年代为（250±60）a，黑钙土为（870±50）a。

③淋溶过程：这是有机物中的可溶性物质被水淋洗出来的纯物理过程。

（四）全球生态系统生产和分解的状况

全球净初级生产每年大约有 $170×10^9$ t 有机质，其中陆地生态系统每年生产 $115×10^9$ t，海洋生态系统生产 $55×10^9$ t。每年通过生物氧化分解为水和 CO_2 的有机质大约也是那么多。所以，生产与分解大致是平衡的。

但最近两个多世纪里，人类有意无意地大大加快了分解过程的速度。其主要途径是：①大量燃烧化石燃料；②农业生产加速了腐殖质的分解速率。由于人类工农业活动而进入大气中的二氧化碳量，虽然比 CO_2 的循环总量小，但是因为大气 CO_2 贮库本来就不大，库容较大的海洋也未来得及吸收人类活动所产生的 CO_2，因此，导致大气 CO_2 的增加加剧。虽然该问题在某些方面还不很清楚，因而各方面的意见也不一致，但是"温室效应"问题已经成为备受关注的主要环境问题之一是毋庸置疑的。

目前公认的温室气体除了 CO_2 之外，还有甲烷（CH_4）、氧化氮（NO）、水蒸气（H_2O）和氟氯烷（CFC）等。这些温室气体均是由于人类活动的增加而在大气圈中增加的，从而产生温室气体的温室效应。其中 CO_2 气体的升高占全部温室气体的 50% 以上。

所谓的温室气体的温室效应是：上述温室气体的作用类似于温室玻璃或塑料薄膜一样，允许太阳辐射的短光波段通过（可见光部分），不允许长光波段通过（红外光部分），造成温室的温度上升，温室气体的作用是使大气温度上升。

大气温度上升又造成了全球气候变化。主要包括：①两极冰川融化，导致海平面上升。②高山的冰川融化，人类所需的淡水匮乏，面临缺水的危机。③降水的格局发生变化，总体趋势是中纬度地区降水量增大，北半球的亚热带地区降水量下降，而南半球的降水量增大。④全球云量分布的变化，自 20 世纪以来，云量有增加的趋势。⑤气候灾害事件增加，如暴雨、干旱、厄尔尼诺和拉尼娜现象频发。

四、生态系统的信息流动

1. 信息流动的概念

在生态系统能量流动与物质循环的同时有信息的流动。信息的流动皆有能量和物质的特征。换言之，信息的流动既需要能量的支持也需要物质做媒介。

2. 信息流动的类型

主要是物理信息和化学信息，对于生物而言还有行为信息和营养信息。

①物理信息：包括光、声、热、电和磁等。光信息主要是由太阳辐射带来的，通过折射、贮存、再释放等过程构成初等信息源。但是，并非所有的光信息都来自太阳或其派生。例如，有些候鸟的迁徙，在夜间是要依靠星座确定方位的。

蝙蝠和鲸类在弱光条件下主要靠声呐来定位；声信息对于动物的生存至关重要，很多种类的动物依靠声信息捕食、繁殖和逃生；声信息对于植物的影响我们的认识还很少，如含羞草在强声信息的刺激下会表现出小叶合拢。

有300多种鱼类能够产生$0.2\sim2$ V的电压，而电鳗能够产生600 V的电压。所以很多种类的生物对电信息有较强的感知能力。虽然我们对于植物电信息认识很少，但是科学家已经利用活细胞的膜的静电位进行遗传改造了。

如同电信息一样，磁信息对生物的影响也很明显。例如，洄游的鱼和迁徙的鸟要依靠地球的磁场定位。也有很多实验表明，植物对于磁场也有明显的反应。例如，在磁场异常的地区生长的小麦、黑麦、玉米、向日葵和一年生牧草的产量比正常的地区要低。

②化学信息：包括复杂的高分子化学物质和简单的无机分子信息，通过化学信息协调生态系统中各个水平的功能。

③行为信息：由生物的行为引起的物理信息和化学信息的综合信息。

④营养信息：由生物的食物链营养关系构成的营养信息。

3. 信息流动的特征

①信息流的流动是双向或多向的，这样才使生态系统有了主动调节机制。

②信息流的多样性，生物信息和非生物信息以及信息媒介的多样性。

③信息流的复杂性，同一体态不同信息，或是诱惑或是驱避。

④信息流的大量性，蛋白质和基因结构和功能的研究表明生物储存有大量的信息，人们发现每个物种都有100万到100亿bit的信息。

五、生态系统的三大流动方向

能量的流动是单向的，从高的地方流向低的地方，能量流动符合热力学定律；物质的流动是循环的，是双向的，参与生物的物质可以从生物中分解或释放出来也可以从其生境中供给生物合成；信息的流动是多向的，信息流的流动可以是从生物到群落，也可以是从其生境到生物或群落，通过信息流动的正反馈或负反馈来调整其所在的生态系统。

第二节 生态系统中的能量流动

一、能量转化的基本规律

能量是指物体做功的能力，如光能、热能、化学能、机械能等。生态系统中能量的根本来源是太阳，即太阳辐射能。太阳辐射能被植物光合作用所截取，成为地球上一切生命有机体进行生命活动的能量来源。另外，太阳辐射能到达地球表面后，可提高大气温度，推动水分循环，产生空气和水的环流，造成生命有机体的气候环境。

除太阳辐射能外，还有一些其他形式的能量可以进入生态系统，成为生态系统的辅助能源，如风、降水、蒸发等自然过程输入的能源叫作自然辅助能，而农田耕作、灌溉、施肥、病虫害防治等人为投入的能源则叫作人工辅助能。虽然这些辅助能并不能直接被生物转化为生物有机体的化学潜能，但它们可以促进生物对太阳辐射能的同化，提高太阳辐射能的利用效率，对生态系统结构的稳定和功能的发挥具有极大的辅助作用。

进入生态系统的能量，在其传递和转化中，均严格服从热力学第一定律和第二定律。

热力学第一定律又称为能量守恒定律。其基本内容可以表述如下：在自然界发生的所有现象中，能量既不能消失也不能凭空产生，但是，不同形式的能量可以相互转换，即能量从一种形式转变为另一种形式。因此，对自然生态系统而言，绿色植物光合作用生成物中所含有的能量是进入生态系统的总能量。

根据热力学第一定律，进入生态系统的能量，其总量既不会增加，也不会减少。进入生态系统的能量，虽然最终只有一小部分能量可被生物有机体同化，但加上其余大部分以热的形式散发到环境中的能量，最初进入生态系统的总能量实际上并未发生变化。

热力学第二定律又称为能量衰变定律或能量逸散定律，它是对能量传递和转化的一个重要概括。通俗地说就是，在任何系统中，能量总是自发地从一种形式转化为另一种形式，而且能量在转化过程中，其转化效率都不可能达到百分之百，因为在能量的转化过程中，总是伴随着热能的散失。因此，经过转化的新形式的能量，总是少于未经转化的能量。

由此可见，能量在生态系统中只能单向流动，逐步衰减，而不可能重新返回。当植物固定的太阳辐射能以食物的形式通过食物链传递时，食物能量中只有一部分用于合成新的生物有机体组织而作为生物潜能贮存下来，其余相当一部分能量则转化为废热而消散。也就是说，动物在利用食物潜能时常常把大部分转化成了热，只把一小部分转化为新的潜能。因此，植物通过光合作用所固定在植物体内的太阳能在生物之间每传递一次，就有很大一大部分能量被转化为废热而散发到环境中。由于这部分以热的形式散发的能量所占比例较大，所以，食物链的环节和营养级数一般不会多于 5～6 个，能量金字塔也必定呈上小下大的尖塔形。

二、生态系统中的能量流动过程

在生态系统，各种生物有机体是进行能量传递和转变的基本功能单位。太阳辐射能被转变成有机化合物的潜能，然后按照热力学第一、第二定律，通过食物链进行传递。因此，生态系统的热力学公式，可用下列公式表达：

$$P_g = P_n + R \qquad (5\text{-}7)$$

$$\Delta E = Q - W \qquad (5\text{-}8)$$

式（5-7）为热力学第一定律，其中 P_g 为总初级生产，P_n 为净初级生产，R 为呼吸作用消耗的能量。式（5-8）为热力学第二定律，其中 Q 为输入能量，ΔE 为贮存能量，W 为做功能量。

这两个简单的方程式，可以应用于生物学研究的任何水平。在生态系中，可用于个体有机体到群落，也可用于除了植物之外的消费者和还原者。

1. 常用的能量参数

①摄取量（ingestion，I）：摄取量是一个动物食入的能量总量或植物光合作用所吸收的光能总量。

②同化量（assimilation，A）：同化量是消费者消化吸收的食物能的总量，或分解者吸收的细胞外产物总量，或植物在光合作用中所固定的光能总量，常以总初级生产量（P_g）表示。

③呼吸量（respiration，R）：呼吸量指生物在呼吸等生理代谢和各种活动中所消耗的全部能量。

④生产量（production，P）：生产量指生物呼吸消耗后所净剩的同化能量，可以为下一个营养级所利用。它以有机物的形式累积在生物体内或生态系统中。对于植物来说，它是指净初级生产量（P_n），对动物来说，它是同化量扣除维持消耗后的能量，即 $P_n = A - R$。

2. 生态效率

生态效率是相邻两个能量转化环节中，后一个环节的能量含量与前一个环节的能量含量的比率，即生产产品的能量含量与生产过程中所消耗能量的比率。营养级位内的生态效率在于量度一个物种利用食物能的效率；营养级位间的生态效率在于量度营养级位之间的能量转化效率。一些常见的生态效率名称及其计算公式列于表 5-1。

由于生态系统中的能量转化存在热损耗，因此，生态系统中的各种生态效率均小于1。一般而言，生态系统中的食物链越长，顶极营养级的生态效率越低。也就是说，食物链越短，能量转化中的损失越小。

表 5-1　生态系统中能量转化的生态效率

	名　称	比率	说　明
营养级位内	同化效率	A_n/I_n	吸收同化的食物能/动物摄食的食物能，或被植物固定的能量/植物吸收的光能
	组织生长效率	P_n/A_n	n 营养级的净生产量/n 营养级的同化量
	生态生长效率	P_n/I_n	n 营养级的净生产量/n 营养级的摄食量，即该营养级的生产效率
营养级位间	摄食效率	I_{n+1}/I_n	$n+1$ 营养级的摄食量/n 营养级的摄食量
	生产效率	P_{n+1}/P_n	$n+1$ 营养级的净生产量/n 营养级的净生产量
	消费效率	I_{n+1}/P_n	$n+1$ 营养级的摄食量/n 营养级的净生产量
	林德曼效率	I_{n+1}/I_n 或 A_{n+1}/A_n 或 P_{n+1}/P_n	同化效率、生长效率和消费效率

从同化效率来看，肉食动物通常高于草食动物，这是由于肉食动物的食物质量高，易于消化吸收，而且食物的化学组成也更接近其动物体组织，更易于被动物同化利用。但肉食动物由于在捕食过程中需消耗大量能量，所以其生长效率反而常常低于食草动物。

一般情况下，植物的生长效率常常高于动物。植物光合作用固定的能量中，约 60%可用于生长；而动物同化能量中，60%以上被用于呼吸作用。而且动物所处的营养级位越高，其生长效率越低。例如，昆虫的营养级位较低，其呼吸消耗也较少，用于呼吸的同化能量为 63%～84%，而营养级位较高的哺乳动物，呼吸作用消耗的能量占同化能的 97%～99%，形成净生产量的能量仅占其同化能的 1%～3%。

此外，动物体型大小、年龄等也影响其生长效率。通常，小型动物生长效率高于大型动物，幼年动物高于老年动物。在脊椎动物中，恒温动物为维持恒定的体温，呼吸消耗较高，其效率仅 1%～2%；变温动物可达 10%左右。

林德曼效率相当于同化效率、生长效率和消费效率的连乘积，它实际上是两个相邻营养级同化量（或摄食量，或净生产量）之比。根据林德曼的测量结果，这个比值大约为 1/10。这就是过去曾被认为是一项重要生态学定律的"十分之一定律"，即每一营养级的能量只有 1/10 可以转化为后一营养级的能量。但这一数值仅是湖泊生态系统的一个近似值，在其他不同的生态系统中，高者可达 30%，低者可能只有 1%或更低。

3. 生态金字塔（ecological pyramid）

生态金字塔：生态系统内所有有机体之间的关系以金字塔的形式来表示（按营养级）。食物链上各营养级位之所以呈金字塔型，是由生态系统中能量流动的客观规律决定的。生态金字塔能形象地表示出生态系统的营养结构和营养机能。

（1）数量金字塔

以单位面积（或单位体积）内生产者的个体数目为塔基，以相同面积内各相继营养级位有机体数目构成塔身塔顶，就得到一个数量金字塔。

每个营养级位所包含的有机体的个体数目，顺食物链向上递减。生产者级位的植物体个体数目通常最多，植食动物就少得多，肉食动物更少，一直到位于顶部的只有很少数肉食动物。缺点：①有时植食动物比生产者的数目还多。如森林中昆虫数目常常大于树木数目。②个体大小有很大的差别，只以个体数目的多少来说明总是有局限性的，例如将一棵乔木与一个藻类生物同等看待明显是不合适的。

（2）生物量金字塔

以相同单位面积上生产者和各级消费者的生物量即生命物质总量建立的金字塔。

在陆地生态系统和浅水生态系统中比较典型，在这两种生态系统中，生产者是大型的，所以塔基比较大，金字塔是比较规则的。但在湖泊和开阔海洋中，第一性生产者主要为微型藻类，它们的生活周期很短，繁殖迅速，大量地被植食动物采食利用，在任何时间它们的现存量都很低，金字塔倒置。但是，有些生产者如森林是多年积累下来的生物量，而植食动物是当年或几年中的积累，这二者相比也不尽合理，能量金字塔可以改进这些缺点。

（3）能量金字塔（生产力金字塔）

以相同单位面积和单位时间内的生产者和各级消费者所积累的能量比率来构成的金字塔。它表示营养级之间能量传递的有效性，即能流在顺序的营养级上运动，能量损耗也从一级到另一级运动。能流金字塔以净生产力[kcal[①]/（$m^2 \cdot a$）]来表示，它较之数目金字塔和生物量金字塔有更重要的意义并更为准确。

4. 能量流动途径

（1）个体水平的能量流动

个体水平的能流是研究食物链水平乃至生态系统水平能流的基础。通过个体的能量消耗和能量同化可以反映个体水平的能量流动状况。其能量收支平衡状况可用下式表示：

$$A = I - \text{FU} \tag{5-9}$$

其中 A 可分解为：
$$A = P + R \tag{5-10}$$

P 可分解为：
$$P = P_g + P_r \tag{5-11}$$

R 可分解为：
$$R = R_m + R_w \tag{5-12}$$

式中：A —— 同化量；

$\quad I$ —— 摄入量；

$\quad \text{FU}$ —— 粪尿排泄量；

$\quad P$ —— 次级生产量；

$\quad P_g$ —— 个体生长；

$\quad P_r$ —— 繁殖；

$\quad R_m$ —— 基础代谢；

$\quad R_w$ —— 各种活动。

---

① 1 cal=4.19 J。

第一性和第二性生产中，个体的能量转化路径可总结为表 5-2。在第一性生产中，由于植物对太阳辐射的反射和透射作用，太阳辐射能只有部分光能被植物色素吸收。被植物吸收的光线中的有效辐射最终形成了光合作用产物，即总初级生产，而其余部分则未能形成光合产物。植物本身的呼吸作用又消耗部分光合产物，剩余的部分才是真正用于植物生长的净初级生产，成为消费者可利用的食物来源。

表 5 -2　生物个体的能量转化路径

植物个体的能量转化途径	动物个体的能量转化途径
光能	食物能（植物或动物种群）
└─► 反射、透射	└─► 未食入部分（如毛、蹄、角等）
吸收光能	食入能
└─► 生理无效光	└─► 粪便
总初级生产	消化能
└─► 呼吸作用	└─► 尿
净初级生产	代谢能
└─► 不可食用部分	└─► 基础代谢和各种活动
食草动物	净　能　用于生长、繁殖

在第二性生产中，消费者在采食过程中，并不能将食物种群所含有的能量全部食入，如植物体枯死的部分、动物的毛、蹄、角等常常被丢弃。食入能中，未消化的部分作为粪便被排出体外，而被消化吸收的能量又有很大一部分消耗于自身的基础代谢需要和各种日常活动如捕食、嬉戏，以及汗、尿的排泄等。

（2）食物链水平的能量流动

生态系统中的食物链构成常常是非常复杂的，可以有多种生物同时处于同一营养级，因此，食物链水平的能流分析常常是把处于同一营养级的所有物种作为能量传递中的一个环节，测定流经该环节的能量，就可得到该食物链从初级生产者到顶极消费者的能量流动状况。图 5-2 为具有三个营养级位的食物链水平的能量流动模式图。从该图可以看出，绿色植物通过光合作用所吸收和固定的太阳能，在沿着食物链传递时，随着营养级的升高而不断损耗。这种损耗主要来自消费者采食过程中对食物的丢弃、食入的食物未能全部消化吸收、部分吸收消化的能量用于维持自身生理代谢活动的呼吸消耗等多种途径。

（3）生态系统水平的能量流动

在生态系统中，食物链仍然是能量流动的基本途径。但是，由于生态系统中常常同时存在多条食物链，并相互交织而构成复杂的食物网，所以，能量在生态系统中的流动是沿着各个食物链流动并逐步递减的。

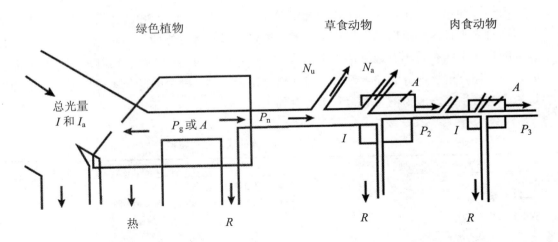

注：I=输入的辐射能；I_a=植物吸收的光能；P_g=总初级生产；P_n=净初级生产；A=总同化量；P=次级生产量；

N_u=未利用能量（贮存或输出）；N_a=未同化的能量；R=呼吸消耗

图 5-2　食物链水平的能流模式（仿 E. P. Odum，1971）

图 5-3 是一个简化的生态系统能量流动模式图。图中的边框代表生态系统的边界；各个方框代表各个营养级和贮存库；连接各个方框的通道为能流通道，其粗细代表能流量的多少；箭头则表示能量流动的方向。

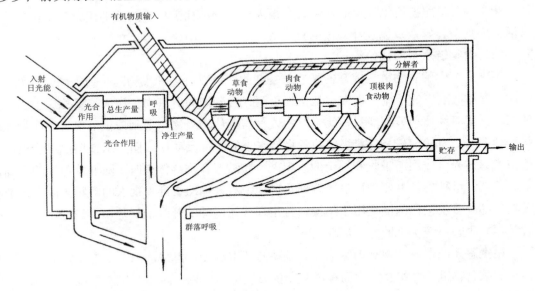

图 5-3　生态系统能流简图（引自 Odum，1959）

该模式图中，有两个能量输入通道和三个能量输出通道。能量输入通道分别为日光能输入通道和有机物质输入通道。在有些生态系统中，可能只有其中的一个能量输入通道，或以其中的一个为主。以日光能为主要能源的生态系统属于自养型生态系统，而以有机物质为主要能源的生态系统则属于异养生态系统。能量输出通道则分别是：在光合作用中未固定的日光能、生态系统中各种生物的呼吸消耗以及有机物质的流失。

（4）生态系统能流分析的经典实例

Ceder Bog 湖的能流分析：Lindenam（1942）对沼泽湖 Ceder Bog 的研究开创了生态系统能流分析的先河。他的研究表明，这个湖的总初级生产量是 464.7 J/（cm²·a），能量的固定效率大约是 0.1%；生产者所固定的能量中有 21%是被自己的呼吸代谢消耗，仅 368.4 J/（cm²·a）形成了净初级生产量。净初级生产量中，草食动物食用大约 17%，被分解者分解的数量仅 3%，其余 80%最终都沉积在湖底形成了植物有机质沉积物（见图 5-4），并最终形成泥炭。显然，Cedar Bog 湖是一个分解作用非常微弱的生态系统。

在草食动物旗鱼所利用的 62.8 J/（cm²·a）的能量中，大约有 18.8 J/（cm²·a）（相当于草食动物次级生产量的 30%）用于自身的呼吸代谢（比植物呼吸代谢所消耗的能量百分比要高，植物为 21%），形成旗鱼产量的仅 44 J/（cm²·a）。

肉食动物利用的旗鱼产量为 12.6 J/（cm²·a）（占可利用量的 29%），其中呼吸消耗占 60%[7.5J/（cm²·a）]，远高于同一生态系统中的草食动物（30%）和植物（21%）。肉食动物产量中，被分解者分解的部分微乎其微，其余 5.0 J/（cm²·a）（40%）作为动物有机残体沉积于湖底。

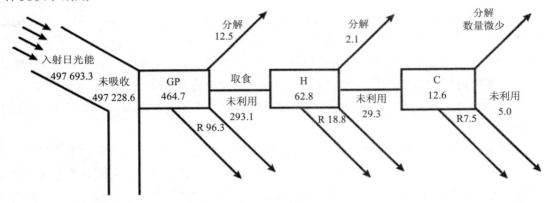

GP：总初级生产量；H：草食动物；C：肉食动物；R：呼吸；单位：J/（m²·a）

图 5-4　Ceder Bog 能量流动的定量分析（Lindeman，1942）

银泉的能流分析：1957 年美国生态学家 H. T. Odum 对美国佛罗里达州的清泉水河银泉（Silver Spring）进行了深入细致的能流分析，做出了银泉的能流分析（表 5-3）。从该能流分析图中可以看出：当能量从一个营养级流向另一个营养级时，数量急剧减少。出现这种现象的主要原因是由于生物呼吸的能量消耗巨大，同时还有相当数量的净初级生产量（57%）没有被消费者利用，而是通向分解者并在分解过程中以废热的形式释放于环境中。由于能量在流动过程中急剧减少，以致到第 4 个营养级时能量已经很少了，该营养级只有少数的鱼和龟，它们的数量已经不足以再维持第 5 个营养级的存在了。

表 5-3　银泉的能流分析（Odum，1957）　　　　单位：J/（cm²·a）

营养级	GP 或 NP	R	NP/GP
I	GP=871.27×10⁵ NP=369.69×10⁵	501.58×10⁵	0.424
II	GP=141.10×10⁵ NP=62.07×10⁵	79.13×10⁵	0.440
III	GP=15.91×10⁵ NP=2.81×10⁵	13.23×10⁵	0.176
IV	GP=0.88×10⁵ NP=0.34×10⁵	0.54×10⁵	0.381
分解者	GP=211.85×10⁵ NP=19.26×10⁵	192.59×10⁵	

Odum 对银泉能流研究的特点是：①依据植物光合作用效率计算出植物吸收的太阳能，并以此作为研究初级生产量的基础，而不像通常那样是依据总入射日光能计算初级生产量。②来自各条支流和陆地的有机物质补给则作为能量输入。③能流模式中包括了分解者呼吸代谢所消耗的能量。④各营养级流向分解者的总能量是 211.85×10⁵ J/（cm²·a）。

比较 Cedar Bog 湖和银泉的能流情况可以发现，二者的能流规模、速率和效率都很不相同。

银泉太阳能固定效率至少比 Cedar Bog 高 10 倍；银泉呼吸消耗能量占总生产量的百分数大约相当于 Cedar Bog 湖的 2.5 倍，而这种高比例的呼吸消耗表现在所有营养级上（生产者、草食动物和肉食动物）。在 Cedar Bog 湖，每年大约 1/3 净生产量被分解者分解，其余部分则沉积到湖底，逐年累积形成了北方泥炭沼泽湖所特有的沉积物——泥炭。而在银泉中大部分没有被利用的净生产量都被水流带到了下游地区，所以水底的沉积物很少。

第三节　生态系统中的物质循环

一、物质循环的内容

1. 物质循环（nutrient cycle）的基本概念

物质循环指的是，在生态系统中，各种化学元素（或物质）沿特定的途径从环境到生物体，再从生物体到环境并再次被生物体吸收利用的循环变化的过程，即各种化学元素或物质在生物体与非生物环境之间的循环运转过程。物质循环又称为生物地球化学循环或生物地化循环（biological cycle）。

在自然界中，人类已知的元素有 100 多种，生物生长发育中需要的元素大约有 40 种。根据生物需要量的大小，可分为 3 类：第一类是构成蛋白质的基本元素，如 C、O、H、N 4 种元素，称为能量元素（energy elements）或关键元素；第二类是生物需要量较大的元素，称为大量元素（macronutrients），如 P、K、Ca、Mg、S、Fe、Cu、Na 等；另外一类元素为微量元素（micronutrients），如 Zn、B、Mn、Mo、Co、Cr、F、I、Br、Se、Si、Sr、Ti、V、Sn 等。

生物地球化学循环常常用"库"（Pool）描述，表示物质循环过程中存在某些生物和非生物中化学元素的含量。

蓄库：每一种化学元素都存在于一个或多个主要的环境蓄库中，该元素在蓄库中的含量远远超过结合在生命系统中的数量。

贮存库：元素从该库里释放的速度是非常缓慢和困难的。

交换库：指大气库，水圈和生物圈之间物质交换与贮存库相反，它们之间的交换非常迅速，而且很活跃，但容量小。

在生态系统能运转过程中，除了运转的物质和能量之外，还有一部分属于贮存的物质和能量，包括生产者自身的一部碳素。例如，湖沼填平过程中的水生植物，经过长期矿化作用形成泥炭；有些软体动物将 CO_2 转化成自身的外骨骼，各种有孔虫的尸体都沉没于水下或深埋于海底，形成石灰石或珊瑚礁；有的生物残体转化成化石燃料——石油和煤；有的则注入大海形成沉积物，它们都暂时地离开了生态系统的循环而贮存起来。但经过地质年代，又可以从岩石的风化分解、化石燃料的燃烧等，再从贮存库里释放出来，加入生态系统。

物质流：这些元素在库与库之间转移，并彼此连接起来，就是物质流动，或称物质循环。

流通（flow）：化学元素或物质在库与库之间的转移，叫作流通。单位时间单位面积（或体积）内物质的转移量称为流通率（flux rate），也有人将之称为流通量，一般用单位时间单位面积（或体积）里物质转移的绝对数量来表示。

周转率（turnover rate）：单位时间内单位面积（或体积）转移的物质量占贮藏库物质总量的百分比，即贮藏库中化学元素或物质周转的速率。周转率可以用下式表示：

$$周转率 = 流通率 / 贮藏库营养物质总量$$

周转时间（turnover time）：贮藏库中营养物质全部周转一次所需要的时间，它是周转率的倒数。即：

$$周转时间 = 贮藏库营养物质总量 / 流通率$$

循环物质的周转率和周转时间与其库容大小有关，在流通量不变的情况下，库容越大，其周转率越低、周转时间越长。如在大气圈中，水的周转时间为 10.5 天，即一年可更新

34 次，CO_2 的周转时间是一年多一些，氮素的周转时间则需要 100 万年；在海洋中，硅的周转时间最短，为 800 年，钠最长，达 2.06 亿年。

生物库的物质周转率常常称为更新率。某一特定时刻的生物现存量相当于生物库这一时刻的库容，在一特定时刻之前的生物生长量相当于生物库的物质输入量。不同生物的更新率常常具有很大差别。例如，1 年生植物生育期结束时的最大现存量与其总生长量大体相同，更新率接近于 1，更新时间为 1 年；而森林的现存量是几十年甚至几百年时间的净积累量，所以比年净生产量大得多。假如某一森林的现存量为 324 t/hm^2，年净生产量为 28.6 t/hm^2，其更新率约为 0.09（28.6/324），更新时间为 11.3 年。浮游生物由于生活周期短而现存量很低，但年生产量却很高，所以其更新率高，更新时间短。假如某水体浮游生物的现存量为 0.07 t/hm^2，年净生产量为 4.1 t/hm^2，则其更新率为 58.57（4.1/0.07），更新时间只有 26 天。

2. 物质循环的类型

生物地球化学循环可分为三大类型，即水循环（water cycle）、气体型循环（gaseous cycle）和沉积型循环（sedimentary cycle）。

①水循环：地球表面由太阳能推动的以蒸汽、雨、雪、地表径流和地下水等形式组成的水的循环。太阳能是生态系统中一切生态过程的驱动力，也是物质循环运转的驱动力。

水循环是生态系统中其他物质循环的基础，只有在水循环的推动下，物质循环才能运行。因此，没有水的循环，也就没有生态系统的功能，生命也将难以维持。

②气体型循环：主要以气体状态参与物质循环过程，并以大气和海洋为主要贮藏库的化学元素（或物质）的循环称为气体型循环，如 O_2、N_2、CO_2、Cl_2、Br_2、F_2 等都属于气体型循环。由于与大气和海洋密切相连，气体型循环的物质因来源充沛而不会出现枯竭现象。同时，此类物质的循环速度较快，循环性能也比较完善，通常具有明显的全球性。

③沉积型循环：主要贮藏库为岩石库和土壤库的物质循环称为沉积型循环。沉积型循环一般速度较慢，参与循环的物质主要是通过岩石风化和沉积物的溶解转变为可被生物吸收利用的形态，并进入生态系统。其中还有一部分随着地表径流进入海底形成沉积物，并最终转化为岩石圈成分。这是一个相当漫长的单向的物质转移过程，时间常常要以千年为单位来计。这些沉积型循环物质的主要存在形式通常为非气体状态，并以沉积物的形式脱离生态系统。因此这类物质循环的全球性不如气体型循环，循环性能也很不完善。属于沉积型循环的物质有：P、Ca、S、K、Na、Mg、Mn、Fe、Cu、Si 等，其中磷是较典型的沉积型循环物质，它从岩石中释放出来，最终又沉积在海底，转化为新的岩石。

3. 物质循环的特点

①物质循环与能量流动相辅相成，不可分割。在生态系统中，能量是物质循环的推动力，物质是组成生物体的原材料和能量的载体。生产者通过光合作用固定光能并通过食物链进行能量转化的过程，也是物质由简单无机态转化为复杂有机态，并再回到简单无机态的过程。因此，物质循环和能量流动是生态系统不可分割的两个基本功能。任何生态系统

的发生发展都是物质循环与能量流动共同作用的结果。

虽然物质和能量在转化过程中只会改变形态而不会被消灭，但是，在能量流动过程中，大量能量转化为热能散失于环境中，所以能量只能单向流动，而物质却可以在生态系统中反复多次地被利用。

②物质循环的富集作用和生物学放大作用。在生态系统中，生物逆着浓度从环境中吸收有毒和有害物质的作用为生物富集作用。当这些物质的浓度沿着食物链逐步升高（浓缩或放大），而不被生物排除其结果造成顶极消费者受害，这时就为生物放大作用。如 DDT、六六六等一些大分子有机化合物，以及汞、铝、镉、铅等重金属等均具有此类富集作用和生物学放大作用。

③水循环推动其他物质循环：水循环对其他物质的循环运动具有决定性作用。许多物质必须以水溶液的形式才能被植物吸收利用进入生态系统，并经过食物链进行传递。因此，物质的循环与水循环的关系密不可分，水循环是物质循环的基础。正是在水循环的推动下，才实现了物质在其各个营养库间的转移。

④生态系统对物质循环有调节作用：在自然状态下，生态系统中的物质循环一般处于稳定的平衡状态，这是由于生态系统对物质循环有一定的调控作用。大多数气体型循环物质如碳、氧和氮，由于其大气贮库很大，对循环过程中发生的变化能够进行迅速的自我调节。例如，大量燃烧化石燃料引起 CO_2 浓度增加，会引起绿色植物加强光合作用，从而增加对 CO_2 的吸收量，使其浓度迅速降低到原来水平，重新达到平衡。但生态系统对物质循环的调节能力有很大的局限性。例如，S、P 等沉积型循环的物质，由于其主要贮藏库活性很弱，从贮藏库释出的速度极慢，所以，当此类物质的循环出现波动时，就难以通过生态系统的调节作用迅速恢复平衡。

4. 影响物质循环速率的主要因素

①循环物质的理化性质。循环物质的理化性质对营养物质的循环速率具有重要影响，那些水溶性强或主要存在形式为气体的元素或物质，其循环速率远快于那些水溶性较弱、主要存在形式为固体的沉积型循环物质。

②动、植物的生长速率。循环物质在生态系统中的运转速度很大程度上与动、植物的生长速率有关。生长快的动、植物，其吸收营养物质的速率也相应较高，因此，在生态系统中沿着食物链运转的速度也较快，其结果是该循环物质的循环速率提高。

③有机物质的分解速率。有机物的分解决定了循环物质再利用的速度。有机物分解速度越快，则释放矿物质元素的速度越快。通常，较高的土壤温度和土壤湿度有利于土壤有机物的分解，而干旱和低温常常会降低土壤有机物的分解。

④土壤酸碱度。土壤酸碱性对土壤有机物的分解具有十分显著的作用。土壤有机物的分解主要依赖于微生物的分解作用，一般情况下，大多数微生物在中性、微酸性土壤中发育最好，而在碱性土壤中，微生物的生长发育常常受到抑制。因此，在中性和微酸性土壤中，物质循环的速度就要快于在碱性土壤中。此外，土壤酸碱性还影响矿物质养分的可利

用性。土壤酸性加强，矿物质的溶解性降低，其可利用性降低；而碱性增强，土壤矿物质溶解度增加，很多植物会发生中毒现象，同样不利于营养元素的循环。

⑤人类活动的影响。人类活动也是对物质循环速率有重大影响的主要因素。人类活动对 CO_2 的影响就是一个典型事例。自从工业革命以来，人类大量砍伐森林、燃烧化石燃料的活动，使得大气 CO_2 的含量逐步上升。CO_2 透射短波辐射、吸收长波辐射的特性，可以使近地面的大气温度增高，这种现象被叫作温室效应。温室效应所导致的地球大气温度逐渐上升和全球气候变化的问题，已经成为全世界关注的焦点问题。人类大量燃烧化石燃料所带来的另一个问题是 SO_2 污染问题。燃烧化石燃料大量排放的 SO_2 在大气中遇水蒸气反应形成硫酸，SO_2 浓度过高，就会成为灾害性的空气污染。例如，伦敦 1952 年、纽约和东京 1960 年的 SO_2 灾害，造成居民支气管性哮喘发病率大增，死亡率上升。SO_2 随雨水降落到地面就形成酸雨，对植被、土壤都会造成严重的破坏。

二、几种重要的物质循环

（一）水循环

1. 全球水循环（大循环）

地球是一个水的星球，令人惊异的是地球上 95% 的水不是处于自由的可循环状态，而是被结合在岩石圈和沉积岩里的水。但是在 5% 可循环水中有 97% 都是海水。地球上的淡水大约只占地球总水量（不包括结合在岩石圈和沉积岩里的水）的 3%，其中 75% 又都是被冻结在两极冰川、冰盖和高山冰川的固态水。

水循环的主要贮藏库是海洋。在太阳能的作用下，海水蒸发转化为水汽进入大气，随着大气环流在全球范围内运动。在大气中，水汽遇冷凝结，形成云和冰晶，又以雨、雪、冰雹的形式返回海洋或地面。当降水到达地面时，落到地面的水分，一部分被植物群落截留，一部分以地表径流的形式进入江河湖泊，最后流入海洋，完成了水分在陆地与海洋间的循环过程。这种海陆之间的水分循环为外循环，又称大循环。小循环是指海洋或陆地上的水经过蒸发、凝结降到海洋或陆地的循环，这种由海洋到海洋或由陆地到陆地的水分循环又称为内循环。

地球上的降水量和蒸发量虽然总体上是相等的，但在陆地与海面之间，降水量和蒸发量是不同的。一般而言，海洋的蒸发量约占全球总蒸发量的 84%，而陆地只占 16%；海洋降水量占全球总降水量的 77%，陆地占 23%。由此可见，海洋由降水得到的水分比蒸发失去的水分低 7% 左右，而陆地由降水获得的水分较蒸发量多 7%。陆地多得到的水量又通过地表径流汇集于江河湖泊，并通过江河源源不断输入海洋，弥补了海洋每年因蒸发量大于降水量而产生的亏损，从而达到全球性水循环的大致平衡（图 5-5）。

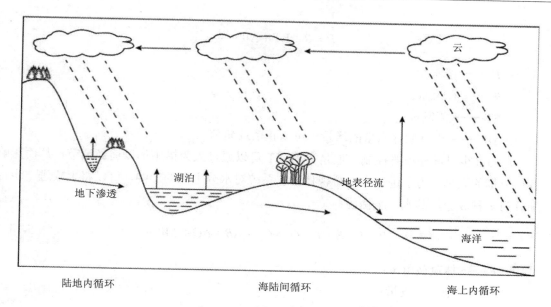

图 5-5　全球水循环的动态平衡

2. 小循环（局部循环）

在陆地或是在海洋生态系统中水分不断地被蒸发形成云雾，然后这些水分又以雨雪、霜露的形式分别还给陆地或海洋生态系统，即水分在陆地或海洋生态系统内部的循环为小循环。事实上，大循环是由很多小循环构成的。

3. 植被在水循环过程中的作用

在陆地生态系统中，大气降水除被植被截取一部分外，其余部分有些渗入到土壤中成为土壤水、有些到达地面，但由于土壤入渗系数较小而未来得及渗入土壤的水分则形成地表径流，流入江河湖泊，并最终归入大海。进入土壤的水分，一部分存于土壤的非毛细管中成为土壤重力水，一部分存于土壤毛细管中成为土壤毛管悬着水。土壤重力水虽然也可以被植物吸收利用，但由于其自身重力的作用继续向下渗透，直至地下水或地下干土层。所以，土壤重力水对植物生长发育的作用并不大。对植物生长发育有重要意义的是土壤毛管悬着水，这是植物根系所能吸收利用的主要水分。植物根系从土壤中吸收的水分，只有1%～3%参与植物体有机物的合成并进入食物链，然后被其他营养级所利用，其余 97%～98%则通过叶面蒸腾返回大气中，参与水分的再循环。例如，生长发育盛期的水稻，一天可吸收水分 70 t/hm^2，其中用于光合作用和维持原生质功能的仅有 5%，其余大部分则由蒸腾作用变成水蒸气从气孔排出。不同植被类型的蒸腾作用很不相同，其中森林植被的蒸腾作用最强，因此森林在水循环中的作用也最为重要。

要想保持生态系统的稳定，就要维持水量的平衡。水量平衡是指输入的水量与输出的水量大致相等，即降落的水量与流失、蒸发的保持一致。例如，一片森林流域的水量平衡可用下列简式表示：

$$P = R + \text{ET} + \Delta W \qquad (5\text{-}13)$$

式中：P —— 降水量；

　　　R —— 径流量；

　　　ET —— 蒸发量；

　　　ΔW —— 土壤贮存水量的增量（可为正值或负值）。

P 的多少目前还很难控制，但是 R 和 ET 可以通过人为措施加以适当调节，从而影响各个分量的大小。为了进一步分析森林生态系统对水分平衡的影响，可以将上式进一步详细分为多种成分，其水量平衡为：

$$P = I + E + T + O_s + O_{ss} + \Delta B + \Delta O + \Delta W \qquad (5\text{-}14)$$

式中：I —— 林冠截留量；

　　　E —— 地表蒸发量；

　　　T —— 森林植物蒸腾量；

　　　O_s —— 地表径流量；

　　　O_{ss} —— 地下径流量；

　　　ΔB —— 林中生物贮水量变化；

　　　ΔO —— 枯枝落叶贮水量变化。

以下就方程（5-14）中的每个成分与森林生态系统的关系分析如下：

第一，林冠截留的作用：林冠层是森林生态系统影响水量平衡的第一个活动面，使降水产生第一次雨量分配，林冠层的水量平衡为：

$$P = I + P_{eh} + P_d + P_s \qquad (5\text{-}15)$$

式中：P_{eh} ——穿过雨量；

　　　P_d —— 滴下雨量；

　　　P_s —— 径流雨量。

第二，枯枝落叶贮水：枯枝落叶层有很强的持水能力，枯枝落叶越多截留的雨量也越多。枯枝落叶蓄积量大，森林截留能力也大。热带地区枯枝落叶分解快。所以截留的贮存量少，而寒冷地区，高山地区的云杉、冷杉林枯枝落叶分解慢，故此积累多。枯枝落叶层对森林水分平衡的作用不仅表现在截留雨量方面，还有多方面的有利作用。枯枝落叶的分解可以增加土壤的有机质，改善土壤结构，增加土壤的非毛细管孔隙，使森林土壤能够贮存更多的水量，并能增加下渗率，减少地表径流。去掉林地的枯枝落叶可使地表径流增加50%～70%。枯枝落叶还能过滤地表径流所夹持的泥沙，降低水流速度，避免侵蚀土壤，减少流入江河湖泊和水库的泥沙。此外，枯枝落叶层有强大的防止雨量直接击溅土壤层。

我国的水土保持工作历史悠久，治水的仁人志士从大禹起不乏其人，但是水旱灾害依然。主要原因总结起来是，在技术上重视排、疏、灌等工程治理，而忽视了保护和发展生物的治理。

4. 水循环的特点

地球正是由于水的丰富才有生命与其生态系统。①水势良好的溶剂，高的比热性能是生物体的主要成分。②水分循环与矿物质的生物地球化学循环紧密地交织在一起。③水是地质变化的动力。

在海洋与陆地间的水循环过程中，陆地上的地表径流常常能够溶解和携带大量的营养物质，因此，水循环过程也是各种营养物质从一个生态系统向另一个生态系统转运的过程。例如，在水由高处向低处流动时，各种营养物质也随之运动，导致高地营养物质贫瘠，而低地则比较肥沃。一些大河大江的入海口处，常常形成肥沃的三角洲，成为地球上生产力水平较高的生态系统。

（二）碳循环（carbon cycle）

碳是生物体组成中最重要的化学元素之一，构成了生物体干重的近一半（49%）。碳元素是地球上贮藏量较大的元素，其循环也是比较典型的气体型物质循环。

1. 碳素的贮藏库

①岩石库：碳素的贮藏量大约为 2.7×10^{16} t，其中绝大多数以碳酸盐或化石燃料的形式禁锢于岩石圈中，二者约占全球总碳量的99.9%。但是，这些碳素并不能被生物直接利用。

②大气库：地球碳素贮量虽然很大，但具有生物学作用，能够被生物直接利用的碳素却很少。碳素的大气圈碳贮库是具有生物学作用的主要贮库之一，碳的循环就开始于大气 CO_2 贮藏库。在大气库中，碳素的主要存在形式为 CO_2，此外还有少量的甲烷、CO 和其他含碳气体。大气圈中的 CO_2 是可以被植物直接吸收利用的碳素，其浓度大约为0.03%。

由于碳素在生态系统中的转化过程始终与能流紧密联系在一起，所以，单位面积中的碳素数量的多少也可用来衡量生态系统生产力的高低。

③海洋库：除了大气库之外，另一个具有生物学作用的碳贮库是海洋，它的碳贮量是大气的30～50倍，对大气碳浓度具有重要的调节作用。

由于 CO_2 在大气圈和水圈之间的界面上可通过扩散作用相互交换，从高浓度的一侧向低浓度的一侧扩散，因此，如果大气中的 CO_2 发生局部短缺，水圈中的 CO_2 就会更多地进入大气圈。同样，如果水圈中的 CO_2 被植物光合作用大量消耗，也可以通过降水过程从大气中得到 CO_2 作为补偿。这样，生态系统中碳素含量的波动通过碳循环的自我调节机制而得到调整，并恢复到原有水平。

④生物库：森林是碳的主要吸收者，每年约可吸收 36×10^8 t 碳。因此，森林也是生物碳的主要贮库，其碳贮量达 $4\,820\times10^8$ t，相当于地球大气含碳量的2/3。

2. 碳循环的途径

由图5-6可以知道，碳循环有三条主要的循环途径，即陆地生物与大气间的碳素交换途径、海洋生物与大气间的碳素交换途径、化石燃料燃烧的途径。

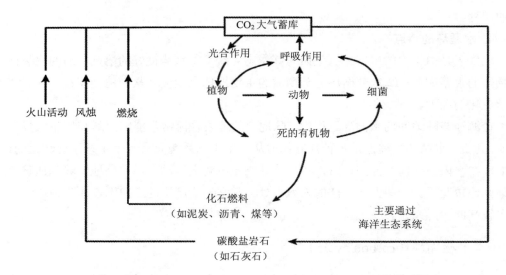

图 5-6　C 的全球循环

　　陆地生物与大气之间的碳素交换：生产者（绿色植物）通过光合作用将大气中游离的 CO_2 固定，生产出糖类化合物，成为合成其他有机化合物（如蛋白质、有机酸、脂肪等）的原料。生产者生产的有机物又经过食物链的转化，被分解者分解，再次回到大气贮藏库中；在这个过程中，部分碳素又通过呼吸作用回到大气中。回到大气中的 CO_2 又可重新参加循环。正常情况下，绿色植物光合作用吸收利用与生物呼吸代谢释放的 CO_2 量基本持平，大约为 $150×10^8$ t/a。

　　海洋生物与大气间的碳素交换：在水体中，水生植物吸收水体中的 CO_2，通过光合作用将其固定转化为糖类，然后经过食物链逐步转化为消费者的体组织，在此过程中，经由生物呼吸作用释放出一部分 CO_2 重新进入碳循环。动、植物残体则大部分沉积于水底。由于微生物的活动较弱，沉积于水底的动、植物残体仅有少部分被分解者分解为 CO_2 重新进入碳循环，而其余大部分则被保留下来，其中的碳素也暂时离开了循环，并在漫长的地质年代里形成了泥炭、石灰岩、珊瑚礁或化石燃料。这些碳素要等到这些岩石或珊瑚礁在地质运动中露出地表，借助于岩石的风化和溶解或借助于火山爆发或借助于化石燃料的开采与燃烧重返大气圈。正常情况下，每年大约有 $1\,000×10^8$ t 的 CO_2 由大气进入水体，同时水中每年也有相同数量的 CO_2 进入大气。

　　人类对碳循环的影响，化石燃料燃烧石油、煤炭、天然气等化石燃料是埋藏于地层中的生物残体在长期的地质作用下形成的含碳物质。这些化石燃料成为人类发展的重要能源。人类在燃烧这些化石燃料获得能源的同时，也释放出大量的 CO_2，重新参加到 CO_2 的循环中。目前，该途径已经成为 CO_2 的一个重要来源。

（三）N 循环（nitrogen cycle）

1. 固氮作用（nitrogen fixation）与固氮途径

N 是构成各种氨基酸、蛋白质和核酸的基本成分，是一切生命结构的原料。虽然大气中的 N 素含量高达 78%，然而，这种分子态的 N 素（N_2）惰性极强，绝大多数生物无法直接利用。只有当分子态 N 素与氧结合成为硝酸盐（NO_3^-）或亚硝酸盐（NO_2^-），或与氢结合成氨（NH_4^+）时，才能被生物利用。这种游离氮素与其他物质进行化学反应生成含氮化合物的过程称为固氮作用。目前，固氮的途径共有三种，即高能固氮、生物固氮和工业固氮。

①高能固氮（nitrogen fixation by lightning）：由于闪电、宇宙射线、陨石、火山爆发等活动所产生的高温进行的固氮作用。高能固氮形成的氨或硝酸，随降雨到达地球表面。据估计，每年通过高能固氮途径所固氮能力达到 8.9 kg/hm²，每年的固氮总量达到 $0.076×10^8$ t。

②工业固氮（nitrogen fixation by industry）：在高温（400～500 ℃）、高压（约 200 bar）下，氮与氢发生化学反应，生成氨的过程。目前，这种固氮形式的能力已越来越大。全世界每年以工业方法固定的 N 素大约为 $1.1×10^8$ t。

③生物固 N（biological nitrogen fixation）：某些微生物把空气中的游离 N 固定转化为含 N 化合物的过程，称为生物固 N。生物固 N 在人类采用工业方法固定 N 素之前，一直是最重要的固 N 途径，现在仍然是最重要的固 N 途径之一，每年的固 N 能力为 100～200 kg/hm²，固 N 总量为 $1.4×10^8$ t，大约占地球固 N 总量的 70%。

能够进行固 N 的生物主要是一些细菌和藻类，此外部分真菌也有固 N 能力。根据固 N 生物的生活方式，可以将其划分为共生固 N 生物（如与豆科植物共生的根瘤菌）和非共生固 N 生物。其中共生固 N 生物固 N 能力远远大于非共生固 N 生物。

2. 生态系统中的N素转化过程

N 素在生态系统中的转化过程主要包括氨化作用、硝化作用和反硝化作用。

①氨化作用（ammonification）：腐生性微生物将含氮有机化合物转化为氨的过程，称为氨化作用。当生物有机体死亡或分泌、排泄含 N 有机化合物时，氨化细菌和真菌通过氨化作用可将这些含 N 有机化合物转化为氨（或氨化合物），氨遇水溶解即成为 NH_4^+，可为植物所直接利用。氨化作用形成的氨大都迅速转化，土壤微生物吸收利用、经土壤微生物作用转化为氧化态的含氮化合物、氨挥发进入大气或随水流失。

②硝化作用（nitrification）：氨被氧化成为硝酸的作用称为硝化作用。在温暖、湿润、通气情况良好的微碱性土壤中，氨可在很短的时间内被氧化成为硝酸。该过程分为两个阶段：

第一阶段，氨在亚硝化细菌的作用下，氧化为亚硝酸：

$$2NH_3 + 3O_2 \longrightarrow 2HNO_2 + 2H_2O \tag{5-16}$$

第二阶段，亚硝酸经硝化细菌作用，氧化为硝酸：

$$2HNO_2 + O_2 \longrightarrow 2HNO_3 \tag{5-17}$$

硝化作用形成的亚硝酸盐和硝酸盐，可供植物吸收利用，是植物 N 素营养的直接来源。在硝化作用旺盛的土壤中，硝酸的产量可达 300 kg/hm^2。但由于硝酸及其盐类水溶性很强，极易随水流失，所以土壤中的硝态氮含量并不高。其中反硝化作用的存在也是土壤硝态氮含量不高的重要原因。

③反硝化作用（denitrification）：有狭义和广义之分。狭义的反硝化作用是指，反硝化细菌将硝酸盐还原成 N$_2$ 而返回大气的作用，也叫作脱 N 作用；广义的反硝化作用则是泛指一切硝态氮的还原作用，可以形成各种产物，如亚硝酸盐、氨、含 N 化合物等。反硝化作用引起土壤 N 素减少，严重时，可导致土壤 N 素的大量损失。

3. 生态系统中的N循环

在自然生态系统中，N 素一方面通过各种固 N 作用进入物质循环，另一方面又通过反硝化作用、淋溶沉积等作用而不断地重返大气。因此，N 的循环处于一种平衡状态。N 的循环可用图 5-7 来表示。

植物从土壤中吸收各种固氮作用固定的 N 素（主要是硝态氮）合成蛋白质。植物中的 N 经过食物链的传递，成为各种动物的体组织。在动物代谢过程中，排泄的含 N 化合物（如尿素、尿酸），再经过细菌的分解作用，释放出 N，再次参与循环。动植物死亡后，其残体中的 N 素一部分转化为土壤腐殖质的组成成分，成为土壤缓效 N 素营养，另一部分则经分解者的分解作用直接转化为硝态氮。硝态氮既能继续参与循环，也可经反硝化作用形成 N$_2$ 返回大气，或被雨水淋溶，经地表或地下径流到达湖泊和河流，最后到达海洋，成为水生生物的 N 素营养。部分海洋生物残体沉积于深海后，其所携带的 N 素也随之暂时离开循环。

（四）P 循环（phosphorus cycle）

1. P的作用

P 是生物有机体不可缺少的重要元素，生物的代谢过程都需要磷的参与，首先，P 是生物有机体遗传物质核酸（RNA）和脱氧核糖核酸（DNA）的主要组成成分；其次，P 是生物细胞膜和骨骼的主要成分；最后，P 是生物体内三磷酸腺苷（ATP）和二磷酸腺苷（ADP）的组成成分，而生物体内能量的转化与传递必须通过高能磷酸键在 ADP 和 ATP 间的可逆性变化才能实现。因此，没有 P 也就没有生命。

2. P的循环

P 在生态系统中的循环是一种非常典型的沉积型循环（图 5-8）。在自然界中，P 没有气态存在形式，也没有气态化合物，其主要的贮藏库是岩石圈和水圈。参与循环的 P 主要来自磷酸盐岩石。由于自然风化和侵蚀作用，P 从岩石中释放出来，在各种微生物活动（如硝化作用、硫化作用）所释放出的酸性物质（无机酸或有机酸）的作用下，形成可随水流动的可溶性磷酸盐，成为植物和微生物 P 的来源。

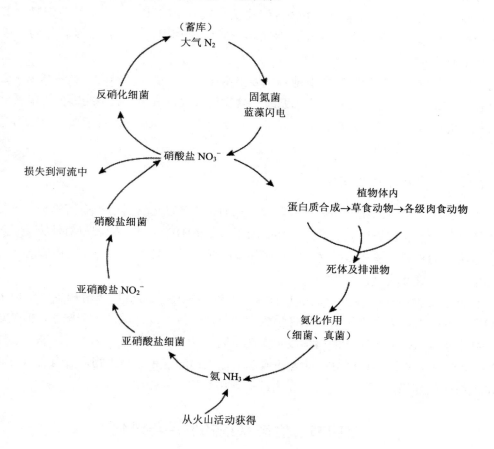

图 5-7　N 的全球循环

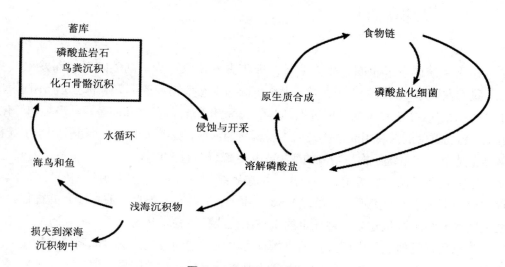

图 5-8　P 的全球循环

可溶性磷酸盐一部分被植物吸收后，经过一系列的生化反应过程转化成有机磷酸盐，进入食物链而在生物之间流动。生物排泄物及其残体中的 P，一部分被微生物分解转化为可溶性磷酸盐，重新回到环境中，又可被植物吸收利用，另一部分则转化为不能被植物利用的化合物。

还有一部分可溶性磷酸盐随着地表或地下水流，进入了江河湖海，参与水生生态系统的 P 循环。其中小部分通过海洋生态系统的食物链被反复利用，更多的部分则以钙盐的形式沉积于海底或珊瑚礁中，离开 P 的循环。这部分沉积下来的 P，可能要经过沧海变桑田地质变化才能重新返回循环中。

（五）有害有毒物的循环

人类向环境投放的化学物质与日俱增，从而使生物圈内各种有毒有害物质相应增加。有人比喻生物圈就像块巨大的海绵一样吸附了大量的 DDT、汞、铝和放射性物质。随着有毒有害物质的积累环境质量变劣，以研究环境中新出现的各种毒物为重要内容之一的化学生态学日益活跃和发展。

有害有毒物循环的最大特征是其有害有毒性能被生物的富集作用和生物学放大作用所累积。许多人认为富集作用和生物学放大作用是一致的或者说是一个概念，但是这两个概念被生态学家一开始赋予的概念或定义就不同，这一点在杨持主编的《生态学实验与实习》（2003 年）被清楚地区分：前者的概念只是生物的富集，是生物逆着有害有毒物的环境浓度吸收的作用，而后者是沿着食物链的一系列的放大作用。

第四节　生态系统的发展与进化

一、生态系统的发展

1. 概念

生态系统的发展也叫作生态演替，即生态系统的结构与功能随时间而发生改变的现象。我们在地球上看到的形形色色、大小不同的生态系统，都可以看作是处于不同发展过程中的生态系统。生态系统的发展过程，实际上就是生物群落发展和演替及其环境的变化过程。例如，植物群落的演替引起动物及微生物群落的演替，或者由于动物及其他因素引起植物群落乃至整个生态系统结构与功能的变更，从先锋群落直至顶极群落的生态系统的变更。

根据英美学派（有机论）的观点，生态系统的发展是一个定向的、依秩序而改变的过程，即一个生态系统类型（或阶段）代替另一个生态系统类型（或阶段）的过程。生态系统发展的最终阶段是建立一种稳定的生态系统或顶极稳定状态。

生态系统发展过程中所涉及的生物种类组成，达到稳定所需时间及稳定程度，取决于生态系统所处的地理位置、气候、水文、地质以及其他物理因素。但生态系统发展本身是一生物学过程，而不是物理过程。也就是说，虽然物理环境决定演替类型、变化速度和发展限度，但演替是受系统本身所控制的，强大的物理因素干扰、人类过度开发和污染的输入，则起到抑制或促进演替过程的作用。

根据 E. P. Odum 的划分，生态系统的发展或演替可分为三个阶段：

①正过渡状态（增长系统）：系统的能量输入超过能量输出，总生产量超过总呼吸量，多余的能量则参与系统内部结构的改变，使系统增长。例如，生物有机体在一块新开垦的种植地或一个新开辟的池塘中的定居和发展，就是典型的增长系统。

②负过渡状态（衰老系统）：系统的能量输出大于能量输入，以致库存量的消耗速度超过补充速度，结果使该系统变小或变得比较不活跃。如在森林中的倒木上，生物只是借助腐朽的倒木原来储存的能量生存发展，没有新木材或其他能量的加入，所以属于衰老系统。

③稳定状态（平衡状态）：系统的能量输入和输出相等，生物量没有净增长，系统达到顶极稳定状态。例如，一片成熟的森林、草原或海洋生物群落，虽然经过许多年，但总的外貌和结构方面没有多大改变，因此属于顶极稳定系统。

2. 演替的趋势

生态系统中群落的演替过程，实际上也是生态系统的结构与功能发展和变化的过程。尽管地球表面的生态系统多种多样，各生态系统的结构与功能也不尽相同，但随着时间的推移，却表现出共同的发展趋势。Odum 和 Margalef（1968）曾对处于不同发展阶段的生态系统的多种属性进行过比较（表 5-4），得出了如下结论：

表 5-4　生态系统发展的趋势

属性	生态系统的发展阶段	
	年幼的	成熟的
生物量	小	大
总生产量/群落呼吸	超过1，或小于1	大体为1
每单位能流所支持的生物量	低	高
食物链（网）	短，放牧型	长，复杂，碎屑型
层次	少	多
物种多样性	低	高
生态位专化性	广泛	狭窄
供养关系	一般	专化
个体大小	较小	较大
生活史	短、简单	长、复杂
种群控制机制	物理性	生物性
波动	较显著	较不显著
矿质循环	开放性	或多或少的封闭性
碎屑的作用	不重要	重要
稳定性	低	高
对于人类的潜在产量	高	低

引自：E. P. Odum 和 Margalef（1968）。

①在生态演替的早期，总第一性生产量或总光合量（P）超过群落的呼吸量（R），P/R比率大于1，这称为自养演替。但在某些特殊情况下，P/R比率可能小于1，此时则称为异养演替。从理论上讲，随着演替发展，这两种演替的P/R比率都将接近于1。也就是说，成熟或顶极生态系统中，能量的固定与消耗趋于平衡。因此，P/R比率是表示生态系统相对成熟的最好功能指标。

②当$P>R$时，系统中的生物量（B）逐步增加，结果使P/B比率逐渐变小。从理论上讲，在成熟或顶极阶段，单位能流所维持的生物量达到最大。从净生产量来看，幼年期的群落净生产量较大，而越近成熟期，群落净生产量越低，直至为零。

③在生态演替的早期，生态系统的能量输入大于能量消耗，生物群落以增加生物量的形式积累能量。在整个演替过程中，生态系统的现存量不断增加。当生态系统达到顶极稳定状态时，能量的输入与消耗趋于相等，群落现存量几乎保持不变，特别是陆生生态系统，这种现象更为明显。此时，通过生态系统的能流达到最大。

外部因子（如火）干扰可导致生态系统能量消耗超过输入，此时，生态系统的现存量将减少。

④生态系统在向顶极状态演替的过程中，总生产力是增加的。但在某些情况下，净生产力却不断减少。例如，在演替的早期阶段，优势植物一般个体小、寿命短（如一年生植物），维持生命需要的呼吸能量较少，因而具有高的净生产力。在演替的顶极阶段，优势植物通常都是个体大、寿命长（如乔木），它们需要大量地呼吸能量维持生命需要，因而其净生产力降低。

⑤营养物质循环的重要趋势是：随着演替的发展，物质的周转时间增加，贮藏量增大。陆地生态系统在演替的早期阶段，由于生物有机体多为短寿命、小个体生物，因此，系统中的生物量积累很少，营养物质的循环量也很小，而生态系统中生物与非生物成分间的营养物质交换却非常迅速。此时，生态系统的开放性很强，参与循环的营养物质可以非常容易地进出系统。

在演替的后期，生物有机体多为大个体、长寿命生物，长期的生物量积累将营养物质大量贮存于生态系统的生物库中，因此，生态系统的营养物质循环速率变慢。此时系统需要的营养物质量很大，但由于腐生生物可以迅速分解生物残体，将其中的营养物质释放出来而被具有发达根系的植物迅速吸收利用。因此，与发展中的生态系统相比，成熟生态系统物质循环网络更为完善，更多的营养物质通过系统内部的再循环得以保持。

⑥从食物链的网络结构来看，在演替早期，生物之间的食物关系简单，主要以较短的捕食食物链为主，如植物→草食动物→肉食动物。相反，在演替后期，食物链结构常常变成复杂的食物网。

⑦演替的早期阶段有利于具有快速增长能力和开拓未利用资源能力的物种，所以，演替早期阶段有利于r-选择物种生存。但是，随着演替的进行，越来越多的物种或个体移进入系统中，种间竞争压力加大。那些生殖率虽然不高，但竞争力较强、种群数量相对稳定

的 k-选择物种，在这种资源有限的拥挤环境中得到了更多的发展机会。因此，处于演替顶极的生态系统，k-选择者常常占有优势，它们通常具有较大的体型、特化的生态位、较长而又复杂的生活周期。

⑧从生物多样性来看，演替的早期阶段，随着演替的进行，物种种类数目都趋向于增加。起初，物种多样性的增加很快，但随着演替过程的延续，物种多样性的增加速度减慢。到了演替的后期，生物多样性不但不再增加，反而会有所降低。到达顶极阶段时多样性下降主要是由于竞争的原因。与早期阶段相比，在演替的后期，优势植物通常个体较大，生活史较长也较复杂，种间的竞争也趋于激烈。在这样的竞争中，只有少数种取得竞争优势而生存下来。因此，处于演替中间阶段的生态系统常常具有最高的物种多样性。当然，如果群落中仍有足够的空间和可利用资源允许新的物种入侵，物种多样性有可能持续增加到顶极阶段。例如，热带雨林具有复杂的结构，多种优势植物共同生活，具有丰富的可利用资源。因此，处于顶极状态的热带雨林仍有许多小生境可供更多的物种占有。

⑨生态系统演替的重要趋势之一是系统的稳定性逐步增强。处于演替顶极的生态系统，生物组成已经由生长缓慢但数量稳定、对环境适应力更强的 k-选择物种取代了增长迅速但不稳定、适应多变环境的 r-选择物种；物种间的关系也从激烈竞争转化为协调共生；生态系统的能量流动与物质循环等此时都处在相对稳定的平衡状态。更为重要的是，此时的生态系统具有了通过负反馈机制实现自我调节、自我修复、自我维持和自我发展的能力，从而可以维持自身的平衡。

二、生态平衡与反馈调节

1. 生态平衡的概念

生态平衡是指在一定的时间和相对稳定的条件下，生态系统的结构与功能均处于相互适应与协调的动态平衡。也可以说，生态平衡是生态系统通过发育和调节所达成的一种稳定状态，它包括结构、功能和输入与输出的稳定等。

从上述定义可以看出，生态平衡可以从不同的角度加以判别。例如，根据生物有机体与环境之间的统一性来看，生态平衡即生物有机体与环境之间协调一致的稳定状态；根据生态系统中输入—输出平衡来看，生态平衡即生态系统中能量与物质的流进与流出的平衡状态。

一般而言，生态平衡是生态系统内各种类成分相互作用的结果。生态系统平衡与否，与生态系统内种类构成的丰富程度和数量的稳定程度有关。一个种类构成丰富的生态系统，当一种或少数几种生物出现数量波动时，其他生物受到的影响相对较小，因此，种类构成丰富的生态系统平衡程度也较高。这种生态平衡随着生态系统中组成成分数量的增加而增加的观点被称为"多样性导致稳定性"定律。

总之，生态平衡是生态系统的一种存在状态。在这种状态下，生态系统的组成、结构相对稳定，系统的功能得以充分发挥，物质与能量的流入、流出协调一致，生物有机体与环境协调一致。

2. 生态系统的反馈调节

生态系统的反馈调节实际上就是系统的输出及其变化对系统输入及其变化的控制作用。反馈调节机制可分为正反馈调节和负反馈调节。正反馈调节是指当系统中某种成分发生变化时,系统的其他成分也相应地发生一系列变化,而且这种变化又会进一步加强最初发生变化的那种成分的变化,调节的结果使系统内发生变化的各个成分进一步偏离其初始状态。负反馈则是指当系统中某种成分的变化引起其他成分的变化时,其他成分的变化反过来减少这种成分的变化幅度的现象。由此看来,正反馈调节的结果会使偏离加剧,所以不能维持系统的稳定,而只有负反馈调节才可以使生态系统保持稳定。

由于生态系统的负反馈调节机制使其他能够进行自我调节,从而维持自己的正常功能,并能在很大程度上克服和消除外来的干扰,保持自身的稳定性,即生态平衡。生态平衡是一种动态平衡,因为即使是在稳定的生态系统中,也始终存在着能量流动和物质循环,并且各种生物也不断地有新老个体的更新现象。

3. 生态阈值与生态危机

生态阈值是指生态系统能够自我调节的限度。生态阈值是通过生态系统的负反馈机制完成自我调节的功能,但这种自我调节功能有一定的限度,在此限度之内,生态系统能够通过负反馈作用校正和调节各种因素引起的不稳定现象,超出此限度,生态系统的这种调节机制就不能再起作用,生态系统因而遭到改变、伤害以致破坏。当外来干扰因素(如火山爆发、地震、泥石流、雷击火烧、人类修建大型工程、排放有毒物质、喷洒大量农药、人为引入或消灭某些生物等)超过一定限度的时候,生态系统自我调节功能本身就会受到损害,从而引起生态失调,甚至发生生态危机、生态系统崩溃。

生态危机是指由于人类盲目活动而导致局部地区甚至整个生物圈结构和功能的失衡,从而威胁到人类的生存。生态平衡失调的初期往往不容易被人类所觉察,如果一旦发展到出现生态危机,就很难在短期内恢复平衡。为了正确处理人和自然的关系,我们必须认识到整个人类赖以生存的自然界和生物圈是一个高度复杂的、具有自我调节功能的生态系统,保持这个生态系统结构和功能的稳定是人类生存和发展的基础。因此,人类活动除了要经济效益和社会效益外,还必须遵守生态法则,在改造自然时能基本保持生物圈的稳定。否则,人类在沉浸于征服了大自然的喜悦的同时会遭到大自然无情的报复。

三、地球生物圈生态系统的进化

生态系统的进化(图 5-9)是长期的地质和气候外部变化与生态系统中生物活动所引起的内部过程相互作用的结果。

地球诞生之初(约 45 亿年前),岩浆活动排放的气体,通过火山喷发大量地集聚在地球的外圈,形成由水蒸气、H_2S、N、CH_4、NH_3、H_2 以及部分 CO_2 组成的还原性大气。原始的大气层很稀薄,缺少氧气,大气层也没有臭氧层。来自太阳的紫外线可以畅通无阻地穿越大气层到达地表，因此，地面的紫外线照射非常强烈。紫外线本身具有非常强的化学活性，它成为地球生命形成的催化物。苏联生物学家奥巴林（A. I. Oparlin）认为，正是由于强烈的紫外线辐射，才使得原始的还原性大气中形成了多种结构简单的小分子有机物，如氨基酸、嘌呤、嘧啶、核苷等。这些有机物积累于海洋中，逐渐形成复杂的化合物，最后形成蛋白质和能够自我复制的核酸，诞生了原始生命。1953 年，美国人米勒（S. L. Miller）依据奥巴林的假说，进行了原始大气模拟实验。他把 CH_4、H_2O（气态）、NH_3、O_2 的混合物装在一个完全密闭的装置内，让它们循环流经一个模拟太阳紫外线辐射的电弧。在历经一周的连续放电之后，密闭装置内产生了甘氨酸、丙氨酸等 11 种氨基酸，其中有 4 种氨基酸存在于天然蛋白质中。

图 5-9　生态系统的产生与演化（引自祝廷成，1983）

大约 38 亿年前，水体中开始有了生命活动，出现了最原始的原核细胞生物——藻菌类。它们在无氧条件下进行异养生活，以原始海洋中的有机物为养料，依靠发酵的方式获取能量。大约 35 亿年前，出现了含有叶绿素、能进行光合作用、属于自养生活的原始藻类，如燧石藻、蓝绿藻等，它们在海洋中建立起一个原始的生态系统。由于自养藻类的大量繁殖，不断地消耗 CO_2、产生 O_2，从而加快了大气和海洋环境的变化，使其有利于高等好氧生物的发展。

大气中游离氧的出现和浓度不断增加，对于生物来讲有极重要的意义。首先，生物的代谢方式开始发生根本性改变，从厌氧生活发展到有氧生活。代谢方式的改变极大地促进了生物进化。在 15 亿～10 亿年前出现了单细胞真核植物，以后逐渐形成多细胞生物，并开始出现了有性生殖方式。约在 6 亿年前，海洋中出现了大量的无脊椎动物，如三叶虫等。

其次，随着大气中氧气浓度不断提高，大气层外围形成了 O_3 层。O_3 层对宇宙射线和紫外线的强烈屏障与过滤作用，对生物有机体具有十分重要的保护作用。最初时生物只能在水深 5～10 m 处生存发展。随着 O_3 层的保护能力增加，生物发展到水体表面生活，进而由水生开始向陆地生活发展。约在 4.2 亿年前，生命跨出了历史性的一步，从海洋登上陆地，原始的陆地植物如裸蕨开始出现。到约 4 亿年前，建立了由裸蕨等孢子植物组成的陆地生态系统。鱼类和两栖类动物也在此时出现。

植物登陆之后和地表的岩石层相互作用，开始形成土壤。作为陆地表面的一种疏松多孔的胶体系统，土壤对于植物生活所需要的水分和养分有强大的吸附和释放作用。因此，土壤的形成使得易于流失的水和养分在地表逐渐富集，土壤肥力逐渐提高。土壤肥力的提高有力地促进了植物的生长与发展，而植物的繁茂又进一步促进了土壤肥力的提高。

古生代的中后期，随着植物进一步由水边向陆地延伸，裸蕨被其他高大的蕨类乔木所取代。此时，地球表面覆盖着蕨类植物组成的大面积森林，成为地质历史上一个重要的成煤时期。古生代晚期（约 2.5 亿年前），由于二叠纪中期开始的旱生化，气候逐渐变干，喜湿润的孢子植物因不适应这种干燥、冷热多变的环境逐渐消退，而适应性更强、以种子繁殖的植物得到促进，并成为中生代中晚期的优势植物。由于这些植物的种子裸露，没有果皮包裹，所以叫作裸子植物，其代表科有苏铁科（Cycadaceae）、银杏科（Ginkgoaceae）、松科（Pinaceae）、柏科（Cupressaceae）等。

中生代的中后期，全世界大部分地区都属热带、亚热带气候，季节变化不明显，裸子植物繁盛并渐次代替了蕨类植物，爬行动物进入其全盛期。爬行动物在形态结构和生殖方式（体内受精、生产大型的羊膜卵）上的进化，对陆地干旱生活更为适应。白垩纪中期，被子植物大量出现，开始形成以各种阔叶树如杨（*Populus*）、柳（*Salix*）、桦（*Betulaceae*）等为主的陆地生态系统。

进入新生代后，由于强烈的地壳运动和年轻山地的形成，气候出现了带状分布。裸子植物退居次要地位，形成了被子植物的大发展。出现于渐新世的草本被子植物，特别是禾本科的针茅属（*Stipa*）植物，经中新世发展，在上新世和第四纪早更新世形成一个有针茅属参与，同时拥有菊科（Compsitae）、百合科（Liliaceae）、豆科（Leguminosae）、藜科（Chenopodiaceae）等草本植物的草原和热带草原景观。

第四纪冰期时，耐寒的裸子植物和被子植物有所扩展。当进入全新世时期（距今约 10 000 年前）时，更新世最后冰期结束，全球气候急速回暖。随着全球温度的升高，北半球森林带北移，山地树线升高，冰盖融化，海平面迅速上升，在距今 5 000～6 000 年，达到温度高峰。

现代地球的环境格局基本上起始于新生代，至第四纪时形成了现代的地壳构造格局和自然地理面貌，出现了七大洲、四大洋的海陆分布轮廓。第四纪出现的气候寒冷时期引起了陆地冰川面积扩大和海平面下降，使得原先为海水淹没的大陆架显露出来，并成为陆上生物往来的通道。同时，随着现代山系，如喜马拉雅山和阿尔卑斯山的高高隆起，导致全球范围的气候分化，形成各类型的气候带和干旱、水陆等多种环境类型，四季交替明显，全球环境向多样化方向发展，并发育了与此相应的生态系统，奠定了由被子植物、哺乳动物、鸟类和昆虫为优势生物的生物圈基础。

思考题

1．简述生态系统、生物地理群落、生态系统共性。
2．简述生态系统类型和发展。
3．简述系统生态学和生态系统的研究方法。
4．简述生态系统的组成成分和结构。
5．简述生态系统的生产和分解过程，温室气体的温室效应及危害。
6．简述人类活动对地球接收太阳辐射的影响。
7．生产力、生产者、净生产力和总生产力、生物量、现存量的含义各是什么？
8．简述陆地生态系统第一生产力的测定方法。
9．简述食物链（网）的特点和类型。
10．简述营养级、生态金字塔（数量、生物量、能量概念）和生态效率及其特征。
11．简述物质循环的概念、类型及其速率。
12．简述在生态系统中影响物质循环速率的主要因素。
13．简述生态系统演替的时期及其特征。
14．简述有毒有害物质的循环特征，生物学放大作用与富集作用的关系。
15．简述水循环及其特征，植被在水分循环中的作用。
16．简述气体循环和沉积循环及其二者的特征和二者的关系。
17．简述生态阈值、生态稳定与生态平衡的关系及其特征。
18．简述地球生物演化的过程。

主要参考文献

[1]　曲仲湘，吴玉树，王焕校，等．植物生态学[M]．北京：高等教育出版社，1983．
[2]　李博．普通生态学[M]．呼和浩特：内蒙古大学出版社，1993．
[3]　杨持，李博．生态学[M]．北京：高等教育出版社，2000．
[4]　刘俊民，余新晓．水文水资源学[M]．北京：林业出版社，1999．
[5]　杨持．生态学实验与实习[M]．北京：高等教育出版社，2003．
[6]　钱易，唐孝炎．环境保护与可持续发展[M]．北京：高等教育出版社，2000．